U0387561

语音与音乐信号处理轻松入门

基于Python与PyTorch

姚利民 ◎ 著

跟我一起学 人工智能

清華大學出版社
北京

内 容 简 介

近年来人工智能技术突飞猛进，以语音识别为代表的音频处理技术取得了大量突破，但该领域内理论结合实战的入门书籍却较为缺乏。本书旨在为有志学习音频信号处理的读者提供一本实用的入门书。

本书共 13 章，第 1 章和第 2 章是基础部分，包括声学基础知识及 Python 基础等内容；第 3 章和第 4 章介绍了音频信号的获取及分析方法；第 5～8 章介绍了语音识别基础、传统语音识别技术及语音识别、语音合成的实战技术；第 9 章和第 10 章介绍了常用的音乐分析方法及 Python 编曲等内容；第 11～13 章介绍了深度学习的基础知识及如何用 PyTorch 对语音和音乐信号进行分析处理。

本书以通俗易懂的语言、图文并茂的方式进行讲解，力图使读者在短时间内掌握音频信号处理的基本技术。本书可供包括高校学生在内的各类初学者快速入门，也可供该领域的专业技术人员及爱好者参考。

图书在版编目（CIP）数据

语音与音乐信号处理轻松入门：基于 Python 与 PyTorch/姚利民著. -- 北京：清华大学出版社，2025. 1. --（跟我一起学人工智能）. -- ISBN 978-7-302-67911-0

Ⅰ. TN912. 3

中国国家版本馆 CIP 数据核字第 202535B6X4 号

责任编辑：赵佳霓
封面设计：吴　刚
责任校对：王勤勤
责任印制：刘海龙

出版发行：清华大学出版社
网　　址：https://www.tup.com.cn，https://www.wqxuetang.com
地　　址：北京清华大学学研大厦 A 座　　**邮　　编**：100084
社 总 机：010-83470000　　**邮　　购**：010-62786544
投稿与读者服务：010-62776969，c-service@tup.tsinghua.edu.cn
质量反馈：010-62772015，zhiliang@tup.tsinghua.edu.cn
课件下载：https://www.tup.com.cn，010-83470236
印 装 者：三河市科茂嘉荣印务有限公司
经　　销：全国新华书店
开　　本：186mm×240mm　　**印　　张**：15　　**字　　数**：340 千字
版　　次：2025 年 3 月第 1 版　　**印　　次**：2025 年 3 月第1 次印刷
印　　数：1～1500
定　　价：69.00 元

产品编号：104704-01

前言

PREFACE

近年来,以语音识别为代表的音频处理技术取得了重大突破。2008 年底,谷歌公司发布了第 1 个语音搜索应用;2010 年,苹果公司收购 Siri 并将其改造成语音助手。此后的十余年,语音技术的发展日新月异。与此同时,相关领域也有一些新技术如雨后春笋般涌现,例如根据声音样本生成语音的声音克隆技术、用 AI 技术模仿人类唱歌的虚拟歌手、将歌声与伴奏分离的人声分离技术等。毋庸讳言,音频处理与计算机视觉一样都处于人工智能大潮的风口之上。

音频信号处理涉及众多的理论知识,单单语音识别领域就涉及梅尔倒谱系数(MFCC)、Fbank 特征、共振峰、端点检测、动态时间规整(DTW)、高斯混合模型(GMM)、隐马尔可夫模型(HMM)等众多的概念,要在短时间内掌握这些内容纯属不易。以笔者的经验而言,理论性强的内容最好用浅显易懂的语言配以精美的插图进行阐述,加上精心设计的动手环节(计算过程或程序示例)则往往事半功倍,本书正是秉承这一理念写作而成。

与语音相比,音乐更具节奏性,而曲调、和弦等要素更是语音信号所不具备的,因此音乐信号的分析处理与语音信号有着明显的不同。此外,音乐还能以 MIDI 格式保存,这种近似乐谱的文件格式被广泛地应用于音乐创作、编辑等领域。MIDI 音乐不仅可以通过音乐制作软件生成,也可以通过一些第三方库用编程的方式实现,而这也为自动作曲提供了极大的便利。本书不仅将对音乐信号分析的理论和方法进行讲解,也将对 MIDI 格式的处理和编曲等内容进行详细介绍。

随着人工智能时代的到来,深度学习在音频分类和识别等领域都发挥着不可或缺的作用。本书的最后几章将关注深度学习及其在音频处理领域的应用。对于深度学习知之甚少的读者也不必担心,相关章节将从深度学习的基本概念讲起,以浅显易懂的语言对神经网络领域的有关理论由浅入深地进行介绍,并引入 PyTorch 这个深度学习框架解决一些实际问题。

总而言之,本书的内容相当丰富,但同一些纯理论的书籍不同的是,本书力图以类似科普读物的风格让读者“轻松、快速”地入门。当然,这里的“入门”不仅是理论知识的入门,也是实战技术的入门。

本书主要内容

本书共 13 章,各章的主要内容如下:

第 1 章介绍声学基础知识、音频文件格式等最为基础的内容。

第 2 章介绍 Python 的基础操作,并对 Python 的绘图功能进行了重点强化。

第 3 章介绍各种获取音频信号的方法,例如从话筒拾取信号,从音频文件读取,从视频文件提取,计算机生成或合成等。

第 4 章介绍音频信号分析的基础内容,包括分帧、加窗、时域分析、频谱图、傅里叶变换、语谱图、小波变换等。

第 5 章介绍语音信号相关概念及共振峰、端点检测、基音检测、梅尔倒谱系数提取等内容。

第 6 章介绍传统的语音识别方法,包括动态时间规整、高斯混合模型、隐马尔可夫模型等内容。

第 7 章介绍用 Whisper 进行语音识别的方法和技巧。

第 8 章介绍文本转语音(TTS)和语音合成的实战技术。

第 9 章介绍频带能量比、频谱特征、恒 Q 变换等音乐分析方法及包络提取、节拍检测、音高识别、调性分析等内容。

第 10 章先对 MIDI 文件格式进行深入剖析,然后介绍用 Mido 和 Music21 进行 MIDI 编曲等内容。

第 11 章先介绍深度学习和 PyTorch 的基础知识,然后介绍一个深度学习的案例。

第 12 章介绍卷积神经网络和循环神经网络等常用的神经网络,并用一个案例展示其实际应用。

第 13 章介绍语音识别中涉及的深度学习技术,主要包括 Word2Vec、ELMo、Transformer 模型等内容。

阅读建议

总体来讲,本书内容由浅入深,因此建议读者按顺序阅读。对于有一定基础的读者,可以跳过基础部分从感兴趣的内容开始。本书涉及了大量的第三方库,考虑到各层次读者的需要,书中采用了 Python 的 Anaconda 版,IDE 则采用 Spyder(Anaconda 自带无须另行安装),其中 Python 的版本为 3.11.5。对于初学者而言,推荐使用较新版本的 Anaconda,因为有些第三方库需要较新版本的支持。Python 基础较好的读者可根据需要采用 PyCharm 等其他 IDE。

本书第 1～3 章为基础部分,读者可根据自身情况选读。

第 4 章是音频处理的基础部分,无论是语音还是音乐信号的处理都会用到其中的概念和算法,建议读者学习时不要跳过。

第 5～8 章主要涉及语音识别与合成,既有理论又有实战,建议读者先通读一遍,以便了解其中的概念和原理,然后边运行程序边加深对算法的理解。

第 9 章和第 10 章主要与音乐相关,实战内容较多,多动手实践对相关内容的掌握有益无害。

第 11～13 章则是深度学习的内容。该部分内容涉及面广且内容较多，因为此书在内容安排上遵循了“由浅入深”的原则，所以建议初次接触的读者从头开始循序渐进地进行学习，在对相关概念和原理有一定理解之后再进入实战。

扫描封底的文泉云盘防盗码，再扫描目录上方的二维码可下载本书源码。

致谢

感谢我的家人，感谢你们一直以来对我的理解和支持！

本书的写作也得到了清华大学出版社赵佳霓编辑的大力帮助，在此深表感谢！

由于本书涉及内容广泛，加上笔者水平有限，难免存在疏漏之处，还请各位读者不吝批评指正。

姚利民

2024 年 10 月

目录

CONTENTS

本书源码

第1章 基础知识

早在人类社会出现之前,地球上就充斥着各种声音。山崩地裂、雷鸣海啸、疾风暴雨,这些自然现象无一例外都伴随着各种各样的声音。随着动物的出现,自然界的声音就更加丰富多彩了,狮吼虎啸、鸡鸣犬吠、鸟语虫鸣,这一切是那么和谐,又是如此生气勃勃。

人类很早就开始了对声音进行研究了,但是直到19世纪,声学才正式成为一门学科。在对声音信号进行分析处理之前,有必要对声学的基础知识进行了解。

1.1 声学基础

声学(Acoustics)是研究声波的产生、传播、接收和效应的一门学科,对声音的研究需要从它的产生和传播开始。

1.1.1 声音的产生和传播

声音是由物体振动产生的波,最初发出振动的物体叫声源。当物体振动时,声音以波的形式振动传播,声波在空气中传播时形成压缩和稀疏的交替变化,如图1-1所示。

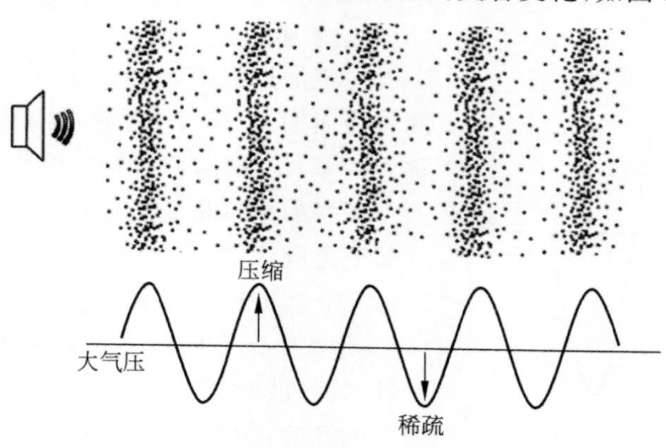

图1-1 声音空气中传播

声音的传播需要有介质。在大部分情况下,声音是通过空气传播的。

声波在介质中传播的速度叫作声速。声速与传播介质和温度有关，声音在空气中的传播速度如下：

$$v = 331.5 + 0.6t \tag{1-1}$$

其中，v 是声速，t 是摄氏温度。

在室温 15℃时，空气的速度大约为 340m/s，因此，在对精度要求不高时，可以把每秒 340m 作为空气中的声速。

声波在流体和固体中传播的速度比在空气中的速度要快，流体中的声速数倍于气体中的声速，而固体中的声速比气体中要高出一个数量级（10 倍），见表 1-1，因此，电影中印第安人用耳朵贴在地面上听远处的马蹄声是有其科学道理的。

表 1-1 声音在一些介质中的传播速度

传播介质	速度/（m/s）
空气（15℃）	340
淡水（15℃）	1481
海水（15℃）	1500
玻璃	3100
松木	3500
钢铁	5200

声音可以分成纯音（Pure Tone）和复合音（Complex Tone）。纯音中只有基音没有倍音，例如音叉发出的音，倍音则指频率是基频的整数倍的音。大部分声音属于复合音，因为它们除了基音外还有部分倍音。在复合音中，基音的能量最高，其他倍音的能量逐渐减弱，直至消失。

1.1.2 声波的描述

声波的特征可以通过以下 4 方面来描述：频率、波长、振幅和相位，如图 1-2 所示。

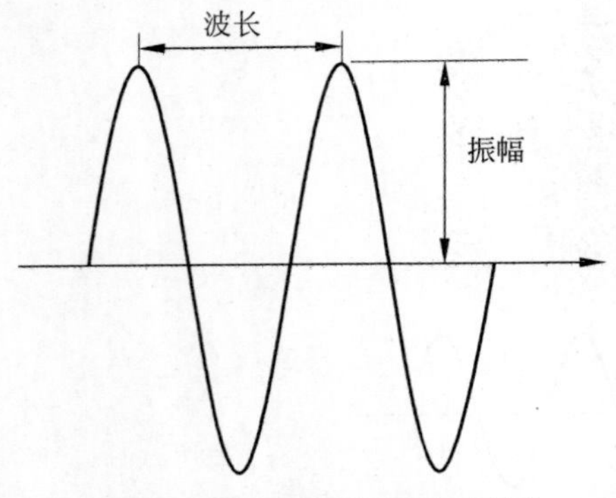

图 1-2 声波的特征（波长、振幅）

1. 频率

在传播过程中，一个完整的波通过某点所需的时间称为周期，记作 T，而波在一秒内重复呈现的次数称为频率，记作 f，两者互为倒数。

频率的单位是赫兹（Hz）。人耳可以听到的声音的频率范围为 20Hz～20kHz，20Hz 的声音每秒振动 20 次，而 20kHz 的声音每秒振动 2 万次。

频率大于 20kHz 的声波叫作超声波，频率小于 20Hz 的声波叫作次声波。人耳一般是听不到超声波和次声波的，但某些动物可以。例如，海豚和蝙蝠可以听到超声波，大象和鲸鱼能听到次声波。

各种动物可以听到的声音的频率范围如图 1-3 所示。

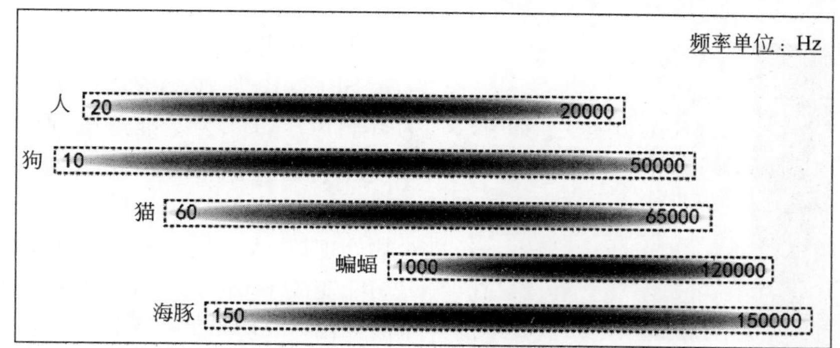

图 1-3　一些动物的听力范围（单位：Hz）

超声波在空气中波长一般短于 2cm，它必须依靠介质进行传播，无法在真空中传播。它在水中传播距离比空气中远，但因其波长短，在空气中则极易损耗，因而传播得不够远。不过超声波方向性好，穿透能力强，容易获得集中的声能，因而有着特殊的用途。动物中的蝙蝠和海豚利用超声波进行回声定位，人类则将超声波用于医学检查、碎石、清洗、杀菌消毒等。

与超声波不同的是，次声波不易衰减，不易被水和空气吸收。次声波的波长往往很长，因此能绕开某些大型障碍物发生衍射。自然界中的雷电、台风、地震、海啸等往往伴随着次声波的发生。

2. 波长

沿着声波传播方向，声波振动一周所传播的距离，或在波形上相位相同的相邻两点间的距离，叫作波长。波长与发声物体的振动频率成反比：频率越高，波长越短。

3. 振幅

质点离开平衡位置的距离叫作振幅。振幅是用来表示振动强弱的物理量，振幅大则振动强度大；反之则振动强度小。

4. 相位

相位表示周期中的波形位置，如图 1-4 所示。相位以度为单位测量，共 360°，其中 0°为起点、90°为高压点、180°为中间点、270°为低压点、360°为终点。相位也可以以弧度为单位。

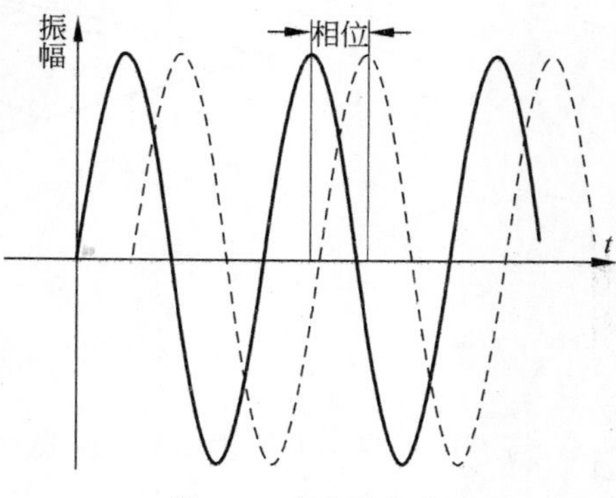

图 1-4　声音的相位

1.1.3　声音的客观衡量

1. 声压

衡量声音强弱时最常用的物理量是声压，单位是帕斯卡（Pa）。声波是一种机械波，声波在传播过程中空气压力会发生周期性变化，介质中有声场时的压强与没有声场时的压强差即为声压。声压的测量较为容易，因此常用声压来描述声波。

通常，人耳可以听到的声压幅值区间在 20μPa～20Pa，两者相差 100 万倍，表述起来很不方便，因此便引进了声压级这一概念。

图 1-5 日常生活的各种场景中的声压级

声压级的计算公式如下：

$$SPL(dB) = 20\lg(P_1/P_0) \tag{1-2}$$

其中，P_1 为待测声压，P_0 为基准声压，取 20μPa，该值是人耳刚能听到 1kHz 的声音时的声压值，作为声压级的零分贝(0dB)。

经过对数处理后，人耳能听到的声压范围从原来的 2×10^{-5}～20Pa 变成了 0～120dB。日常生活的各种场景中的声压级如图 1-5 所示。

2. 声强

声强也是衡量声音强弱的一个物理量。单位时间内通过垂直于声波传播方向的单位面积的能量称为声强，如图 1-6 所示。声强的单位是瓦/平方米(W/m^2)。声强的大小与声速、声波的频率的平方、振幅的平方成正比。超声波与炸弹爆炸时的声强都很大，但原因却各不相同。超声波的声强大是因为其频率高，炸弹爆炸的声强大则是因为其振幅大。

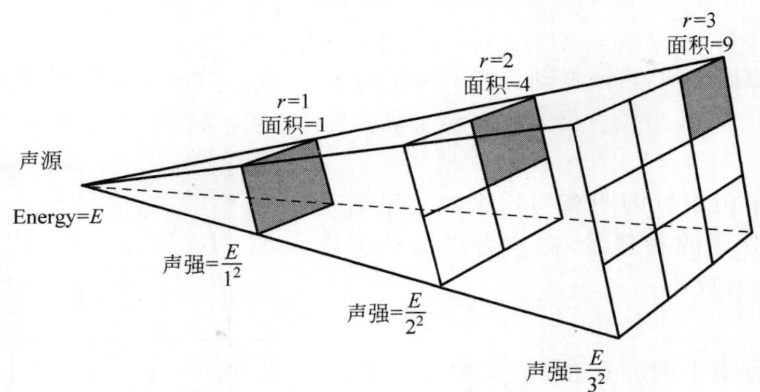

图 1-6 声强概念图

与声压一样，声强也引入了声强级的概念，其公式如下：

$$SIL = 10\lg(I/I_0) \tag{1-3}$$

其中，I 为测量声强，I_0 为基准声强，通常取 $10^{-12}\,W/m^2$，该值是人耳刚能听到 1kHz 声音时的声强值。

1.1.4 声音的主观属性

声音有 3 个主要的主观属性：响度、音高、音色。

1. 响度

响度(Loudness)是人耳对声音强弱的主观评价尺度，它主要决定于声压，声压愈大，人耳感受到的响度也愈大。除了声压以外,响度还和频率有关。声压级相同,频率不同的声音,其响度也不同。

响度和声强是两个不同的概念。声强是衡量声音强弱的客观量,是可以用仪器来测量的,而响度则是人对声音大小的一个主观感觉量。

响度的计量单位是宋(Sone),其定义是:频率为1kHz、声压级为40dB的纯音响度为1宋。如果一个声音听起来比1宋的声音大 n 倍,则它的响度就是 n 宋。响度还常用对数值来表示响度级,单位为方(Phon)。

响度和响度级的关系可用公式表示如下:

$$N = 2^{(\mathrm{LN}-40)/10} \tag{1-4}$$

或

$$\mathrm{LN} = 40 + 33\lg N \tag{1-5}$$

其中,N 表示响度,单位为宋;LN 表示响度级,单位为方。

在不同频率、不同声压下人耳感受到的响度可能是相同的,反映这种关系的是等响曲线,如图1-7所示。

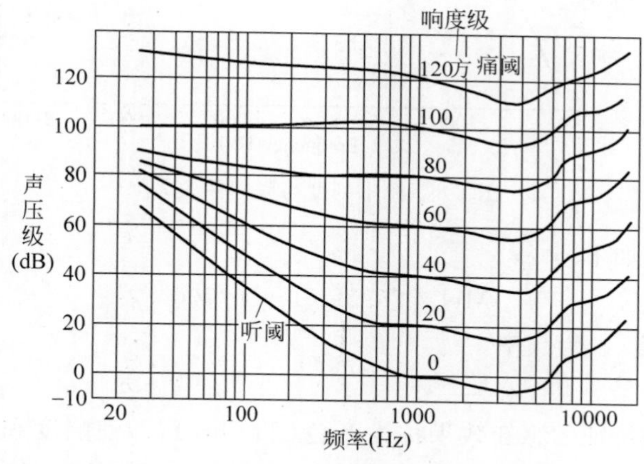

图1-7 等响度曲线与声压级的关系图

语音学中韵母的分类也和响度有一定的联系。汉语拼音中的韵母可分为单韵母、复韵母和鼻韵母,其中复韵母是由两个或3个元音组成的韵母,如ai、ie、iao、iou等。复韵母中各元音的发音响度是不同的,其中主要元音的开口度最大、声音最响亮、持续时间最长,而其他元音则发音轻短或含混。复韵母根据响度大的原因在前还是在后可分为前响复韵母、后响复韵母和中响复韵母,具体如下。

(1) 前响复韵母:响度大的元音在前,如ai、ao、ei、ou等。

(2) 后响复韵母:响度大的元音在后,如ia、ie、ua、uo、üe等

(3) 中响复韵母:响度大的元音在中间,如iao、iou、uai、uei等。

2. 音高

声音频率的高低叫作音高(Pitch,也称为音调),它是人耳对振动频率的听觉感受,主要

取决于声波频率。

音高的单位是梅尔(Mel)，频率为1000Hz、声压级为40dB的纯音音高为1000Mel。实验发现，人耳对低频信号的差别更加敏感，对高频信号的差别则不太敏感。例如，500Hz与1000Hz的声音相差500Hz，9500Hz与10000Hz的声音也相差500Hz，但是前者听起来差别明显，而后者则几乎听不出差别。1937年，Stevens、Volkmann和Newmann提出了一种音高单位，这种单位中相同的差距对听者来讲也是相等的，这就是梅尔刻度(Mel取自英语单词Melody的前3个字母)。

梅尔刻度与频率的关系如图1-8所示。

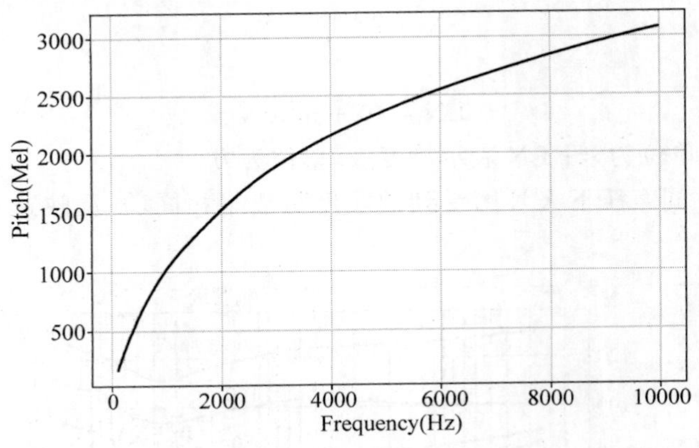

图1-8 梅尔刻度与频率的关系

两者的换算公式如下：

$$\mathrm{Mel} = 2595\lg(1 + f/700) \tag{1-6}$$

其中，Mel为梅尔刻度，f为频率。

3. 音色

人耳对声音频谱特征的感知效果称为音色(Timbre)，即使响度和音高相同，人耳依然能够轻松地分辨出钢琴、吉他或者小提琴演奏的乐音，这就是不同乐器的音色差异。不同的音色不仅听起来不一样，它们的波形图看起来也迥然不同。例如，钢琴和吉他发同一个音时的波形图如图1-9和图1-10所示，二者看起来完全不同。

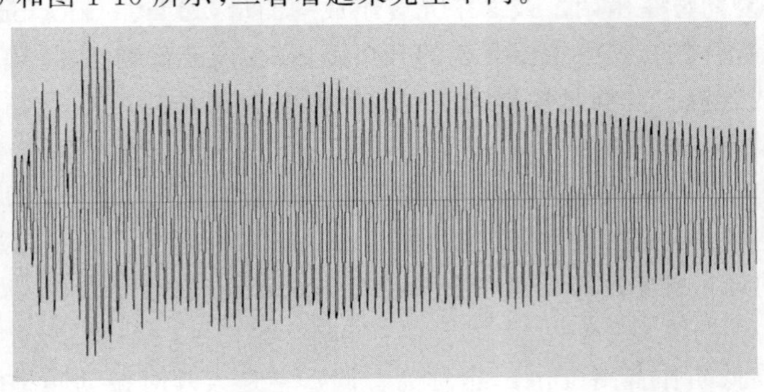

图1-9 钢琴音色(波形图)

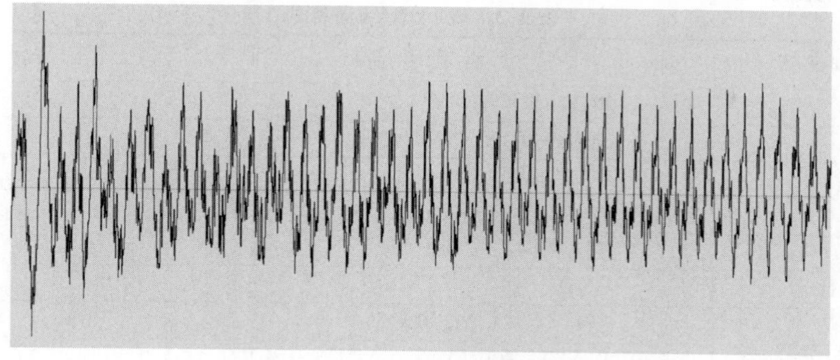

图 1-10 吉他音色(波形图)

1.2 音频文件格式

在对音频信号进行分析处理的过程中,不可避免地会与各种音频格式打交道,如WAV、MP3、WMA 等。这些音频格式大致可分为无损压缩和有损压缩两大类,前者如WAV、FLAC、AIFF 等,后者如 MP3、WMA、AAC、OGG 等,下面对其中常用的格式进行介绍。

1.2.1 WAV 文件格式

1. 概述

在所有音频格式中,WAV 文件格式恐怕是最常见的一种了。WAV 文件即文件扩展名是.wav 的文件,也称为波形文件。WAV 是 WaveForm 的缩写,它是微软与 IBM 公司联合开发的用于存储音频流的编码格式,被广泛地应用于 Windows、Macintosh、Linux 等多种操作系统。

WAV 格式对音频流的编码没有硬性规定,不过最常用、最基本的还是非压缩的 PCM(Pulse Code Modulation)编码。PCM 编码能直接存储采样的声音数据,还原的波形曲线与原始声音波形十分接近,因而声音质量也是一流的,其缺点是文件体积过大、不适合长时间记录。

2. WAV 文件格式解析

WAV 文件符合 RIFF(Resource Interchange File Format)规范。构成 RIFF 文件的基本单位称为块(Chunk),每个 RIFF 文档是由若干个块构成的,每个块由块标识、块长度及数据三部分组成。

WAV 文件至少由 3 个块组成:标记文件类型的 RIFF 块,包含识别采样率等参数的 fmt(FORMAT)块和包含声音数据的 DATA 块,fmt 块中有一个称为 AudioFormat 的字段,代表 WAV 文件的编码格式,其编码表见表 1-2。

表 1-2　WAV 的编码格式

十六进制编码	格式名称	fmt 块长度
0x01	PCM(非压缩格式)	16
0x02	Microsoft ADPCM	18
0x03	IEEE float	18
0x06	ITU G. 711 a-law	18
0x07	ITU G. 711 μ-law	18
0x031	GSM 6. 10	20
0x040	ITU G. 721 ADPCM	
0xFFFE	WAVE_FORMAT_EXTENSIBLE	40

不过，表 1-2 中最常用的编码格式还是 PCM 编码，这也是一种最常见的无损编码。下面以 PCM 编码的 WAV 文件为例给出 WAV 文件的主要结构，见表 1-3。

表 1-3　PCM 编码的 WAV 文件结构

块名	字段名称	字节数	字段内容	字段说明
RIFF	ChunkID	4	"RIFF"	RIFF 块标识符
	ChunkSize	4	文件大小	从下一个字段起到文件尾的字节数
	Format	4	"WAVE"	将该文件标记为 WAV 格式文件
FORMAT	Subchunk1ID	4	"fmt"	FORMAT 块标识符
	Subchunk1Size	4	格式块长度	其数值取决于编码格式
	AudioFormat	2	编码格式代码	1 为 PCM，其余值表示某种形式的压缩
	NumChannels	2	通道数	单声道为 1，立体声或双声道为 2
	SampleRate	4	采样率	每个声道单位时间采样次数，常用的采样率有 11025、22050 和 44100Hz 等
	ByteRate	4	数据传输速率	该数值=通道数×采样率×每样本数据位数/8
	BlockAlign	2	数据块对齐单位	采样帧大小，该数值=通道数×每样本数据位数/8
	BitsPerSample	2	每样本数据位数	表示每个样本占用的字节数，最常见的是 8 和 16
DATA	Subchunk2ID	4	"data"	DATA 块标识符
	Subchunk2Size	4	数据块长度	
	Data	*	数据块	实际的声音数据

3. WAV 文件剖析实例

下面以一个具体实例来说明，这是一个用十六进制双字符显示的 WAV 文件，如图 1-11 所示。该文件很小，仅 260 字节，其中真正的声音数据仅 16 个样本。图中用方框标出了 3 个块的标志，即 RIFF、fmt 和 data(该文件尚有其他块，说明从略)。紧跟在这 3 个标志后的是块的大小，其中 RIFF 后面的数字 fc00 0000 代表整个文件大小，另外两个则代表 FORMAT 块和 DATA 块的大小。

表示块大小的 4 字节采用的是 Little-endian(低位优先)的排列顺序，因此 fc00 0000 应重新排列为 0000 00fc，即十进制的 252。这表示 fc00 0000 后直到文件结束还有 252 字节，

```
00000000: 5249 4646 fc00 0000 5741 5645 666d 7420  RIFF....WAVEfmt
00000010: 1000 0000 0100 0200 2256 0000 8858 0100  ........"V...X..
00000020: 0400 1000 6461 7461 4000 0000 bbff b2ff  ....data@.......
00000030: 6e00 7700 2001 3c01 0702 3a02 0b03 5a03  n.w. .<...:...Z.
00000040: 1404 7d04 1b05 a005 f805 9506 a706 5607  ..}...........V.
00000050: 1007 cb07 3007 ef07 f706 b207 5706 0307  ....0.......W...
00000060: 4a05 da05 dc03 4604 1b02 5802 4344 6966  J.....F...X.CDif
00000070: 4400 0000 4400 0000 0100 0000 0000 0000  D...D...........
00000080: 0000 0000 0000 0000 0000 0000 0000 0000  ................
00000090: 0000 0000 0000 0000 0000 0000 0000 0000  ................
000000a0: 0000 0000 0000 0000 0000 0000 0000 0000  ................
000000b0: 0000 0000 0000 0000 4344 6966 4400 0000  ........CDifD...
000000c0: 4400 0000 0100 0000 0000 0000 0000 0000  D...............
000000d0: 0000 0000 0000 0000 0000 0000 0000 0000  ................
000000e0: 0000 0000 0000 0000 0000 0000 0000 0000  ................
000000f0: 0000 0000 0000 0000 0000 0000 0000 0000  ................
00000100: 0000 0000                                ....
```

图 1-11　十六进制显示的 WAV 文件

因此整个文件长度为 260(252+前面 8 字节),与已知信息一致。同理,fmt 后的 1000 0000 代表 16,data 后的 4000 0000 代表 64。

该文件中各字段及代表的意义如图 1-12 所示,如此整个文件的内容就一清二楚了。需要注意的是,其中表示数字的字段都是 Little-endian 的排列顺序,只需按照块大小的方式解读。另外,由于该文件是双声道的,每个样本都由 4 字节组成,例如第 1 个样本 bbff b2ff 中 bbff 为左声道数据,b2ff 为右声道数据,其余样本以此类推。

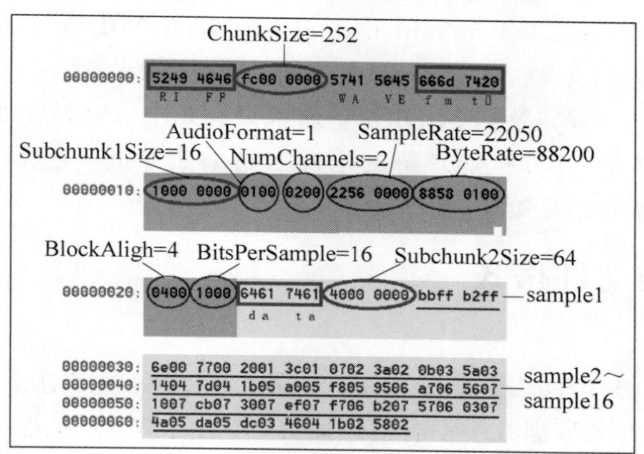

图 1-12　WAV 文件中各字段代表的意义

1.2.2　MP3 文件格式

MP3 是 Moving Picture Experts Group Audio Layer Ⅲ的简称,是一种音频压缩技术。用 MP3 格式存储的音频文件占用空间明显降低,音质也较好,因此适合于网络传播或者存储在手机或 iPod 上播放。

MP3 的最初想法和基础研究产生于德国的埃尔朗根-纽伦堡大学(University of Erlangen-Nuernberg)。从 1987 年开始,来自该大学和弗劳恩霍夫集成电路研究所(Fraunhofer Institute for Integrated Circuits IIS,Fraunhofer IIS)的研究团队就致力于 MP3 标准的开发。

基于 PCM 编码的 WAV 格式音质十分逼真,但是其文件过于庞大,不便于存储和传输。声音是一种信息熵非常高的数据,无损压缩不可能达到 1∶10 的压缩比,而 MP3 的原理和心理声学(Psychoacoustics)有关。

在听觉系统中,有一种常见的现象叫作掩蔽效应。例如在机器轰鸣的工厂中,即使很大声地讲话旁边的人也未必听得清,这就是掩蔽效应。掩蔽效应可分为同时掩蔽和时域掩蔽,前面的例子属于同时掩蔽,而时域掩蔽则是指两种声音的出现不同时的情况。当一个声音戛然而止后,我们并不会觉得声音立即停止了,而是有 50ms 左右的缓冲时间,这就是时域掩蔽。MP3 算法的核心,就是充分利用了掩蔽效应,把声音中那些被掩盖的、实际上并未被听到的音频信息统统丢弃了。

MP3 的出现是有其时代背景的。当时,1GB 大小的硬盘刚刚开始普及,存储空间属于稀缺资源,而处理器的速度却有了大幅提升。从 1995 年上半年开始,MP3 在互联网上迅速走红。1995 年 7 月 14 日,经 Fraunhofer 研究人员内部投票一致决定将基于这个压缩算法的文件扩展名命名为. MP3。

1.2.3 MIDI 文件格式

乐器数字接口(Musical Instrument Digital Interface,MIDI)与 WAV 文件不同的是,MIDI 文件不对音乐进行采样,而是将音乐的每个音符记录为一个数字,所以相比之下 MIDI 文件要小得多。一首完整的 MIDI 音乐通常只有几十 KB,甚至更小,而且能包含数十条声道的数据。MIDI 是"计算机能理解的乐谱",是编曲界最广泛运用的音频格式。有关 MIDI 文件格式的具体介绍见第 10 章。

1.2.4 其他文件格式

1. FLAC

无损音频压缩编码(Free Lossless Audio Codec,FLAC)顾名思义是一种无损音频文件格式。使用此编码的音频数据几乎没有信息损失,但是同 WAV 文件一样,FLAC 文件也存在着占用空间过大的问题。

2. WMA

WMA 是 Windows Media Audio 的简称,是微软公司推出的音频文件格式。WMA 属于有损压缩的音频格式,其压缩比和音质表现可以媲美 MP3,因而也受到了广泛欢迎。

3. OGG

OGG(全称为 Ogg Vorbis)是一种完全免费、开放且无专利限制的压缩音频格式,文件扩展名为. OGG。它支持多声道且可以不断地进行大小和品质的改良而不影响旧有的编码器。OGG 的音质虽然无法和无损音频格式相比,但是和 MP3 相比毫不逊色。

4. AAC

AAC(Advanced Audio Coding)是一种专为声音数据设计的文件压缩格式,它采用了全新的算法进行编码,相较于 MP3,AAC 格式的音质更佳,文件更小。

1996 年底，Fraunhofer IIS 在美国获得了 MP3 的专利。在随后的几年里，MP3 格式变得越来越流行，但是其不足也逐渐显现出来。MP3 的压缩率不如 OGG、WMA 等音频格式，音质也不够理想，而且 MP3 只有两个声道。针对上述问题，Fraunhofer IIS 与 AT&T、索尼、杜比、诺基亚等公司合作开发出了 AAC 音频格式，以取代 MP3 的位置。

AAC 最初被称为 MPEG-2 AAC，后来随着 MPEG-4（MP4）标准的出现，AAC 加入了一些新的特性，为了区别于传统的 MPEG-2 AAC 而称为 MPEG-4 AAC（M4A）。

AAC 可以支持多达 48 个声道，其文件比 MP3 小约 30%，音质反而更好，因而受到了广泛欢迎。

1.3 Praat 简介

本书将对语音、乐音等声音信号细致地进行观察解析，因而需要一款免费实用的工具，Praat 是一个不错的选择。本节将对 Praat 进行简单介绍，在介绍过程中，不可避免地涉及一些专用术语，没有基础的读者不必在意，此处只需关注 Praat 的功能，相关的术语将在后续章节进行介绍。

1.3.1 Praat 概要

Praat 是一款跨平台的多功能语音学软件，主要用于对数字化的语音信号进行分析、标注、处理及合成等实验，同时生成各种语图和文字报表。Praat 的作者是荷兰人 Paul Boersma 和 David Weenink，在荷兰语中 Praat 是“说话、交谈”的意思。

从 2004 年 3 月 4 日的 4.2 版起，Praat 的作者开放了全部源代码，使之成为采用 GNU 通用公共许可证授权的开源软件，该软件的更新也相当及时，因而广受业界欢迎。

1.3.2 Praat 的下载和安装

Praat 的官方下载网址为 https://www.fon.hum.uva.nl/praat/，目前的最新版为 6.3.17 版（2023 年 9 月 10 日更新）。Praat 的安装十分简单，下载的文件解压缩后是一个可执行文件，双击该文件即可打开 Praat，无须特别安装。

Praat 功能相当强大，此处仅介绍与本书主题相关的一些主要功能，有兴趣的读者可以下载其操作手册进行学习研究。

初次启动时 Praat 的界面（以 Windows 系统为例）如图 1-13 所示。Praat 会同时打开两个窗口，其中左方的 Praat Objects 是操作的主窗口（以下简称“主窗口”），右方的 Praat Picture 供绘图用，可以先将其关闭。

使用 Praat 一般从音频文件开始，可以加载一个已有的音频文件，也可以在 Praat 里面直接录音。如果需要在 Praat 里面录音，则可以单击菜单栏中的 New→Record Mono Sound 或者 New→Record Stereo Sound 菜单，此时会跳出如图 1-14 所示的窗口，在其中选择采样率后即可单击 Record 按钮进行录音，按 Stop 按钮可结束录音。

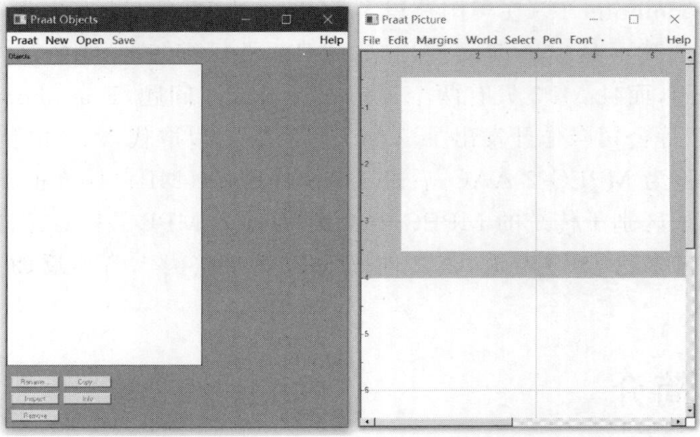

图 1-13　Praat 界面示例图

如需打开一个音频文件,则可单击 Open→Read From File 菜单,然后选择需要打开的文件。文件打开后将在 Objects 中添加 1 行,如图 1-15 所示,图中的 whistle 为文件名(后缀名不显示)。如需了解该音频的相关信息,则可单击左下角的 Info 按钮,将出现如图 1-16 所示的信息窗口。

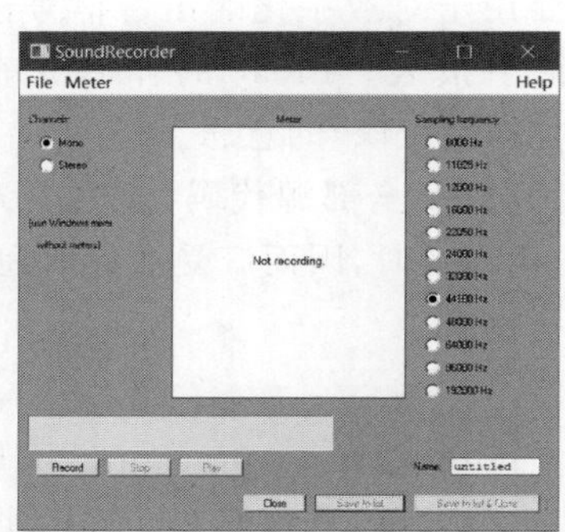

图 1-14　Praat 录音时的设置窗口

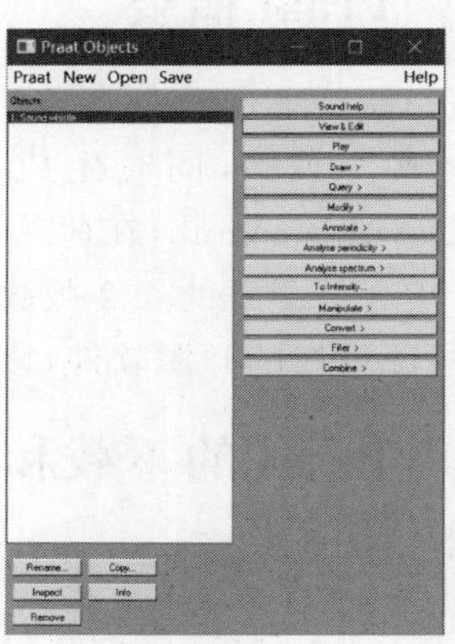

图 1-15　Praat 打开文件后的画面

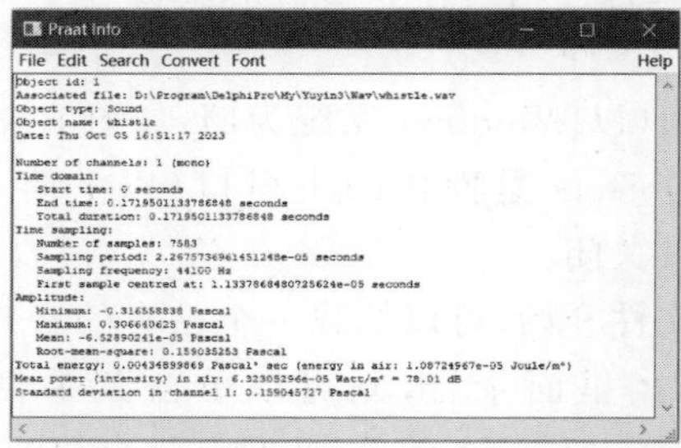
Praat Info
File Edit Search Convert Font Help

```
Object id: 1
Associated file: D:\Program\DelphiPro\My\Yuyin3\Wav\whistle.wav
Object type: Sound
Object name: whistle
Date: Thu Oct 05 16:51:17 2023

Number of channels: 1 (mono)
Time domain:
   Start time: 0 seconds
   End time: 0.171950113378684 8 seconds
   Total duration: 0.1719501133786848 seconds
Time sampling:
   Number of samples: 7583
   Sampling period: 2.2675736961451248e-05 seconds
   Sampling frequency: 44100 Hz
   First sample centred at: 1.1337868480725624e-05 seconds
Amplitude:
   Minimum: -0.316558838 Pascal
   Maximum: 0.306640625 Pascal
   Mean: -6.52890241e-05 Pascal
   Root-mean-square: 0.159035253 Pascal
Total energy: 0.00434893869 Pascal² sec (energy in air: 1.08724967e-05 Joule/m²)
Mean power (intensity) in air: 6.32305296e-05 Watt/m² = 78.01 dB
Standard deviation in channel 1: 0.159045727 Pascal
```

图 1-16　单击 Info 按钮后显示的内容

在 Praat 中,打开音频文件是基础中的基础,查看波形图、频谱图、语谱图等操作都要在此基础上进行。

1.3.3 Praat 的主要功能

Praat 的功能相当强大,其主要功能如下:

(1) 频谱分析。

(2) 基频分析。

(3) 强度分析。

(4) 共振峰分析。

(5) 语音标注。

(6) 语音参数调整和合成。

(7) 提取语音数据。

(8) 语音数据的统计分析。

其中,(5)~(8)项为语音学专用功能,仅作了解即可。

1.3.4 Praat 基础操作

Praat 中最常用的功能是查看波形图和频谱图,本节将介绍具体的操作方法,另有一些常用功能,如语谱图和共振峰的查看,将在相应的章节介绍。

1. 查看波形图

查看波形图需要先按 1.3.2 节的方法选中一个打开的音频文件,然后单击右侧的 View & Edit 按钮,此时将打开一个图形窗口,如图 1-17 所示。

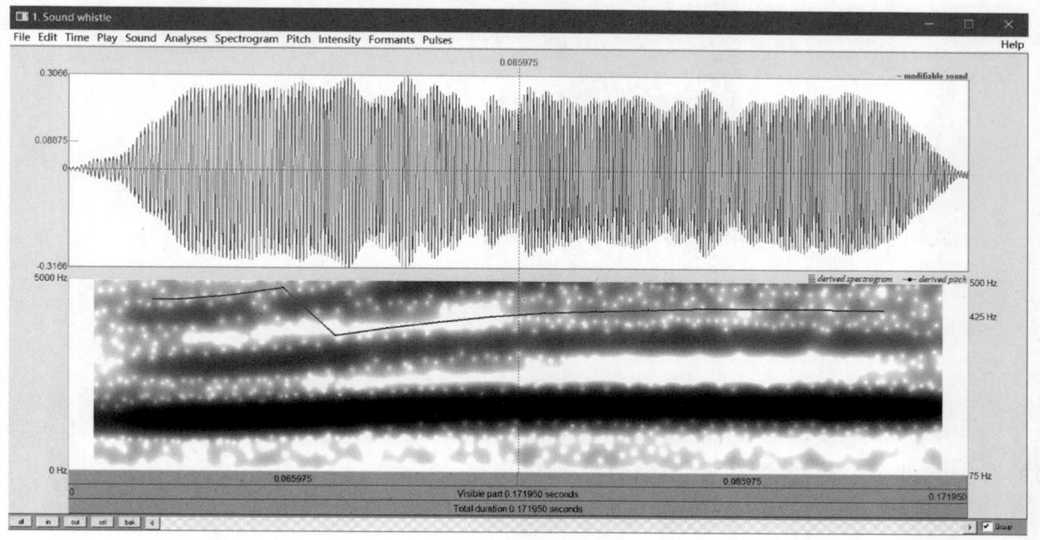

图 1-17 Praat 查看波形图

该窗口由两个图形组成,上方是波形图,下方为语谱图。语谱图中的实线为 Praat 自动检测的音高(Pitch),可通过菜单栏中的 Pitch→Show Pitch 菜单勾选或取消勾选。除了显示音高外,下方窗口还能显示共振峰,通过菜单栏中的 Formants→Show Formants 菜单勾选或取消勾选即可。窗口左下角有 all、in、out、sel、bak 等按钮,是为调整显示区域大小而设计的,其中,all 按钮可以显示该音频信号的全部;in 按钮可以将波形放大;out 按钮则可以缩小波形;sel 按钮需要先选中一段信号,单击该按钮会将该段信号填满当前窗口。

2. 查看频谱图

频谱图的概念将在第 4 章详细介绍。简单地讲,任何一个声音都可以分解成为一个或多个频率的纯音,这个过程称为频谱分析。频谱分析得到的结果就是频谱图,图中将分解出来的每个纯音分频率和振幅两个维度显示在一张图上,纵轴表示振幅,横轴表示频率。

在 Praat 中查看频谱图的步骤如下:

(1) 在 Praat 主窗口打开一个声音文件,如 one. wav 文件。

(2) 单击右侧 Analyse spectrum 按钮后选择 To Spectrum 选项,如图 1-18 所示。

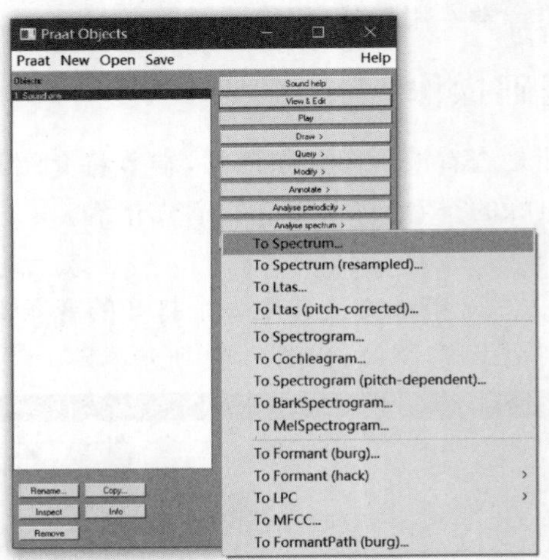

图 1-18　To Spectrum 菜单选项

(3) 此时会跳出一个如图 1-19 所示的确认窗口。

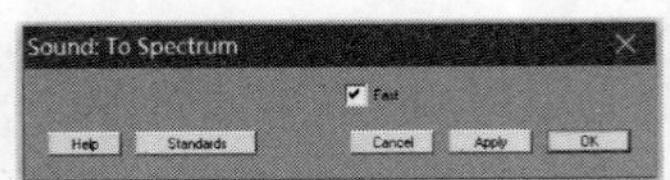

图 1-19　To Spectrum 的确认窗口

(4) 单击 OK 按钮后,主窗口的 Objects 栏会增加一项 Spectrum one(one 为不包括后缀的音频文件名),这就是生成的频谱图,如图 1-20 所示。

(5) 单击右侧 View& Edit 按钮即可查看该频谱图,如图 1-21 所示。

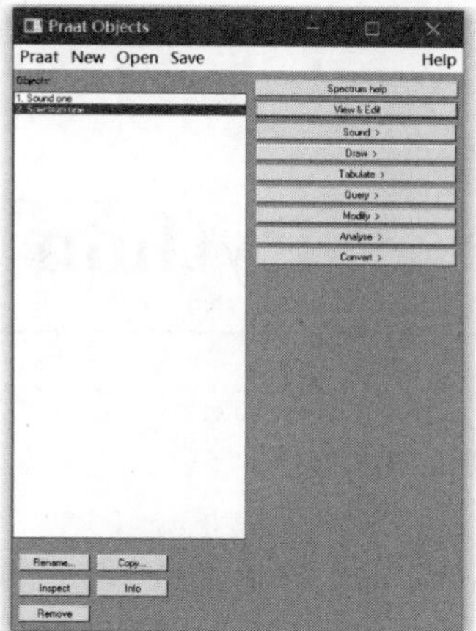

图 1-20　新增频谱图项目

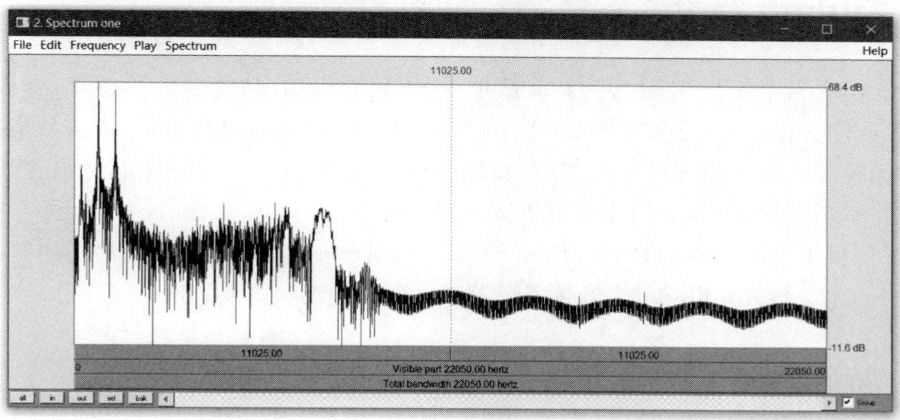

图 1-21　Praat 查看的频谱图

第 2 章 Python 基础

本书将用 Python 对音频信号进行分析和处理,下面对 Python 语言及本书用到的 Python 库做一个简要介绍。

2.1 Python 简介

Python 是一种高级编程语言,具有简单易学、语法简洁、功能强大等特点,因而特别适合初学者入门。Python 的应用领域非常广泛,包括 Web 开发、数据分析、人工智能、科学计算、脚本编写等。在音频分析和处理方面,Python 库的数量和质量都是其他语言无法比拟的,这也是本书采用 Python 作为编程语言的主要原因。

本书将采用 Anaconda 进行 Python 编程。Anaconda 中集成了大量常用的扩展包,如 NumPy、SciPy、Matplotlib 等,当然也需要下载一些其他的包,如 Librosa 等。

2.2 Anaconda 的安装

Anaconda 是一个开源的 Python 发行版本,支持 Linux、Mac 和 Windows 系统。它提供包管理与环境管理功能,可以很方便地解决多版本 Python 并存、切换及各种第三方包安装的问题。

下面以 Windows 系统为例介绍 Anaconda 的下载与安装。Anaconda 的官方下载网址为 https://www.anaconda.com/download,打开后如图 2-1 所示。

下载默认版本可以直接单击 Download 按钮,如需下载某个特定版本,则可单击下方的 3 个图标之一选择合适的操作系统,Windows 的选项在最左边,如图 2-1 中方框所示。笔者下载的 Anaconda 中包含的 Python 版本为 3.11 版,下载文件是一个可执行文件,下载完成后可直接执行文件运行安装程序。安装过程较为简单,安装路径一般选择默认值即可。

Anaconda 包括 Anaconda Navigator、Anaconda Prompt、Jupyter Notebook 和 Spyder 等组件,主要功能如下。

(1) Anaconda Navigator:管理环境和工具包的图形用户界面。

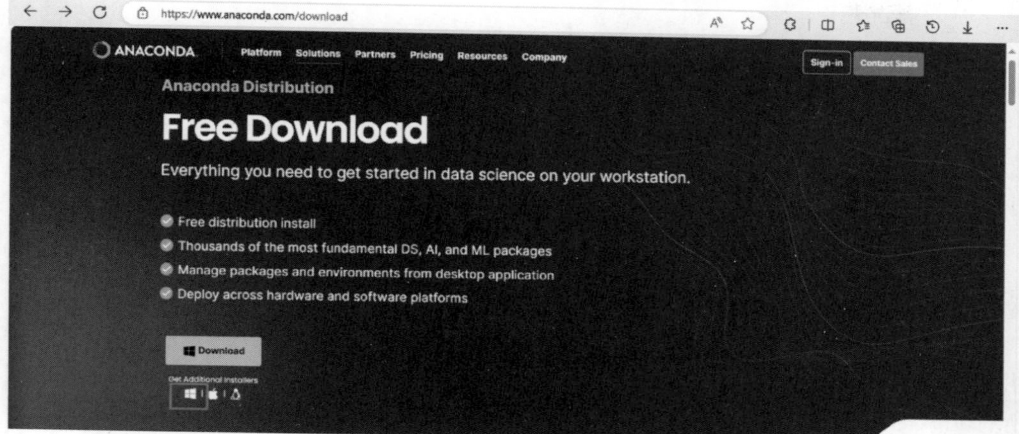

图 2-1 Anaconda 下载页

(2) Anaconda Prompt：命令行工具。

(3) Jupyter Notebook：基于网页的交互式环境。

(4) Spyder：Python 语言的开发环境。

本书的编程主要在 Spyder 中进行，其界面如图 2-2 所示。

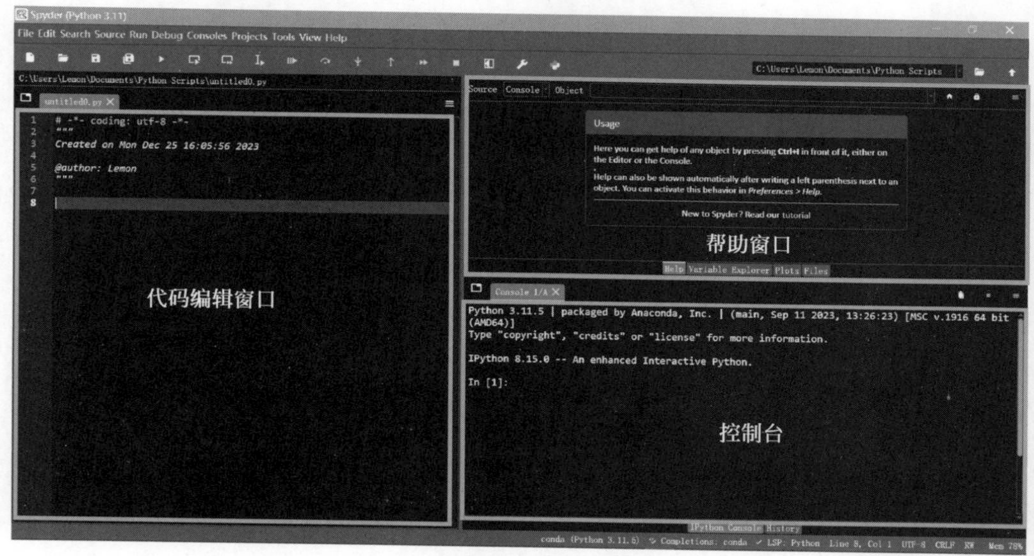

图 2-2 Spyder 界面

Spyder 界面主要由以下几部分构成。

(1) 代码编辑窗口：主要用于编写代码。

(2) 帮助窗口：主要用于显示帮助内容、变量信息、绘图结果及文件目录等。

(3) 控制台：主要用于显示程序运行结果等。

2.3 主要 Python 库

本书主要涉及的 Python 库有 NumPy、SciPy、Matplotlib、Librosa 等,还有一些库将在用到时再介绍。

1. NumPy

NumPy 是 Numerical Python 的简称,是 Python 的一种开源的数值计算扩展。NumPy 支持大量的维度数组与矩阵运算,同时也针对数组运算提供了大量的数学函数库。

NumPy 底层使用 C 语言编写,因而运算效率相当高。此外,NumPy 提供了一种基本数组类型 ndarray,其数据地址是连续的(Python 列表中的元素类型是任意的,而 ndarray 中的所有元素的类型都是相同的),如图 2-3 所示,这使批量操作数组元素时速度更快。

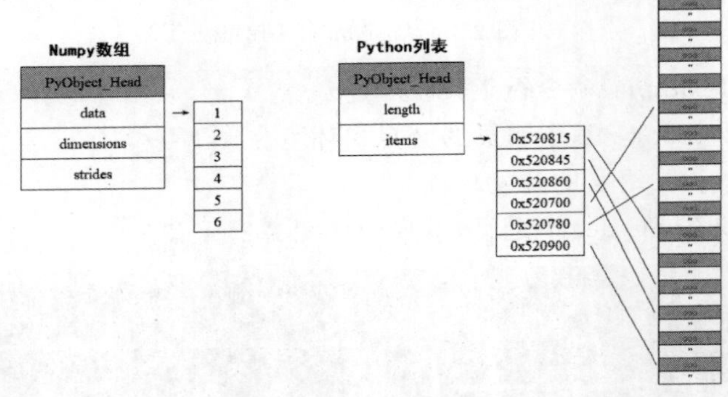

图 2-3 NumPy 数组的优势

Anaconda 中自带 NumPy 库,无须另行安装。NumPy 和稀疏矩阵运算包 SciPy 配合使用更加方便。

2. SciPy

SciPy 是 Scientific Python 的简称,是一个常用的科学计算库,由 Travis Olliphant 于 2001 年创建。它建立在 NumPy 的基础上,提供了更多的高级科学计算功能,包括优化、信号处理、统计分析、插值、线性代数等。Anaconda 中自带 SciPy 库,无须另行安装。

3. Matplotlib

Matplotlib 是一个数据可视化库,可用于绘制各种类型的图表,包括直方图、散点图、线图等,同时也支持图像的显示和处理。本书中的很多图像是通过 Matplotlib 绘制的。

4. Librosa

Librosa 是一个 Python 的音频处理库,其标志(摘自其官方网站)如图 2-4 所示。

Librosa 的主要功能包括以下几个。

(1) 多种音频格式的读取,包括 WAV、MP3、OGG 等。

(2) 常用音频特征的提取,如过零率、梅尔频率倒谱系数等。

(3) 音频数据的可视化,如波形图、语谱图等。

图 2-4 Librosa 标志

(4) 音频事件检测,如音高检测、节奏检测和音符边界检测等。

Librosa 是一个功能强大的音频库,本书将以 Librosa 为中心介绍音频处理和分析的常用函数。

Anaconda 中没有包括 Librosa 库,因此需要另行安装。Librosa 可在 Anaconda Prompt 中通过命令行方式安装,只需键入如下命令:

```
pip install librosa
```

安装完成后可进入 Python 环境尝试运行 import librosa 命令,如图 2-5 所示。如果执行后没有报错,则说明安装成功。

```
Anaconda Prompt - python
(base) C:\Users\Lemon>pip install librosa
Requirement already satisfied: librosa in c:\users\lemon\anaconda3\lib\site-packages (0.10.1)
Requirement already satisfied: audioread>=2.1.9 in c:\users\lemon\anaconda3\lib\site-packages (from librosa) (3.0.1)
Requirement already satisfied: numpy!=1.22.0,!=1.22.1,!=1.22.2,>=1.20.3 in c:\users\lemon\anaconda3\lib\site-packages (from librosa) (1.24.3)
Requirement already satisfied: scipy>=1.2.0 in c:\users\lemon\anaconda3\lib\site-packages (from librosa) (1.11.1)
Requirement already satisfied: scikit-learn>=0.20.0 in c:\users\lemon\anaconda3\lib\site-packages (from librosa) (1.3.0)
Requirement already satisfied: joblib>=0.14 in c:\users\lemon\anaconda3\lib\site-packages (from librosa) (1.2.0)
Requirement already satisfied: decorator>=4.3.0 in c:\users\lemon\anaconda3\lib\site-packages (from librosa) (5.1.1)
Requirement already satisfied: numba>=0.51.0 in c:\users\lemon\anaconda3\lib\site-packages (from librosa) (0.57.1)
Requirement already satisfied: soundfile>=0.12.1 in c:\users\lemon\anaconda3\lib\site-packages (from librosa) (0.12.1)
Requirement already satisfied: pooch>=1.0 in c:\users\lemon\anaconda3\lib\site-packages (from librosa) (1.7.0)
Requirement already satisfied: soxr>=0.3.2 in c:\users\lemon\anaconda3\lib\site-packages (from librosa) (0.3.6)
Requirement already satisfied: typing-extensions>=4.1.1 in c:\users\lemon\anaconda3\lib\site-packages (from librosa) (4.7.1)
Requirement already satisfied: lazy-loader>=0.1 in c:\users\lemon\anaconda3\lib\site-packages (from librosa) (0.2)
Requirement already satisfied: msgpack>=1.0 in c:\users\lemon\anaconda3\lib\site-packages (from librosa) (1.0.3)
Requirement already satisfied: llvmlite<0.41,>=0.40.0dev0 in c:\users\lemon\anaconda3\lib\site-packages (from numba>=0.51.0->librosa) (0.40.0)
Requirement already satisfied: platformdirs>=2.5.0 in c:\users\lemon\anaconda3\lib\site-packages (from pooch>=1.0->librosa) (3.10.0)
Requirement already satisfied: packaging>=20.0 in c:\users\lemon\anaconda3\lib\site-packages (from pooch>=1.0->librosa) (23.1)
Requirement already satisfied: requests>=2.19.0 in c:\users\lemon\anaconda3\lib\site-packages (from pooch>=1.0->librosa) (2.31.0)
Requirement already satisfied: threadpoolctl>=2.0.0 in c:\users\lemon\anaconda3\lib\site-packages (from scikit-learn>=0.20.0->librosa) (2.2.0)
Requirement already satisfied: cffi>=1.0 in c:\users\lemon\anaconda3\lib\site-packages (from soundfile>=0.12.1->librosa) (1.15.1)
Requirement already satisfied: pycparser in c:\users\lemon\anaconda3\lib\site-packages (from cffi>=1.0->soundfile>=0.12.1->librosa) (2.21)
Requirement already satisfied: charset-normalizer<4,>=2 in c:\users\lemon\anaconda3\lib\site-packages (from requests>=2.19.0->pooch>=1.0->librosa) (2.0.4)
Requirement already satisfied: idna<4,>=2.5 in c:\users\lemon\anaconda3\lib\site-packages (from requests>=2.19.0->pooch>=1.0->librosa) (3.4)
Requirement already satisfied: urllib3<3,>=1.21.1 in c:\users\lemon\anaconda3\lib\site-packages (from requests>=2.19.0->pooch>=1.0->librosa) (1.26.16)
Requirement already satisfied: certifi>=2017.4.17 in c:\users\lemon\anaconda3\lib\site-packages (from requests>=2.19.0->pooch>=1.0->librosa) (2023.7.22)

(base) C:\Users\Lemon>python
Python 3.11.5 | packaged by Anaconda, Inc. | (main, Sep 11 2023, 13:26:23) [MSC v.1916 64 bit (AMD64)] on win32
Type "help", "copyright", "credits" or "license" for more information.
>>> import librosa
>>>
```

图 2-5 Librosa 安装测试

Librosa 涉及的依赖包较多,因此经常因为某些原因导致安装失败,出现问题的主要原因及解决方法如下。

(1) 网络问题:某些包可能因为网络问题导致安装失败,解决方法主要有两种。

一是通过国内的镜像网站下载,如安装时用以下语句指定下载网站:

```
pip install xxx - i https://pypi.tuna.tsinghua.edu.cn/simple/
```

二是下载这些包的 whl 文件先行安装,然后安装 Librosa。

(2) Python 版本问题:Librosa 对 Python 版本有一定要求,因此建议安装较新版本的 Python。

(3) 兼容性问题:某些包之间可能因为版本不兼容而导致安装失败,此种情况一般会在安装过程中给出提示,只需根据提示升级相应的 Python 包。

5. 其他

本书还涉及一些其他的 Python 包,由于书中仅一小部分内容会用到这些包,因此对它们的介绍将放在相关章节进行。

2.4 Python 绘图基础

本书相当多的内容涉及 Python 的绘图功能,一张形象生动的图表对理解有关概念具有莫大的帮助。本节将花一点笔墨对 Python 中的绘图功能作一个简单介绍,其中主要涉及 Matplotlib 库。

Matplotlib 是个功能强大的图形绘制库,它不但能绘制散点图、线型图、条形图、饼图等常用的二维图像,还能绘制三维图像。不过,在音频处理、语音识别这些领域,最常使用的功能还是线型图,因此本节将重点介绍 Matplotlib 绘制线型图的相关功能,同时适当介绍散点图的绘制方法。

2.4.1 散点图的绘制

Matplotlib 中绘制散点图的函数原型如下:

```
matplotlib.pyplot.scatter(x, y, s=None, c=None, marker=None, cmap=None, norm=
None, vmin=None, vmax=None, alpha=None, linewidths=None, edgecolors=None)

【主要参数说明】
(1) x:横坐标数据。
(2) y:纵坐标数据。
(3) s:点的大小。
(4) c:点的颜色,可以是一种颜色字符串、颜色列表或数组。
(5) marker:点的标记样式,可以用点、圈、叉等符号表示,常用标记符见图 2-6。
(6) alpha:点的透明度,取值范围为[0, 1],其中 0 表示完全透明,1 表示完全不透明。
```

Matplotlib 中的基本颜色有以下几种。

(1) r:red。

(2) b:blue。

(3) c:cyan。

(4) g:green。

(5) k:black。

（6）w：white。

（7）y：yellow。

（8）m：magenta。

在表示颜色时，既可以用颜色的简称（单个字符）表示，又可以用全称表示。例如表示红色时用 c='r'或 c='red'均可。此外，还可以用十六进制字符串表示颜色，例如红色和黑色可以分别表示如下。

（1）红色：'＃FF0000'。

（2）黑色：'＃000000'。

Matplotlib 中可以用各种标记符来表示一个散点，其中较为常用的标记符如图 2-6 所示。

Marker	图形	描述
'.'	•	圆点
','	·	像素点
'o'	●	圆形
's'	■	方块
'*'	★	星形
'+'	+	加号
'x'	×	X
'D'	◆	菱形

图 2-6　Matplotlib 中的标记符

上述标记符不但可以用在散点图中，也可以用在线条图中，因为线条本身是由点组成的。

下面用一个实例说明如何在 Matplotlib 中绘制散点图，代码如下：

```
#第 2 章/plot1.py

import matplotlib.pyplot as plt
import numpy as np

#生成随机数据
x1 = np.random.normal(0, 20, 20)
y1 = np.random.normal(0, 50, 20)

#用随机数绘制散点图
plt.scatter(x1, y1, c='r', s=10, alpha=0.5)

#用 NumPy 数组生成散点图
x2 = np.array([1, 3, 7, 10, 15])
y2 = np.array([10, 4, 9, 16, 7])
plt.scatter(x2, y2, c='black', marker='x', s=20)

#添加标题
plt.title('Scatter Plot')

#显示图形
plt.show()
```

上述代码生成的散点图如图 2-7 所示。图中实际上有两组数据，一组数据的 x 坐标和 y 坐标是随机生成的，将颜色设置为'r'，即红色，点的大小是 10，透明度为 50%；另一组数据的 x 坐标和 y 坐标则是 NumPy 数组，将颜色设置为 black，即黑色，标记符设定为 x，因此每个点的位置都用“叉”表示。在某些情况下，这种标记方式能将点的位置显示得更为清楚。

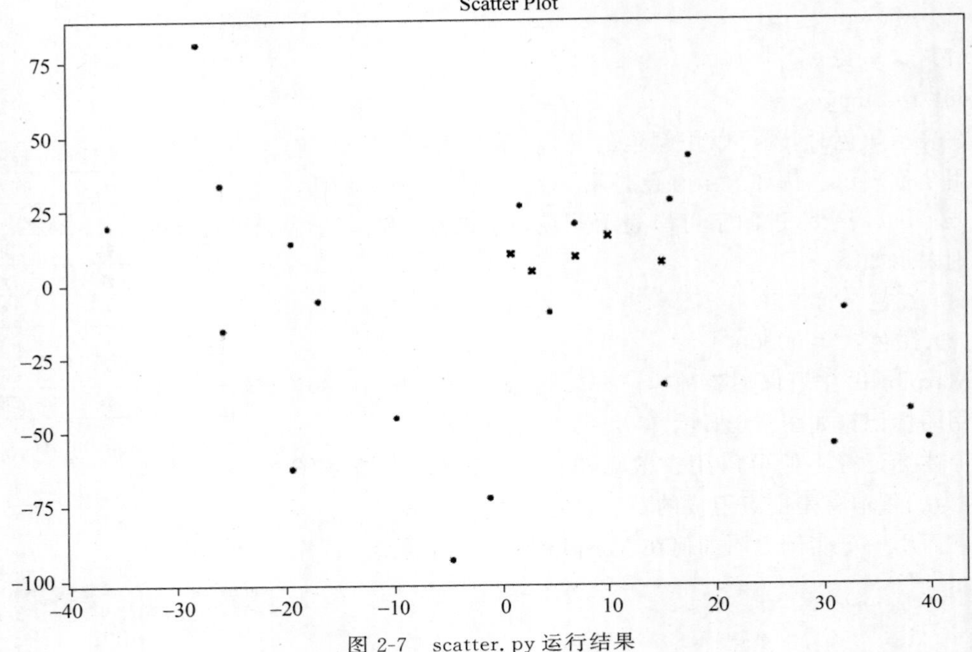

图 2-7 scatter.py 运行结果

2.4.2 线性图的绘制

Matplotlib 中绘制线型图的函数原型如下：

```
matplotlib.pyplot.plot([x], y, [fmt], *, data=None, **kwargs)

【主要参数说明】
(1) x：数据点的横坐标。
(2) y：数据点的纵坐标。
(3) fmt：格式字符串。
```

参数中的 fmt 代表绘图时使用的格式字符串，可用以下方式表示：

```
fmt = '[marker][line][color]'
```

由上式可知，格式字符串由 marker、line、color 共 3 部分组成，其中任一项都是可选(非必需的)的。格式中的 marker 在散点图中已经介绍过，color 相当于散点图中的 c 参数，代表的是线条的颜色，line 表示的是线型(Linestyle)或线宽(Linewidth)等属性。

线型指用实线还是虚线来绘制线条，具体又有以下可选项。

(1) '-'：实线。

(2) '--'：短画线。

(3) '-.'：点画线。

(4) ':'：点线。

线宽则表示的是线条的宽度或厚度。

下面举一个简单的例子，代码如下：

```
#第 2 章/plot2.py

import matplotlib.pyplot as plt
x = [1, 2, 3, 4, 5, 6]
y1 = [1, 2, 3, 3, 2, 1]
y2 = [1, 4, 9, 8, 4, 2]

plt.plot(x, y1, marker='+', linestyle='-', linewidth=1, color='b')
plt.show()

plt.plot(x, y2, marker='.', linestyle='--', linewidth=1, color='r')
plt.show()
```

上述程序运行后将显示两张图像，其中第 1 张图显示的是实线，如图 2-8 所示，而第 2 张图显示的则是短线，如图 2-9 所示。

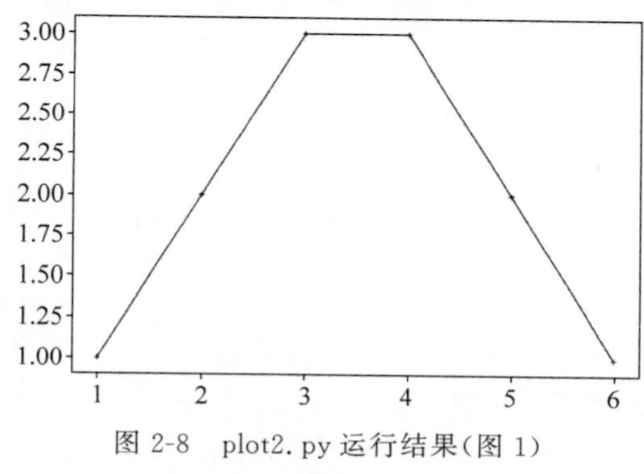

图 2-8　plot2. py 运行结果(图 1)

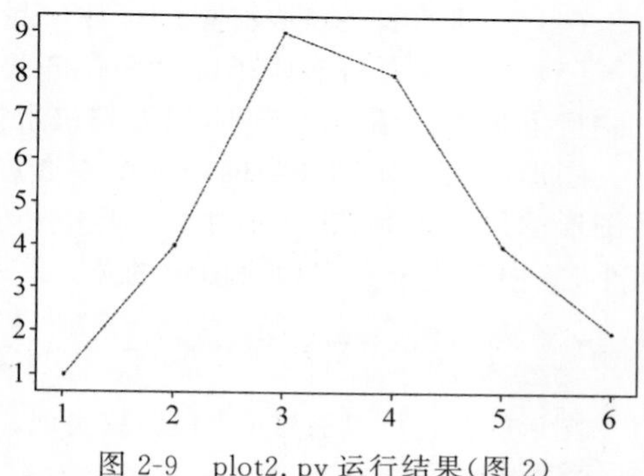

图 2-9　plot2. py 运行结果(图 2)

上述程序中用两张图像画出了两条线，而有时需要在一张图像上绘制两条线，甚至多条线，此时可用下面的函数原型：

```
matplotlib.pyplot.plot([x], y, [fmt], [x2], y2, [fmt2], ..., **kwargs)
```

例如，如果仍然采用 plot2. py 文件中 x、y1、y2 数组的值，则可以用如下代码将两条线绘制在一幅图形中：

```
plt.plot(x, y1, 'b-', x, y2, 'r--')
```

上述代码绘制的图形如图 2-10 所示，图中显示的仍然是实线和短线，只不过两条线显示在一张图中。另外，如果要用 plot() 函数在一张图中绘制多个线图，则 fmt 中的各个设置就不能一一指明了，最好用上述代码中的简式写法。

2.4.3　图形的美化

应用前面介绍的 scatter() 函数和 plot() 函数已经能够绘制出散点图和线型图，但是上

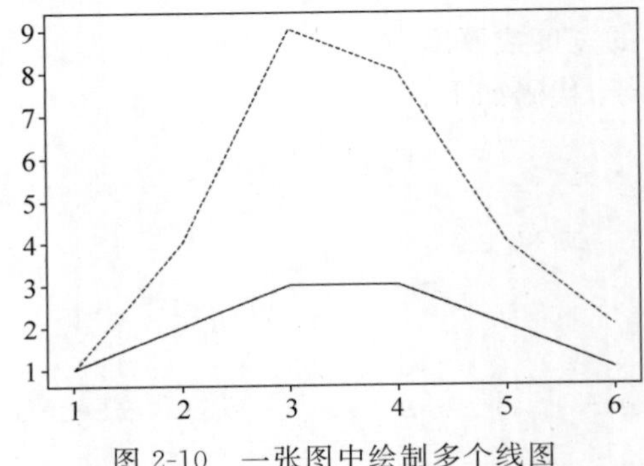

图 2-10　一张图中绘制多个线图

面绘制的图形仍然不够美观,具体表现如下:

(1) 图形的大小比例失当。

(2) 图形缺乏标题。

(3) x 轴和 y 轴没有标注。

(4) 不同的线条缺少必要的标注(标签)。

(5) 有时需要将多张子图合并在一起。

接下来就介绍一些技巧,以便解决上述问题。

图形的大小比例失当的问题可以通过控制图形的尺寸来解决。例如,下面的语句可以将图形的尺寸控制在 12 英寸×5 英寸大小,figure()函数中的 figsize 参数用于指定图形的大小,其中前一个数字代表图形的宽,后一个数字代表图形的高,单位是英寸,代码如下:

```
fig = plt.figure(figsize=(12, 5))
```

图形的标题可以通过 title()函数实现。例如,将图形的标题设为'Line Examples',代码如下:

```
plt.title('Line Examples')
```

该函数还有 fontdict 和 loc 等参数,通过设置这些参数能够控制标题的字体及位置。

x 轴和 y 轴的标注可以通过 xlabel()和 ylabel()函数实现,而不同线条的标注则可以用 legend()函数实现。概括地讲,Matplotlib 中的 legend()函数可用于对图标进行各种说明。例如,对图 2-10 中的线条进行标注,可以用如下代码:

```
plt.legend(('line 1', 'line 2'))
```

该函数中还能用 loc 来指定说明的位置,用 fontsize 来指定说明文字的大小,用 frameon 来指定是否显示说明边框等。

下面通过综合运用上述函数来绘制图 2-10 的改进版,代码如下:

```
#第 2 章/plot3.py

import matplotlib.pyplot as plt

#用于绘图的数据
```

```
x = [1, 2, 3, 4, 5, 6]
y1 = [1, 2, 3, 3, 2, 1]
y2 = [1, 4, 9, 8, 4, 2]

#设置图形大小
fig = plt.figure(figsize=(12, 5))

#绘制线型图及图例说明
plt.plot(x, y1, 'b-', x, y2, 'r--')
plt.legend(('line 1', 'line 2'), loc='best', frameon=True)

#标题及坐标轴名称
plt.title('Line Examples')                          #标题设置
plt.xlabel('Time(s)')                               #x 轴标签
plt.ylabel('Amplitude')                             #y 轴标签

#图形显示
plt.show()
```

上述程序的运行结果如图 2-11 所示。在添加了标题、x 轴及 y 轴标签等诸多内容之后，该图已经基本做到“内容完备，形式美观”了。

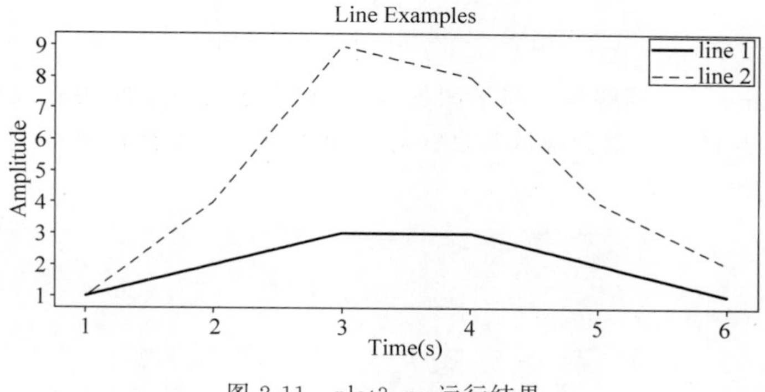

图 2-11 plot3.py 运行结果

2.4.4 子图的绘制

在绘制各种图表时还经常需要将不同的图形组合为一张大图，其中每张小图都说明一个问题，而不同小图之间又能通过整齐的排列相互对比。在 Matplotlib 中，这样的小图称为子图。子图可以通过 subplot()函数实现，该函数的常用原型如下：

```
matplotlib.pyplot.subplot(nrows, ncols, index, **kwargs)

【主要参数说明】
(1) nrows：绘图格子的行数。
(2) ncols：绘图格子的列数。
(3) index：子图索引。
```

在绘制带有子图的图表时,可以把绘图区域想象成由若干个格子组成。假如要绘制的是有 2 横 2 纵共 4 个子图的图形,如图 2-12 所示,则可将 nrows 和 ncols 都设置成 2;假如要绘制 2 横 3 纵共 6 个子图,则可将 nrows 设置为 2,将 ncols 设置为 3。

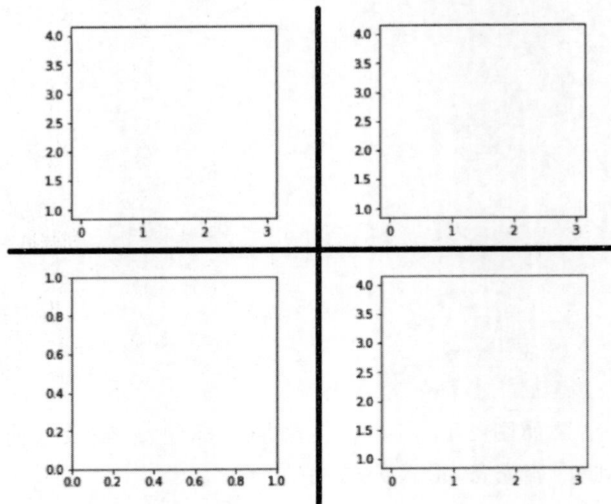

图 2-12　2 横 2 纵的子图样例

参数中的 index 可以理解成当前子图的编号,相当于告诉系统现在要绘制的是几号子图,因为接下来的绘图语句都会被认为是针对这个子图的。下面用一个完整的例子说明子图的绘制方法,代码如下:

```
#第 2 章/plot4.py

import matplotlib.pyplot as plt

#用于绘图的数据
x = [1, 2, 3, 4, 5, 6]
y1 = [1, 2, 3, 3, 2, 1]
y2 = [1, 4, 9, 8, 4, 2]

#2 横 1 纵共两个子图
plt.subplot(2,1,1)                    #此为子图 1
plt.xlabel('Time 1(s)')
plt.ylabel('Amplitude 1')
plt.plot(x, y1, 'b-')
plt.title('Line One', loc='left')

#绘制第 2 个子图
plt.subplot(2,1,2)                    #此为子图 2
plt.plot(x, y2, 'r--')
plt.xlabel('Time 2(s)')
```

```
    plt.ylabel('Amplitude 2')
    plt.title('Line Two', loc='left')

    #图形显示
    plt.show()
```

上述程序运行的结果如图 2-13 所示。不难看出，除了对子图的定义外，每个子图的绘制都相当于一个完整图形的绘制。

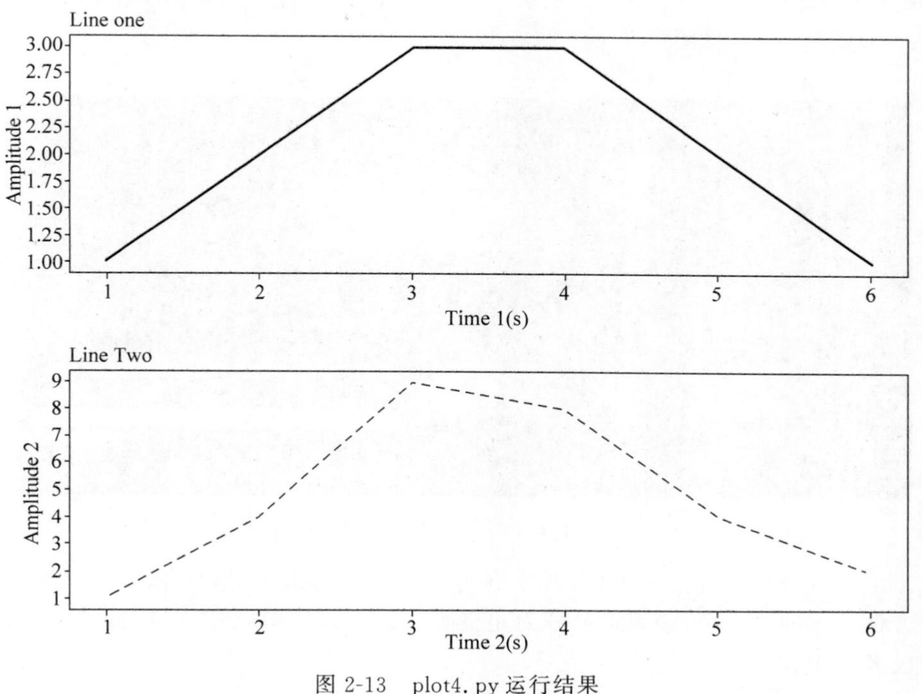

图 2-13　plot4.py 运行结果

上面介绍了 Matplotlib 中绘制散点图和线性图的一些方法和技巧。Matplotlib 的绘图功能相当强大，篇幅所限只能简单介绍到这里了，感兴趣的读者可以参照 Matplotlib 的文档或相关书籍进行深入学习。

2.5　FFmpeg 的安装与配置

FFmpeg 是一个开源的多媒体框架，提供了录制、转换、流化音视频的完整解决方案，它的主要功能如下：

（1）视频采集。

（2）声音/图像的编码、解码。

（3）视频格式转换。

（4）流媒体服务。

（5）播放与后期处理。

（6）GPU 加速。

FFmpeg 功能十分强大，本书中有不少模块需要用到。下面以 Windows 系统为例介绍 FFmpeg 的安装与配置。

FFmpeg 可到其官网下载，网址为 https://ffmpeg.org/download.html。打开网站后需要根据计算机的操作系统选择下载的版本，如图 2-14 所示。图中上方的方框为 Windows 系统的标志，将鼠标悬停其上后下方还会出现两个选项，此时可选择第 1 个选项：Windows builds from gyan.dev，见图中左下方的方框。

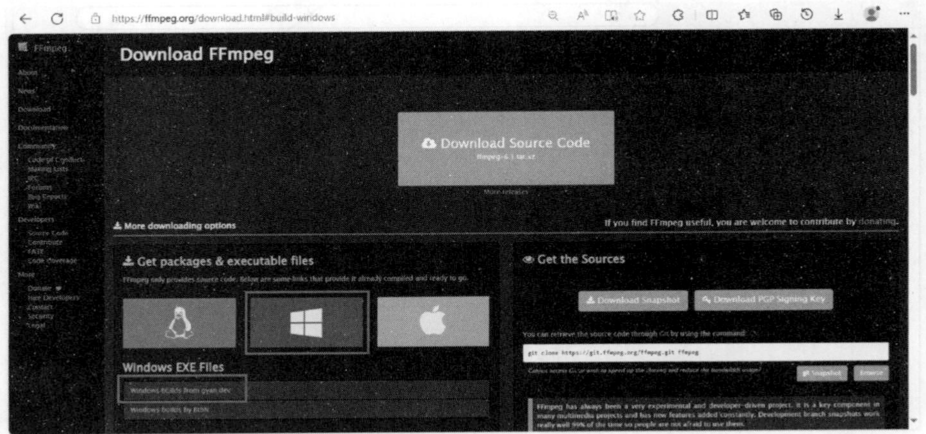

图 2-14　FFmpeg 官方下载页面

单击上述链接将打开另一窗口，其中有若干个版本可供选择，如图 2-15 所示。本书选用图中方框所示的 6.1 版，该版本又分为完整版(Full)和精华版(Essentials)两种，一般来讲精华版已经够用。

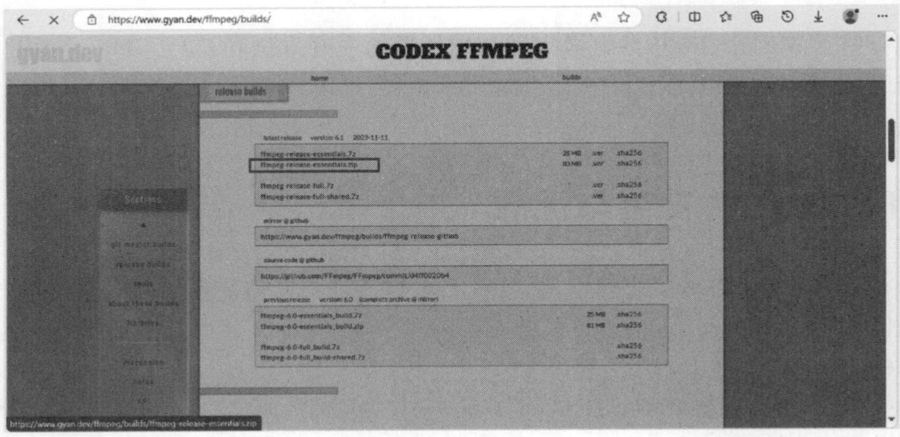

图 2-15　选择 FFmpeg 版本

下载的文件是一个压缩包，将其解压缩至安装目录即可。该目录下的结构如图 2-16 所示，其中的 bin 文件夹将会在配置中用到。

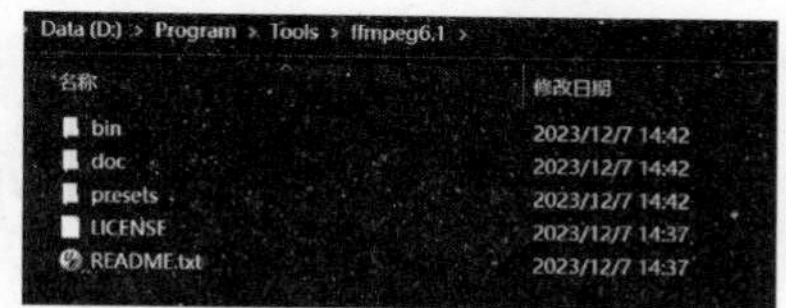

图 2-16　FFmpeg 目录结构

接下来对 FFmpeg 进行配置。首先右击“我的计算机”(或“此计算机”)打开快捷菜单并选择其中的“属性”，然后进入“相关设置”栏的“高级系统设置”，在打开的窗口中选择“高级”标签，如图 2-17 所示。

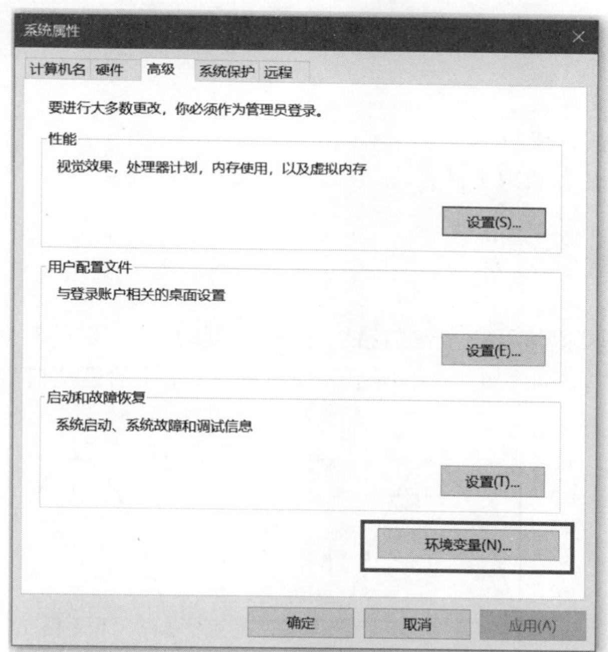

图 2-17　系统属性-高级标签

单击“环境变量”按钮，并进行如下操作：

(1) 在“系统变量”区域选中名为 Path 的变量，然后单击下方的“编辑”按钮。

(2) 在弹出的对话框中，单击“新建”按钮。

(3) 添加 FFmpeg 安装目录下 bin 的路径，例如 D:\Program\Tools\ffmpeg6.1\bin。

(4) 单击确定保存设置。

如此环境变量的配置即告完成。

第3章 音频信号的获取

对音频信号进行分析处理，首先涉及的问题是音频信号从何而来。数字音频信号的来源大致有以下3种：

(1) 模拟信号采样。

(2) 音频或视频文件。

(3) 计算机生成或合成。

下面分别介绍这几种获取方式。

3.1 采样与量化

采样过程是进行模拟信号数字化的第1步。采样就是按一定的时间间隔从模拟连续信号提取出一定数量的样本来，如图3-1所示。通过采样，连续的模拟信号被转换成离散的数字信号。

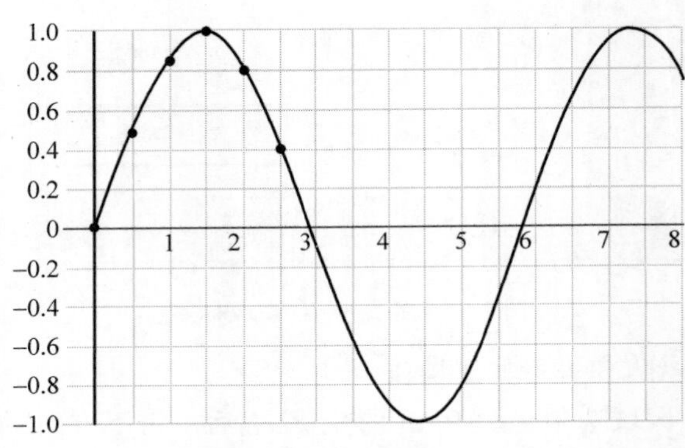

图3-1　采样过程示意图

3.1.1 采样相关概念

下面用第1章中介绍的Praat对采样的相关概念进行介绍。用Praat打开一个音频文件后，可以查看如图3-2所示的信息，其中与采样有关的概念有采样率、采样周期等。

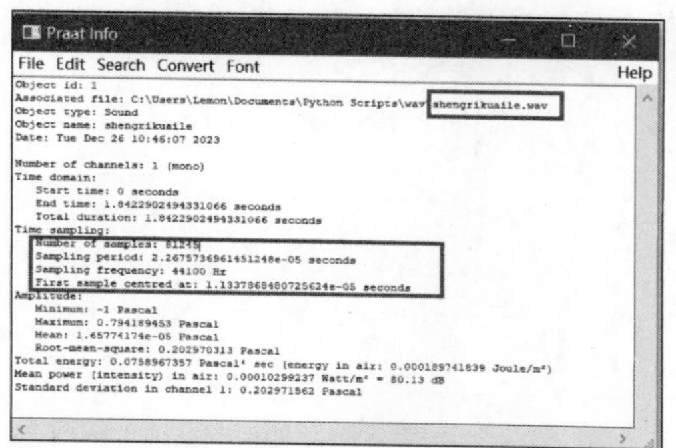

图 3-2　Praat 中有关采样的信息

1. 采样率

采样率(Sampling Rate)是指每秒对原始信号采样的次数。采样率越高,单位时间内的样本数据就越多,对信号波形的表示也越精确。不过,随着采样率的提高,计算机所需的存储空间会变大,处理速度则会降低,因此采样率并非越高越好。

2. 采样周期

两个相邻的采样点之间的间隔 T 称为采样周期(Sampling Period),如图 3-3 所示。采样周期的倒数,称为采样频率(Sampling Frequency)。图中音频文件的采样频率为 44100Hz,采样周期则是 44100 的倒数,约为 2.2676×10^{-5}s。

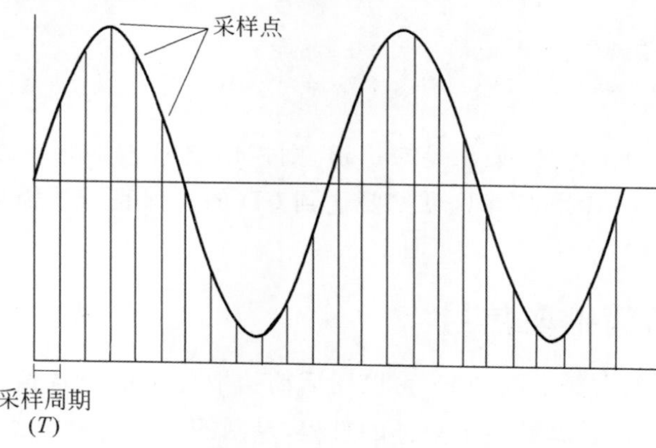

图 3-3　采样周期

3. 采样定理

根据香农采样定理(也称奈奎斯特采样定理),为了不失真地恢复模拟信号,采样频率应该不小于模拟信号频谱中最高频率的 2 倍。采样率过低可能使信号失真,如图 3-4 所示,图中的原始信号经采样后频率发生了显著变化,这就是由采样率过低造成的。

人的听觉范围在 20Hz～20kHz,根据采样定理 40kHz 的采样率就能涵盖了人类听觉的全部范围,CD 采用了 44.1kHz 的采样率,从而保证了声音的纤毫毕现,而在语音识别系统中,一般使用 16kHz 的采样率,因为音素识别中有用的信息在 10kHz 以下,而且有效信

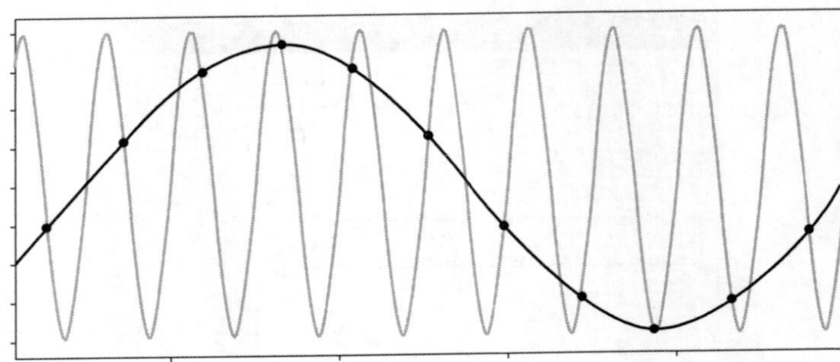

图 3-4 采样率过低引起失真

息集中在低频段,因此 16kHz 的采样率已经够用了。

4. 采样精度

采样精度是指存放一个采样值所使用的比特数。当采样精度为 8 位时,采样值可以有 256 个($2^8=256$);当采样精度为 16 位时,采样值可以有 65536 个($2^{16}=65536$),考虑到采样值有正有负,实际的范围一般在－32768～32767。在大多数情况下,16 位的采样精度已经够用了。

假设采样率为 44100,采样精度为 16 位,1min、1h 的音频信息占用的存储空间计算如下:

```
16 位=2 字节
1min 音频占用存储空间=2*44100*60/220=5.05MB
1h 音频占用存储空间=5.05*60=303MB
```

上述计算是基于单声道的,如果是双声道,则占用空间还要翻一番,也就是说 CD 中每分钟的声音都要占用 10MB 的空间,可见要达到 CD 的高保真音质需要的存储空间是非常巨大的。

3.1.2 从话筒拾取信号

计算机和手机中都有录音的功能,可以用话筒拾取外部的声音信号并将其转换成数字音频信号。从本质上讲,这就是一个采样的过程,录制的声音信号已经从模拟信号转换成数字信号,便于保存和传输。

下面介绍如何用 Python 实现从话筒拾取声音信号,实现此功能需要用到 PyAudio 库。PyAudio 是一个 Python 的第三方音频库,可以在 Anaconda Prompt 中通过下列命令行安装。

```
pip install PyAudio
```

用 PyAudio 录制音频可以分成以下几步。

(1) 创建 PyAudio 对象,典型的代码如下:

```
audio = pyaudio.PyAudio()
```

(2) 用 open()方法打开 stream 对象,其中可以指定采样格式、通道数、采样率等参数。

(3) 用 stream.read()方法读取数据流。

(4) 将数据保存为音频文件并关闭 stream 对象。

下面是一个具体的例子,代码如下：

```
#第 3 章/microphone_sound.py

import pyaudio
import wave

#设置录制参数
buffersize = 1024                          #数据块大小
channels = 2                               #声道数
rate = 16000                               #采样率
duration = 3                               #时长,单位为秒

#打开数据流
Format = pyaudio.paInt16                   #采样格式：每样本 16 位
audio = pyaudio.PyAudio()                  #创建 PyAudio 对象
stream = audio.open(format=Format, channels=channels, rate=rate,
                    input=True, frames_per_buffer=buffersize)

#录制话筒声音
print("开始录制...")
frames = []
for i in range(0, int(rate / buffersize *duration)):
    data = stream.read(buffersize)
    frames.append(data)
print("录制完成!")

#关闭数据流
stream.stop_stream()
stream.close()
audio.terminate()

#将录制的声音写入音频文件
filename = 'wav/output.wav'
f = wave.open(filename, 'wb')
f.setnchannels(channels)
f.setsampwidth(audio.get_sample_size(Format))
f.setframerate(rate)
f.writeframes(b''.join(frames))
f.close()

print("已保存为", filename)
```

上述程序运行后将输出如图 3-5 所示的信息,并生成一个名为 output.wav 的声音文件。

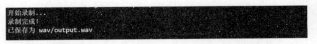

开始录制...
录制完成!
已保存为 wav/output.wav

图 3-5 microphone_sound.py 运行结果

3.2 读取音频文件

在第 1 章中对常用的音频文件格式进行了介绍,从这些音频文件可以获得各种音频信号。不少 Python 包支持音频文件的读写,如 SciPy、Wave、Soundfile、Librosa 等,下面以 Librosa 为例进行介绍。

Librosa 中用来读取音频的是 load()函数,其原型如下:

```
librosa.load(path, *, sr=22050, mono=True, offset=0.0, duration=None, dtype =np.
float32, res_type ="soxr_hq") -> Tuple[np.ndarray, float]

【参数说明】
(1) path: 输入文件路径。
(2) sr: 目标采样率。
(3) mono:是否将信号转换成单声道。
(4) offset:开始读取时间,单位为秒。
(5) duration:读取时长。
(6) dtype:输出 y 的数据类型。
(7) res_type:重采样类型。

【返回值】
(1) y: 音频时间序列。
(2) sr: y 的采样率。
```

不过 Librosa 中并没有提供保存音频文件的函数,常用的解决方案是采用 Soundfile 中的 write()函数实现(Soundfile 是 Librosa 的依赖库之一),其原型如下:

```
soundfile.write(file, data, samplerate, subtype=None, endian=None, format=
None, closefd=True)

【参数说明】
(1) file: 写入的文件。
(2) data: 需要写入文件的音频数据,仅支持'float64'、'float32'、'int32'和'int16'类型。
(3) samplerate: 采样率。
(4) subtype: 子类型。
```

上述参数中的 subtype 可通过 default_subtype()函数获取其默认值,例如 WAV 格式的默认子类型为'PCM_16',MP3 格式的默认子类型为'MPEG_LAYER_III'。如需获取所有可选的子类型,可通过 available_subtypes()函数实现,以下列出的是其中的一部分:

```
{
'PCM_S8': 'Signed 8 bit PCM',
'PCM_16': 'Signed 16 bit PCM',
'PCM_24': 'Signed 24 bit PCM',
'PCM_32': 'Signed 32 bit PCM',
'PCM_U8': 'Unsigned 8 bit PCM',
'FLOAT': '32 bit float',
'DOUBLE': '64 bit float',
…
}
```

下面用一个简单的例子说明如何读写音频文件,代码如下:

```
#第 3 章/loadfile.py

import librosa
import soundfile as sf

#读取音频文件
y1, sr1 = librosa.load('wav/nihao.wav', sr = None)        #使用文件原采样率
y2, sr2 = librosa.load('wav/nihao.wav')                   #采用默认采样率
y3, sr3 = librosa.load('wav/nihao.wav', sr = 16000)       #指定采样率

#重采样后将数据写入音频文件
sf.write('wav/nihao_16k.wav', y3, sr3 )

print(y1.shape)
print(y2.shape)
print(y3.shape)

print(sr1)
print(sr2)
print(sr3)
```

程序运行后控制台输出结果如图 3-6 所示。由此可以看出,当将采样率设置为 None 和不设置采样率时结果是不一样的,前者采用的是文件的原采样率,而后者使用的是默认采样率 22050,因此,在使用 librosa.load()函数读取音频文件时一定要注意采样率 sr 的设置,否则结果可能和预想的不一样。此外,随着采样率的不同,返回的音频序列的数据长度也是不同的,这可以从 y1、y2、y3 的 shape 看出。

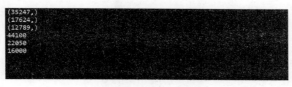

图 3-6 loadfile.py 运行结果

在上述代码中读取的是完整的音频文件。有时音频文件很长,而有用的仅是其中的一小段,此时可以通过善用 librosa.load()函数中的 offset 和 duration 参数实现读取。

在对音频信号进行分析处理时,常常需要观察它的波形图。波形图的样例如图 3-7 所示,图中横轴表示时间,纵轴表示信号的幅度,波形图描绘的是信号随时间变化的情况。

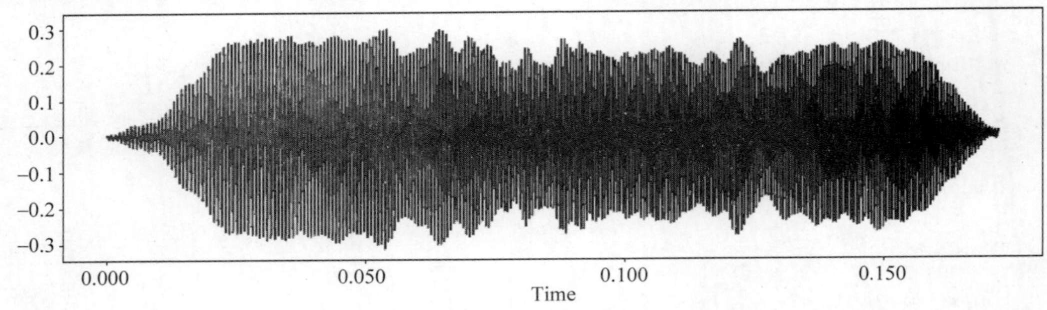

图 3-7 波形图的样例

在用 librosa.load() 函数读取音频文件时,返回值 y 是音频的时间序列,可以用 Matplotlib 库中的 plot()函数绘制其波形图,但是用此方法绘制波形图并不方便,效果也不佳,为此 Librosa 专门提供了用于显示波形图的 waveshow()函数,其原型如下:

```
librosa.display.waveshow(y, *, sr =22050, max_points =11025, axis="time", offset
=0.0, marker ="", where="post", label=None, transpose=False, ax=None, x_axis=
Deprecated(), data=None, **kwargs) -> AdaptiveWaveplot

【参数说明】
(1) y: 音频时间序列
(2) sr: y 的采样率
(3) max_points: 绘制的最大样本数。
(4) axis: 横轴显示样式,可选参数如下。
◆'time': 显示为毫秒、秒、分或小时。
◆'h' : 显示为小时、分或秒。
◆'m' : 显示为分或秒。
◆'s' : 显示为秒。
◆'ms' : 显示为毫秒。
◆'lag' : 类似'time'的显示法,但过中点后将以负数显示。
◆'lag_h' :同'lag',但显示为小时。
◆'lag_m' : 同'lag',但显示为分。
◆'lag_s' : 同'lag',但显示为秒。
◆'lag_ms' : 类似'lag',但显示为毫秒。
◆None, 'none'或'off': 标记将被隐藏。
(5) offset: 开始绘制波形图的起始位置,单位为秒。
(6) marker: 样本值标记方式,如'.'、','、'o'等,详见 matplotlib.markers。考虑到波形图一
    般非常密集,此处使用其默认值即可,不推荐其他选项。
(7) label: 图的标签。
(8) transpose: 转置标志(布尔值),如为 True,则纵向显示,否则横向显示。
(9) ax: 用于绘图的轴,可选 matplotlib.axes.Axes 或 None
(10) x_axis: 该参数在 0.10.0 版已过时,将在 1.0 版被移除。
```

下面的例子将读取音频文件的一小部分并绘制其波形图，代码如下：

```
#第 3 章/loadfile2.py

import librosa
import librosa.display
import matplotlib.pyplot as plt

#读取音频文件
y1, sr1 = librosa.load('wav/speech.wav', sr=None)
y2, sr2 = librosa.load('wav/speech.wav', offset=5.0, duration=3.0, sr=None)

#采样率等数据
print(y1.shape)
print(y2.shape)
print(sr1)
print(sr2)

#完整音频的波形图
plt.figure(figsize=(14,3))
plt.title('All')
plt.ylim(-0.8, 0.8)
librosa.display.waveshow(y1, sr=sr1)
plt.show()

#截取部分波形图
plt.figure(figsize=(14,3))
plt.title('Part')
plt.ylim(-0.8, 0.8)
librosa.display.waveshow(y2, sr=sr2)
plt.show()
```

程序读取的文件是长约 14s 的语音，第 1 次读取的是完整的音频，第 2 次则只读取了从第 5s 开始时长为 3s 的一小段音频，输出的数据如图 3-8 所示。由此可见，第 2 次读取的数据明显少于第 1 次。

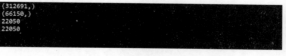

图 3-8　loadfile2. py 运行结果

为了更直观地观察这两段音频的区别，程序还输出了它们的波形图，如图 3-9 所示。很明显，两段音频的时长不一致，其中第 2 段的波形与第 1 段第 5～8s 的波形是一致的。

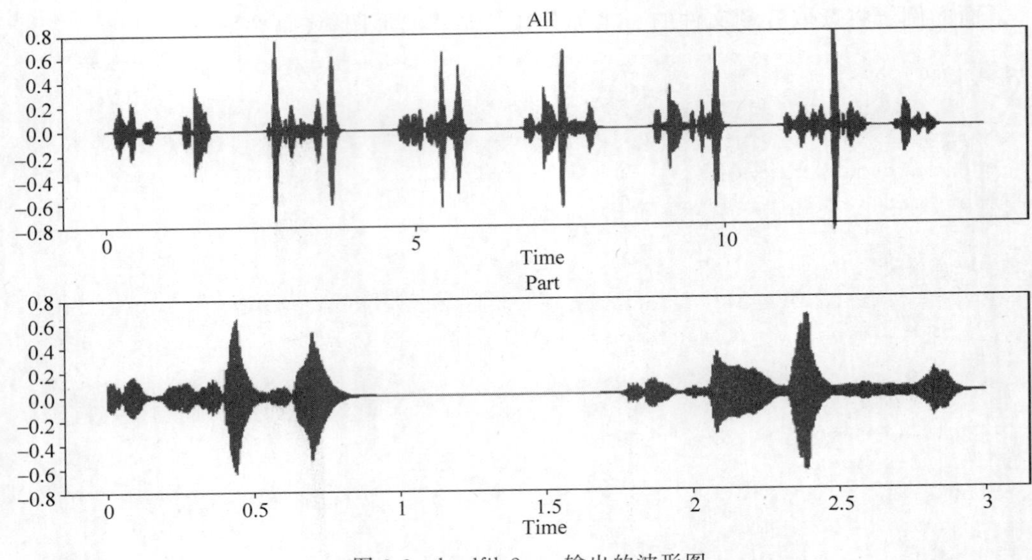

图 3-9　loadfile2. py 输出的波形图

3.3 从视频文件提取

有时，需要从视频文件中提取音频部分，此时需要用到 MoviePy。MoviePy 是一个用于视频编辑的 Python 库，可实现视频的基本操作（如剪切、连接）、视频合成、视频处理等功能。它可以读写 mp4、rm、avi、flv、rmvb 等常见的视频格式，也包括动图的 GIF 格式。

MoviePy 可以在 Anaconda Prompt 中通过下列命令行安装。

```
pip install moviepy
```

下面的例子用 MoviePy 读取一个视频文件并从中提取音频部分，代码如下：

```
#第 3 章/extract_audio.py

from moviepy.editor import VideoFileClip

#加载视频文件
video = VideoFileClip('wav/seagull.avi')
print('视频时长:', video.duration, '秒')
print('分辨率:', video.size)

#提取音频并保存为文件
audio = video.audio
audio.write_audiofile('wav/seagull.mp3')

#显示音频相关信息
```

```
print('音频时长:', audio.duration)
print('声道数:', audio.nchannels)
print('采样率:', audio.fps)
print('OK')
```

程序运行后输出结果如图 3-10 所示。此外，程序还将生成一个音频文件：seagull.mp3。

```
视频时长: 17.61 秒
分辨率: [1280, 720]
MoviePy - Writing audio in wav/seagull.mp3
                                                    MoviePy - Done.
音频时长: 17.61
声道数: 2
采样率: 44100
OK
```

图 3-10　extract_audio.py 运行结果

3.4　声音的合成

音频信号也可以通过计算机直接生成或合成。

3.4.1　纯音的生成

最简单的声音是纯音，纯音可以用正弦函数直接生成，也可以调用 Librosa 中的 tone() 函数生成，后者只需一行代码，其函数原型如下：

```
librosa.tone(frequency, *, sr=22050, length=None, duration=None, phi=None) ->
np.ndarray

【参数说明】
(1) frequency：频率。
(2) sr：输出信号的采样率。
(3) length：输出信号的样本数。
(4) duration：时长，单位为秒；如果 length 和 duration 均被定义，则 length 优先。
(5) phi：相位偏移，单位为弧度。

【返回值】
tone_signal：合成的正弦信号。
```

下面举例说明用正弦函数和 librosa.tone() 函数生成纯音的过程，代码如下：

```
#第 3 章/sinewave.py

import librosa
import numpy as np
import matplotlib.pyplot as plt
```

```
#参数设置
N = 256                       #采样点数
sr = 200                      #采样频率
freq = 20                     #频率
fig, ax = plt.subplots(nrows=2, ncols=1)

#用正弦函数生成
t = np.arange(0, N/sr, 1/sr)
data = np.sin(2 *np.pi *freq *t)
ax[0].plot(t, data)

#调用 tone()函数
tone = librosa.tone(freq, sr=sr, length=N)
ax[1].plot(t, tone)
plt.legend()
plt.show()
```

程序的运行结果如图 3-11 所示,两种方式生成的波形图一模一样,不过如果将 data 数组和 tone 数组逐一进行比较,则可以发现个别数值会有细微的差别。

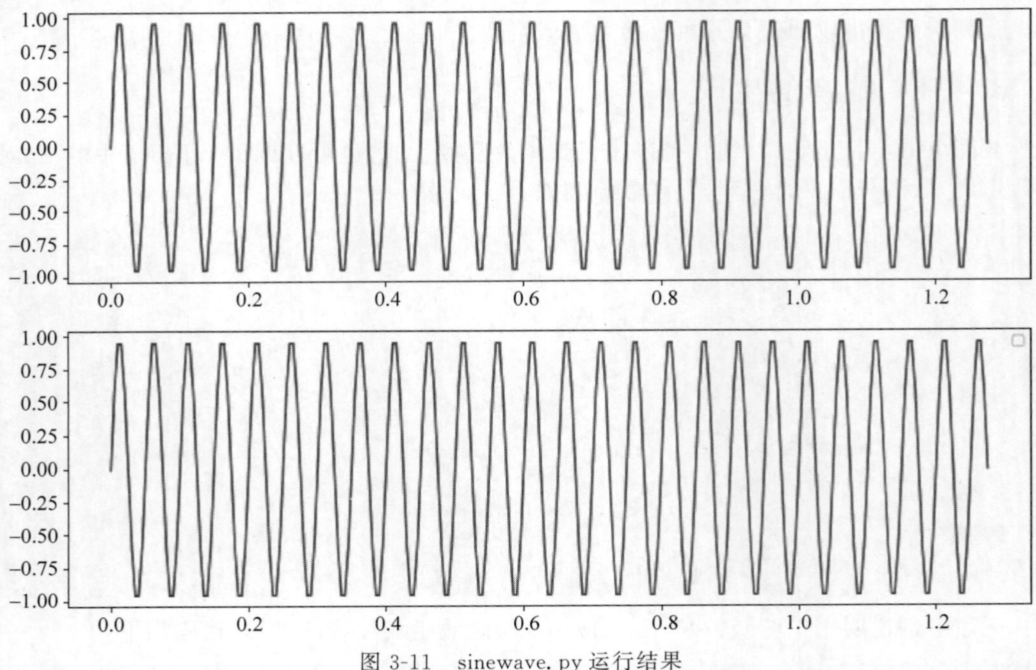

图 3-11　sinewave.py 运行结果

3.4.2　复合音的生成

如果需要生成正弦波叠加而成的复合音,则同样可以用上述两种方法相加生成,用正弦函数生成 20Hz 和 50Hz 的纯音叠加而成的复合音的代码如下:

```
data = np.sin(2 *np.pi *20 *t) + np.sin(2 *np.pi *50 *t)
```

用 tone()函数生成的代码如下：

```
tone = librosa.tone(20, sr=sr, length=N) + librosa.tone(50, sr=sr, length=N)
```

两者生成的图形也是一样的，如图 3-12 所示。

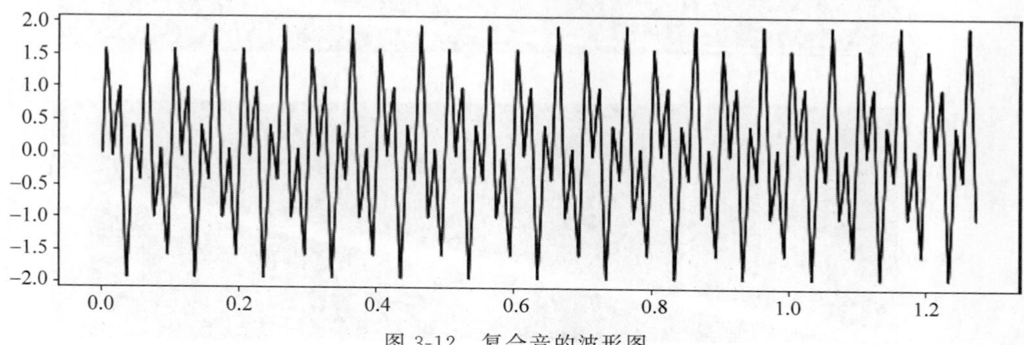

图 3-12 复合音的波形图

有时需要用代码产生一个啁啾信号，Librosa 中也提供了相应的函数，其原型如下：

```
librosa.chirp(*, fmin, fmax, sr: float = 22050, length = None, duration = None,
linear=False, phi=None) -> np.ndarray

【参数说明】
(1) fmin：初始频率。
(2) fmax：最终频率。
(3) sr：输出信号的采样率。
(4) length：输出信号的样本数。
(5) duration：时长，单位为秒；如果 length 和 duration 均被定义，则 length 优先。
(6) linear：如果值为 True，则为线性扫频，否则为指数扫频。
(7) phi：相位偏移，单位为弧度。
```

以下是一个简单的例子，代码如下：

```
chirp = librosa.chirp(fmin=110, fmax=110*64, length=22050)
```

由于 linear 参数的默认值为 False，所以以上代码将输出一个指数扫频信号，其频谱图如图 3-13 所示(上半部分)；如果将 linear 设为 True，则输出一个线性扫频信号，频谱图见图 3-13 中下半部分。

3.4.3 音效的合成

前两节中声音是通过纯代码产生的，并没有任何外部的数据，这样产生的声音通常较为简单，而更为常用的场景是在外部数据的基础上加工合成一个新的声音或者音效，下面介绍几种常用的生成方法。

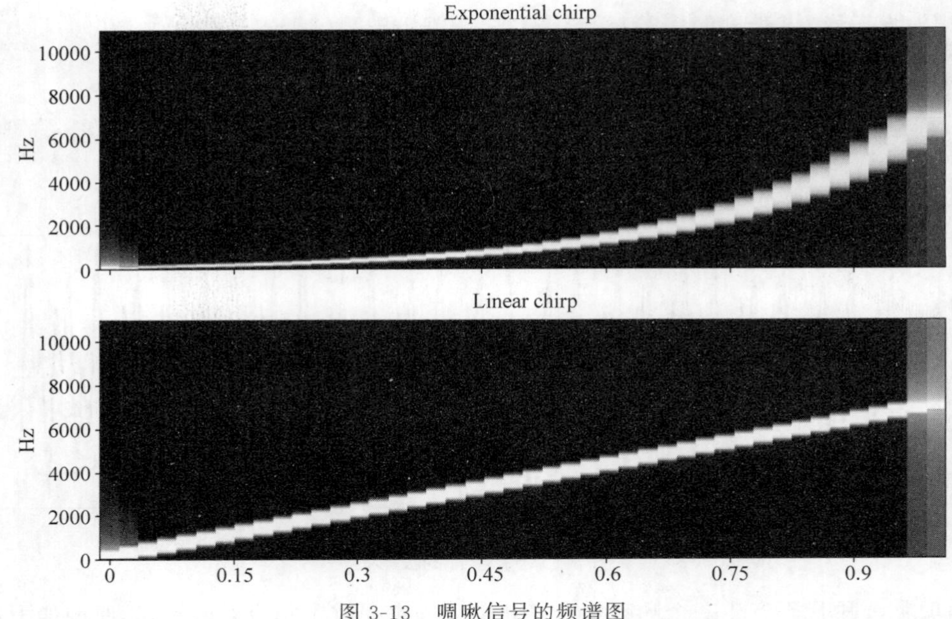

图 3-13 啁啾信号的频谱图

1. 淡入淡出

淡入淡出(Fade In/Fade Out)是一种常用的音频处理技术,通过淡入淡出处理可以使声音在开始时逐渐变强,而在结束时逐渐变弱,从而避免突兀的感觉。淡入淡出技术在音频编辑、影视制作、游戏开发等领域都有广泛应用。

淡入淡出的原理非常简单,它实际上是通过控制声音的振幅实现的,第三方库 Pydub 提供了实现淡入淡出的函数。

Pydub 可以在 Anaconda Prompt 中通过下列命令行安装。

```
pip install pydub
```

下面的程序对一段音乐分别进行了淡入和淡出处理,代码如下:

```
#第 3 章/fade_in_out.py

from pydub import AudioSegment

#读取音频文件
audio = AudioSegment.from_file('wav/rock.wav')

#淡入淡出处理(单位为毫秒)
fade_in = audio.fade_in(3000)                        #开头 3s 淡入
fade_out = audio.fade_out(3000)                      #最后 3s 淡出

#保存处理结果
fade_in.export('wav/fade_in.wav')
```

```
    fade_out.export('wav/fade_out.wav')
    print('OK')
```

淡入淡出处理的效果如图 3-14 所示,图中从上到下分别为原音频、淡入处理后的音频、淡出处理后的音频的波形图。

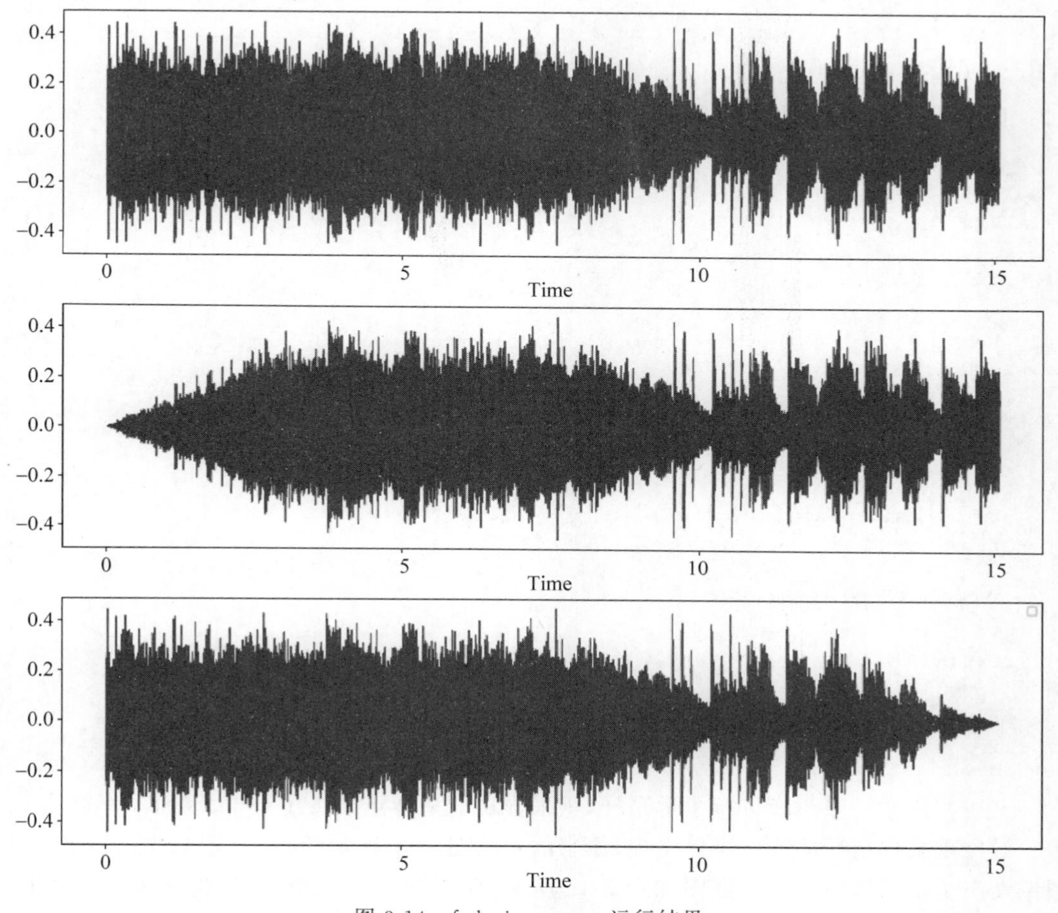

图 3-14　fade_in_out.py 运行结果

2. 变调变速

网络上有不少变声器,能实现男声变女声、大叔音变萝莉音等效果。变声器在语音聊天、直播、游戏、配音等领域被广为使用,本节将对此技术进行简单介绍。

变速变调可以分为变调不变速、变速不变调和变调又变速 3 种。

1) 变调不变速

声音频率的高低叫作音调,而语音中的音调又和基频(F0)密切相关。一般来讲,女声的基频高于男声,童声的基频高于成人,而改变声音的频率就能将男声变女声或女声变男声。

对声音进行变调最简单的方法是进行重采样。假如一段音频正常播放时长为2s,而通过技术手段将音频压缩为1s,那么这段声音的频率无形之间就提高了一倍,音调自然也就变高了。同理,如果将这段音频拉长为4s,这样音调就变低了。

SciPy库中的resample()函数能够实现重采样,例如

```
scipy.signal.resample(x, num)
```

其中,x为需要重采样的信号,num为重采样后的信号长度。

下面用一个简单的例子说明通过重采样改变音调的方法,代码如下:

```
#第3章/resample.py

import librosa
from scipy import signal
import matplotlib.pyplot as plt
import soundfile as sf

#读取音频文件
y, sr = librosa.load('wav/shengrikuaile.wav', sr=16000)
n = len(y)                                  #原信号采样点数

#重采样
y2 = signal.resample(y, n//2)               #采样点减半
sf.write('wav/resampled.wav', y2, sr)

#绘制重采样前后的波形图
plt.figure(figsize=(15, 4))
librosa.display.waveshow(y, sr=sr, axis='time')

plt.figure(figsize=(15, 4))
librosa.display.waveshow(y2, sr=sr, axis='time')
```

上述代码对一段语音进行了重采样,重采样后的采样点减少了一半,因而频率提高了一倍。对比重采样前后的音频可以发现,原来的声音是一个正常的男声,重采样后声音变尖,颇像女声。重采样前后的波形图如图3-15所示,两者的波形完全一样,但重采样后时长缩短了。

2) 变速不变调

视频播放器中大多具有变速功能,例如1.5倍速、2倍速或者0.5倍速。

变速不变调的经典方法为TSM(Time-Scale Modificaiton)。该方法属于时域法,其基本思路是将音频切割成很小的等份,将每份都截去或者增添一小段数据,然后重新合成。

OLA(Overlap-and-add)是TSM中最为简单的算法,该算法原理如图3-16所示。

该算法可以分成5步,具体如下:

(1) 对音频进行分帧,取其中一帧 X_m,如图3-16(a)所示。

(2) 对 X_m 加汉宁窗,如图3-16(b)所示。

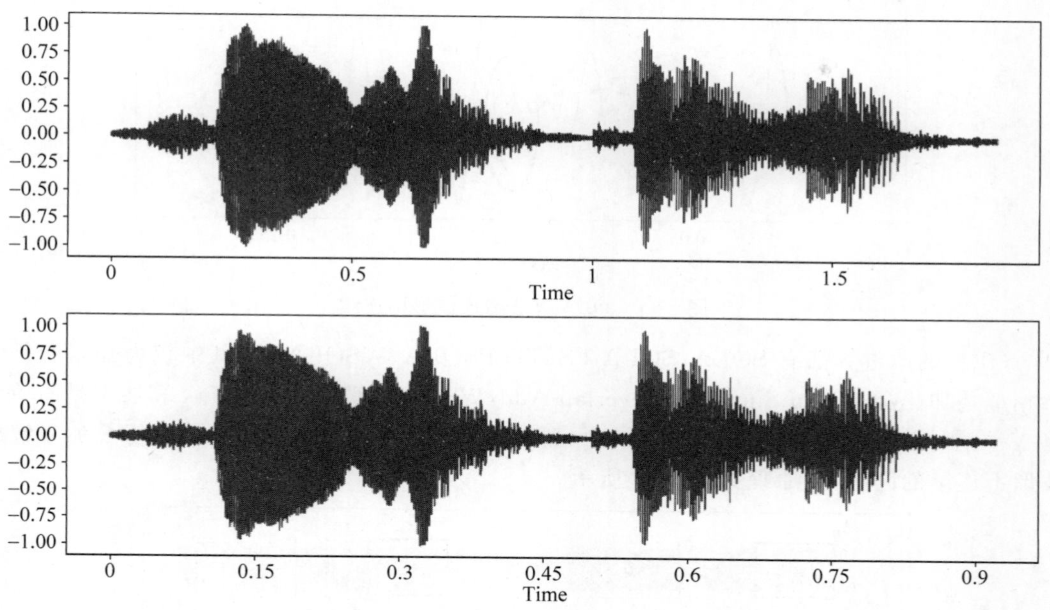

图 3-15 resample. py 运行结果

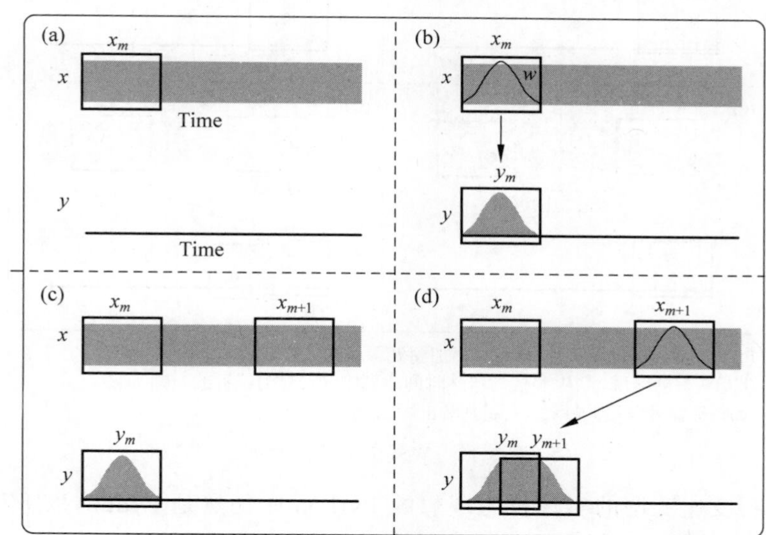

图 3-16 OLA 算法原理

(3) 从 X_m 出发,间隔 H_a 取下一帧 X_{m+1},如图 3-16(c)所示。

(4) 对 X_{m+1} 加汉宁窗,并与前一帧 X_m 叠加,如图 3-16(d)所示。

(5) 重复此过程直至结束。

这种方法虽然简单,但由于前后两帧的波形可能并不连续,经 OLA 算法处理后的音频会有怪异的声响,如图 3-17 所示。

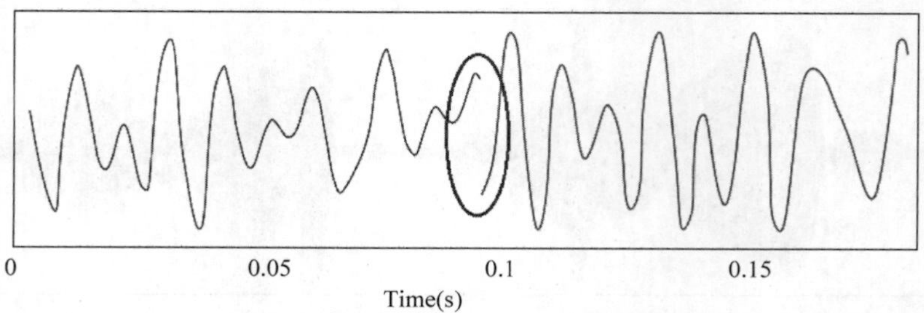

图 3-17　OLA 算法造成波形不连续

OLA 的改进算法有 SOLA、SOLA-FS、TD-PSOLA、WSOLA 等，其中较为知名的是波形相似叠加（Waveform Similarity Overlap-Add，WSOLA）算法。WSOLA 算法不是简单地将 X_{m+1} 与前一帧叠加，而是通过在一个区间内寻找与 $X_{m}^{\sim}$ 最相似的一帧进行叠加来解决波形不连续的问题，其原理如图 3-18 所示。

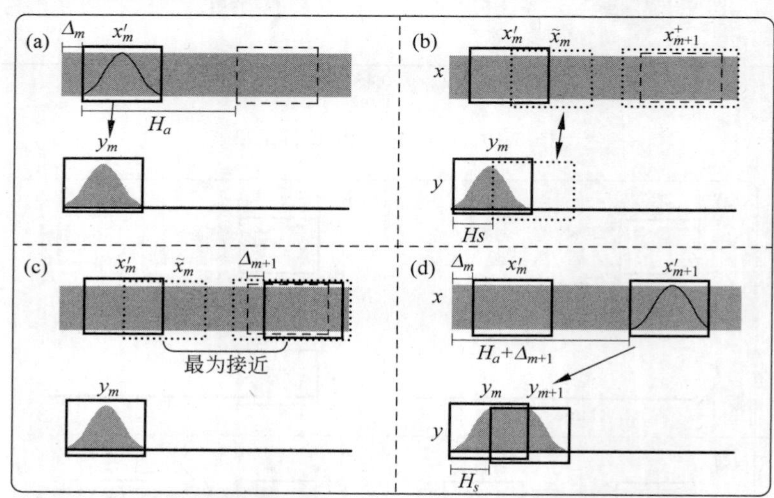

(a) 输入单频信号中取一帧x_m，将加窗处理后的x'_m复制到输出序列的y
(b,c)从扩展区域x^+_{m+1}中寻找与自然时间序列中的$x_{\tilde{m}}$最为接近的一帧
(d)将加窗处理后的帧x'_{m+1}复制到输出序列y

图 3-18　WSOLA 算法原理

对声音进行变速变调的实现较为理想的 Python 库仍然是 Pydub，以下程序用 Pydub 中的 speedup()函数和_spawn()函数进行变速变调，代码如下：

```
#第 3 章/change_voice.py

import pydub

#读取音频文件
audio = pydub.AudioSegment.from_wav('wav/shengrikuaile.wav')
```

```
print('原时长：', audio.duration_seconds, '秒')

#变速变调
speed_rate = 2.0                     #速度变化比率
pitch_rate = 1.5                     #声调变化比率
audio = audio.speedup(playback_speed=speed_rate, chunk_size=300)
print('变速后：', audio.duration_seconds, '秒')
new_rate = int(audio.frame_rate *pitch_rate)
audio = audio._spawn(audio.raw_data,
                     overrides={'frame_rate': new_rate})
print('最终时长：', audio.duration_seconds, '秒')

#保存变换后的音频文件
audio.export('wav/changed.wav')
print('OK')
```

程序的变声效果较为理想，不过无论是变调还是变速音频时长都有变化，如图 3-19 所示。

原时长： 1.8422902494331066 秒
变速后： 0.966984126984127 秒
最终时长： 0.6446560846560847 秒

图 3-19　change_voice.py 运行结果

此外，变调变速后的波形图与原来的波形图相比也发生了较大的变化，如图 3-20 所示。

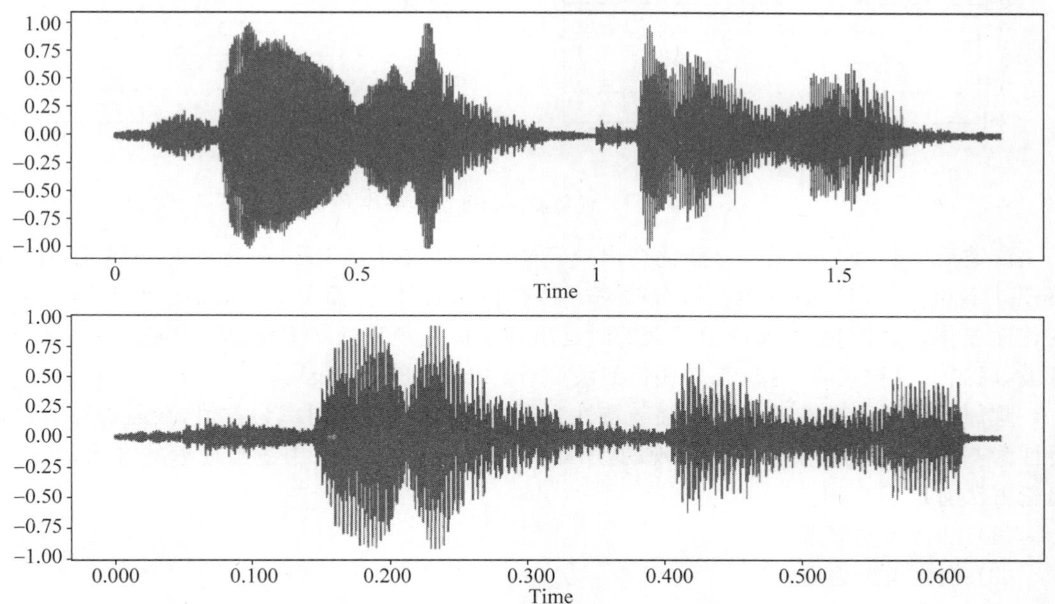

图 3-20　变速变调前后波形图对比

3. 滤波器

在对音频信号进行处理的过程中，经常需要进行滤波。例如，人说话时的基频一般在100～400Hz，提取基音时只需语音的低频成分，可以通过低通滤波实现；又如，某些噪声频率较低，可通过高通滤波去除。

滤波器可分为以下4类。

(1) 高通滤波器：仅允许高频信号通过。

(2) 低通滤波器：仅允许低频信号通过。

(3) 带通滤波器：仅允许指定频率范围内的信号通过。

(4) 带阻滤波器：阻止指定频率范围内的信号通过。

这些滤波器类型可以用有限脉冲响应(Finite Impulse Response，FIR)或无限脉冲响应(Infinite Impulse Response，IIR)滤波器实现。所谓脉冲响应(Impulse Response)，是指滤波器在时域内的表现，滤波器通常具有较宽的频率响应，这对应于时域内的短时间脉冲，如图3-21所示。

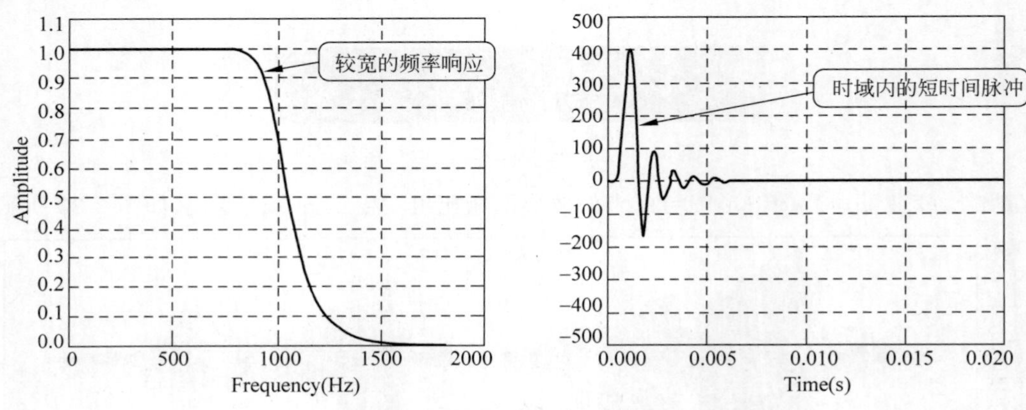

图3-21 低通滤波器的脉冲响应

滤波后的信号与原始信号相比会出现轻微的偏移或时间延迟，在这点上，FIR和IIR的表现并不相同。FIR滤波器在所有频率上具有相同的时延，而IIR滤波器的时延随频率的变化而变化，通常IIR滤波器中最大的时延出现在截止频率处。不过，通过“前向”和“后向”滤波，时延可以被消除，这就是零相位滤波(Zero Phase Filtering)。

理想滤波器要求在通带内的幅频特性为常数、相频特性的斜率为常值，在通带外的幅频特性为0，而这在物理上是无法实现的，因此，在实际应用中常采用适当逼近的方法，常用的逼近方法有以下几种。

(1) 巴特沃斯逼近。

(2) 切比雪夫逼近。

(3) 贝塞尔逼近。

巴特沃斯(Butterworth)滤波器设计简单，性能上没有明显的缺点，因而得到了广泛应用，下面以巴特沃斯逼近为例进行介绍。

SciPy 中的 butter()函数可用来设计巴特沃斯滤波器，该函数的原型如下：

```
scipy.signal.butter(N, Wn, btype='low', analog=False, output='ba', fs=None)

【参数说明】
(1) N：过滤器的阶数。
(2) Wn：截止频率。对数字滤波器来讲，如果 fs 未指定，则 Wn 为归一化后频率，值为 0~1；对模拟
滤波器来讲，Wn 是角频率(如 rad/s)。
(3) btype：过滤器类型，默认为低通滤波器，可选项如下。
◆'lowpass'：低通滤波器。
◆'highpass'：高通滤波器。
◆'bandpass'：带通滤波器。
◆'bandstop'：带阻滤波器。
(4) analog：True 为模拟滤波器，False 为数字滤波器。
(5) output：输出类型，可选项如下。
◆'ba'：分子分母。
◆'zpk'：零极点。
◆'sos'：二阶基本节。
(6) fs：数字系统的采样频率。

【返回值】
根据 output 类型不同返回值也不同，具体如下。
◆b,a：依次代表分子和分母多项式，仅当 output 为'ba'时。
◆z,p,k：依次代表零点、极点和增益，仅当 output 为'zpk'时。
◆sos：二阶基本节结构，仅当 output 为'sos'时。
```

具体用来滤波的是 lfilter()函数，其原型如下：

```
scipy.signal.lfilter(b, a, x, axis=-1, zi=None)

【参数说明】
(1) b：一维序列中的分子系数向量。
(2) a：一维序列中的分母系数向量。
(3) x：N 维的输入数组。
(4) axis：线性过滤的轴。
(5) zi：滤波延迟的初始条件。

【返回值】
(1) y：数字滤波后的输出。
(2) zf：如果 zi 为 None，则将不会有返回值，否则将保存最终滤波延迟值。
```

经 lfilter()函数滤波后的信号会产生一定的时延，如果需要保持相位不变，则可采用零相位滤波，在 SciPy 中可以用 filtfilt()函数实现，其原型如下：

```
scipy.signal.filtfilt(b, a, x, axis=-1, padtype='odd', padlen=None, method='pad',
irlen=None)
# 对信号进行两次线性数字滤波，一次向前，一次向后，滤波后相位保持不变

【参数说明】
```

(1) b：分子系数向量。
(2) a：分母系数向量。
(3) x：需要滤波的数据。
(4) axis：对 x 进行过滤的轴。
(5) padtype：填充类型，可选项如下。
◆'odd'：奇。
◆'even'：偶。
◆'constant'：常数。
◆None：不填充。
(6) padlen：填充长度。
(7) method：信号边缘的处理方式，可选项如下。
◆'pad'：填充法，填充方式由 padtype 和 padlen 决定，irlen 参数被忽略。
◆'gust'：Gustafsson 法，padtype 和 padlen 将被忽略。
(8) irlen：当 method 为'gust'时，该参数用于指定滤波器的脉冲响应的长度，当 irlen 为 None 时不会忽略任何部分的脉冲响应。对于长信号，指定 irlen 可显著提升滤波器的性能。

下面用一个具体的例子说明对信号进行滤波的方法，代码如下：

```
#第 3 章/filters.py

from scipy import signal
import numpy as np
import matplotlib.pyplot as plt

#构造信号 x0
t = np.linspace(-1, 1, 201)
x0 = (np.sin(2*np.pi *0.7*t *(1-t) + 2) + 0.3*np.sin(2*np.pi *1.5*t + 1)
        + 0.2*np.cos(2*np.pi *3.5*t))

#添加噪声
r = np.random.default_rng()
noise = r.standard_normal(len(t)) *0.1
noisy = x0 + noise

#低通滤波
b, a = signal.butter(3, 0.05)
zi = signal.lfilter_zi(b, a) #设置初始状态
z1, _ = signal.lfilter(b, a, noisy, zi=zi *noisy[0])
z2, _ = signal.lfilter(b, a, z1, zi=zi *z1[0])

#零相位滤波
y = signal.filtfilt(b, a, noisy)

#绘制滤波前后波形图
plt.figure
plt.grid(True)
plt.plot(t, noisy, 'b', alpha=0.6)
plt.plot(t, z1, 'r-.')
plt.plot(t, z2, 'r-')
```

```
plt.plot(t, y, 'k--')
plt.legend(('noisy', 'lfilter I', 'lfilter II', 'filtfilt'), loc='best')
plt.show()
```

程序的运行结果如图 3-22 所示。注意调用 lfilter()函数产生的波形是有延迟的，而零相位滤波后相位不变，只是滤掉了高频部分。

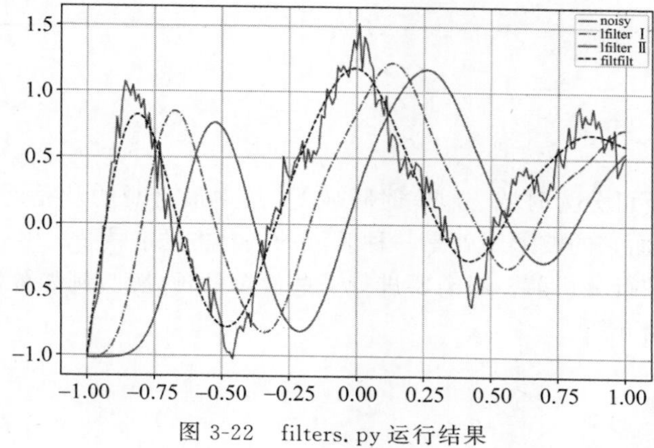

图 3-22　filters. py 运行结果

第4章 音频信号分析初步

音频信号的分析可分为时域、频域、时频域等，其中最直观的就是时域分析。音频信号本身就是时域信号，而它的波形图就是一种时域的展现方法。

在对音频信号进行分析前一般需要进行一些简单的预处理，例如分帧和加窗，下面就从这两种基础操作开始介绍。

4.1 分帧

音频信号通常含有大量数据，进行某些处理(如快速傅里叶变换)时需要先进行“分帧”。分帧将原始信号分成大小固定的 N 段信号，其中每段信号都称为一帧，但是，如果对音频信号简单地进行分割，则帧与帧之间又失去了连贯性，因此，后一帧数据常包括前一帧的一部分，如图 4-1 所示。

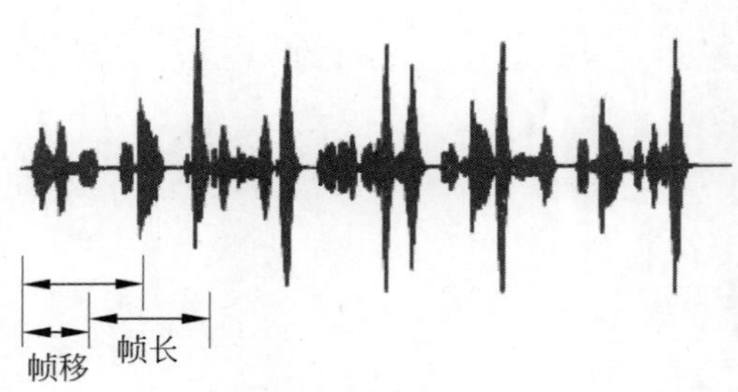

图 4-1　分帧示意图

分帧时有两个重要参数：帧长和帧移。在处理语音信号时，通常的设置是帧长 25ms，帧移 10ms，假设采样率为 16kHz，那么帧长＝0.025×16000＝400 个采样点，帧移＝0.01×16000＝160 个采样点。

举个简单的分帧例子，假设某音频序列共有 6 个采样点，具体如下：

```
[1, 2, 3, 4, 5, 6]
```

若帧长为 4，帧移为 2，则分帧后得到 2 帧，分别如下：

```
[1,2,3,4]和[3,4,5,6]
```

Librosa 里有一个用于分帧的 frame()函数，其函数原型如下：

```
librosa.util.frame(x, *, frame_length, hop_length, axis=-1, writeable=False,
subok=False) -> np.ndarray

【参数说明】
(1) x：需要分帧的数组。
(2) frame_length:帧长。
(3) hop_length：帧移。
(4) axis：沿此轴分帧。
(5) writeable：如果为 True，则分帧后为只读，如果为 False，则可读写。
(6) subok：如果为 True，则将传回子类，如果为 False，则返回的是基类数组。

【返回值】
x_frames：分帧后的数据。
```

接下来用上面的例子测试一下，代码如下：

```
#第 4 章/enframe.py

import librosa

x = [1, 2, 3, 4, 5, 6]

y1 = librosa.util.frame(x, frame_length=4, hop_length=2, axis=-1)
print('axis=-1')
print(y1.shape)
print(y1)

y2 = librosa.util.frame(x, frame_length=4, hop_length=2, axis=0)
print('axis=0')
print(y2.shape)
print(y2)
```

程序的运行结果如图 4-2 所示，frame()函数的参数 axis 将决定分帧时沿哪个轴进行，或者说决定返回矩阵的 shape。当 axis＝0 时，返回矩阵的 shape 是(帧数，帧长)，而当 axis＝－1 时 shape 是(帧长，帧数)。由于 axis 的默认值为－1，因此在调用该函数时需注意此参数的设置。

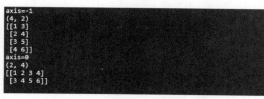

图 4-2 enframe.py 运行结果

4.2 加窗

信号分帧后还常常需要进行加窗操作，如图 4-3 所示，其目的是消除帧两端可能会造成的信号不连续性(频谱泄漏)。常用的窗函数有矩形窗、汉明窗(Hamming Window)和汉宁窗(Hanning Window)等。

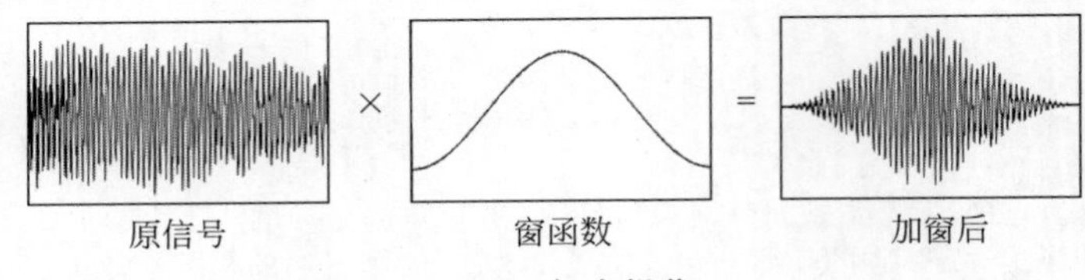

图 4-3 加窗操作

矩形窗属于时间变量的零次幂窗，习惯上不加窗就是使信号通过矩形窗。汉明窗和汉宁窗类似，区别是汉明窗两端不能到零，而汉宁窗则两端是零，如图 4-4 所示。

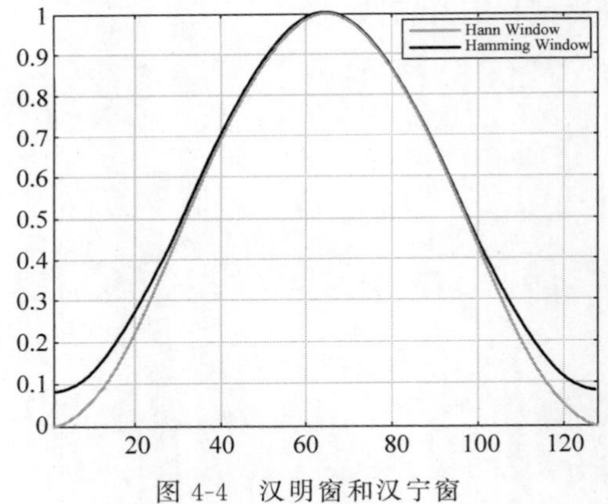

图 4-4 汉明窗和汉宁窗

汉宁窗具有很好的频率分辨率和较少的频谱泄漏(Spectral Leakage)，在大多数情况下能满足我们的需要，因此 Librosa 中的短时傅里叶变换函数默认采用汉宁窗。汉宁窗以澳大利亚气象学家 Julius von Hann 的名字命名，由于 Hanning 容易与汉明窗的 Hamming 混淆，因此不少人将其称为 Hann Window。汉宁窗函数的公式如下：

$$w(n)=0.5-0.5\cos\left(\frac{2\pi n}{N}\right) \tag{4-1}$$

其中，$n=0,1,\cdots,N-1$。

Librosa 中有一个加窗函数：librosa.filters.get_window()，不过该函数实际上调用了 SciPy 中的 get_window()函数。SciPy 库中提供了多种窗函数，如汉明窗、汉宁窗、矩形窗、三角窗等。

Librosa 中的加窗函数的原型如下：

```
librosa.filters.get_window(window, Nx, *, fftbins=True) -> np.ndarray
```

【参数说明】

(1) window：窗函数类型，可为字符串、元组、数字等类型。字符串类型的主要选项如下。

◆'blackman'：布莱克曼窗

◆'flattop'：平顶窗

◆'gaussian'：高斯窗

◆'hamming'：汉明窗

◆'hann'：汉宁窗

◆'triang'：三角窗

(2) Nx：窗长，要求为大于 0 的整数。

(3) fftbins：如果为 True，则创建一个周期性窗口，如果为 False，则创建一个对称型窗口。

下面用一段代码演示窗函数的调用过程，代码如下：

```
#第 4 章/window_function.py

import librosa
import numpy as np
import matplotlib.pyplot as plt

#常用窗函数
num = 500
rectangle = librosa.filters.get_window('boxcar', num)
hanning = librosa.filters.get_window('hann', num)
hamming = librosa.filters.get_window('hamming', num)
blackman = librosa.filters.get_window('blackman', num)

t = np.arange(0, num, 1)

#绘制窗函数图形
plt.figure(figsize=(15, 6))
plt.plot(t, rectangle,'-.', color='b', label='rectangle')
plt.plot(t, hamming, '--', color='g', label='hann')
plt.plot(t, hanning, '-', color='r', label='hamming')
plt.plot(t, blackman, ':', color='k', label='blackman')
plt.title('Window functions')
plt.legend()
plt.show()
```

程序的运行结果如图 4-5 所示，图中画出了常用的窗函数：矩形窗、汉明窗、汉宁窗和布莱克曼窗。

加窗实际上是用窗函数与原始信号作乘法，下面用一个简单的程序演示加汉宁窗的效果，代码如下：

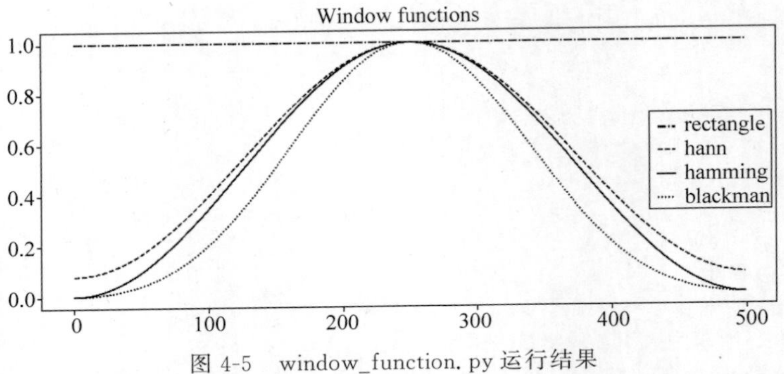

图 4-5 window_function. py 运行结果

```
#第 4 章/hanning.py

import numpy as np
import librosa
import matplotlib.pyplot as plt

#读取音频文件并加窗
y, sr = librosa.load("wav/simple.wav")
num = len(y)
hann = np.hanning(num)
windowed = y *hann

t = np.arange(0, num, 1)

#显示波形图
plt.figure(figsize=(15, 3))
plt.plot(t, y)                          #加窗前
plt.title('Original')
plt.show()

plt.figure(figsize=(15, 3))
plt.plot(t, hann)                       #汉宁窗
plt.title('Hanning Window')
plt.show()

plt.figure(figsize=(15, 3))
plt.plot(t, windowed)                   #加窗后
plt.title('Windowed')
plt.show()
```

程序运行后将显示加窗前后的波形图,如图 4-6 所示。

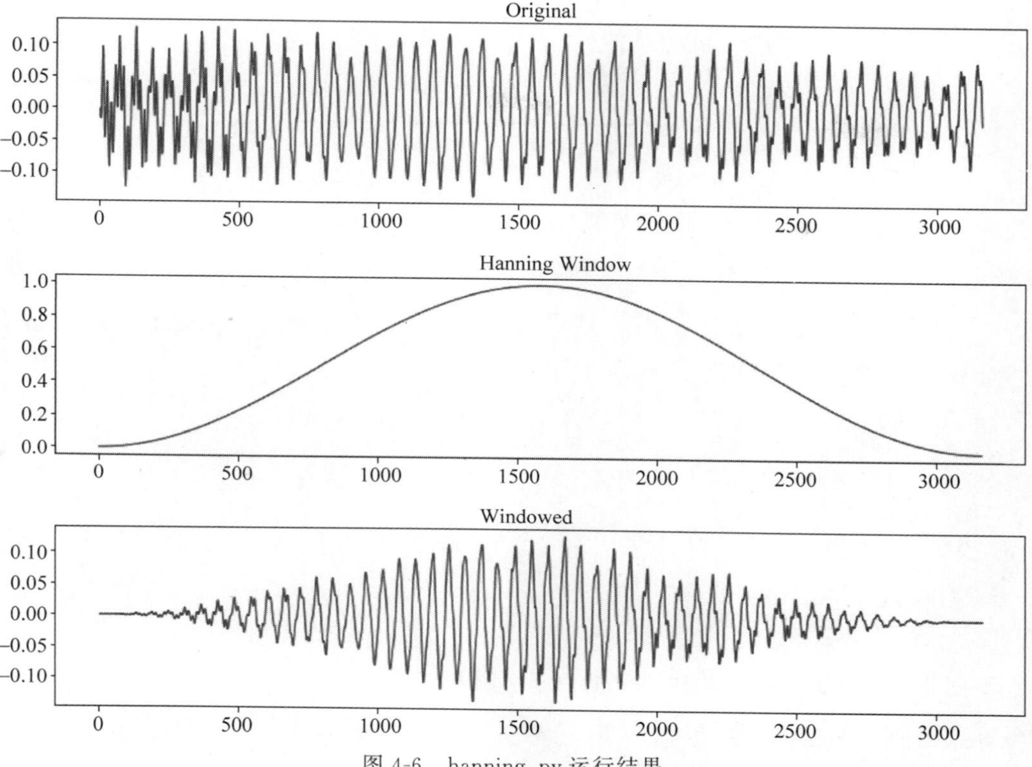

图 4-6 hanning.py 运行结果

4.3 信号的时域分析

常用的时域分析包括过零率分析、短时能量分析和自相关分析等。

4.3.1 短时平均过零率

过零率表示音频信号中波形穿过零轴的次数。由于经采样后的音频信号为离散信号，因此只要相邻的取样值改变正负号即为过零，如图 4-7 所示，图中零轴上的圆点都是过零点。

过零率在语音信号分析中被较多地应用于清音和浊音的辨别。浊音是指声带发生振动的音，清音则是指声带不发生振动的音。汉语中所有的元音都是浊音，大部分辅音是清音，相关内容的详细介绍见第 5 章。

发浊音时声带会发生振动，能量集中于低于 3kHz 的频率范围内，而发清音时声带并不振动，能量集中于较高的频率范围，因此，相对而言，浊音具有较低的过零率，而清音则有着较高的过零率。

过零率是一个较为常用的指标，Librosa 中有相应的函数可供调用，其原型如下：

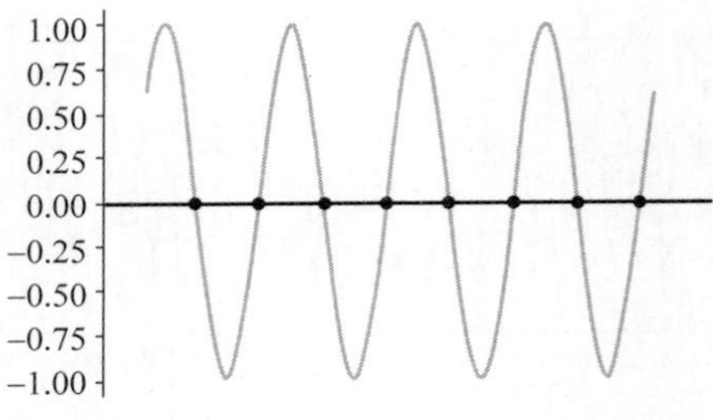

图 4-7 过零点

```
librosa.feature.zero_crossing_rate(y, *, frame_length=2048, hop_length =512, center=True, **kwargs) -> np.ndarray

【参数说明】
(1) y：音频时间序列。
(2) frame_length：计算过零率的帧长。
(3) hop_length：帧移。
(4) center：边缘填充时是否中心对齐的标志。

【返回值】
zcr：过零率数组。
```

下面是一个计算短时平均过零率的例子，代码如下：

```
#第 4 章/zero_crossing.py

import matplotlib.pyplot as plt
import librosa
import numpy as np

#读取音频文件并绘制波形图
y, sr = librosa.load('wav/shengrikuaile.wav')
plt.figure(figsize=(12, 5))
librosa.display.waveshow(y, sr=sr)

#计算过零率并在波形图上绘制出来
rate = librosa.feature.zero_crossing_rate(y)
num = len(rate[0])
plt.figure(figsize=(12, 5))
time = librosa.frames_to_time(np.arange(num), sr=sr, hop_length=512)
librosa.display.waveshow(y, sr=sr, alpha=0.7)
plt.plot(time,rate[0], label='Zero Crossing Rate', lw=3, color='k')
plt.legend()
```

该程序输入的音频为“生日快乐”4 个字的语音，程序的运行结果如图 4-8 所示。

为了比较清音和浊音中过零率的变化，现对上述图中各音素进行了划分(难于划分的除外)，如图 4-9 所示。图中可以看到 sh 和 k 段的发音过零率是明显升高的，这也印证了“浊

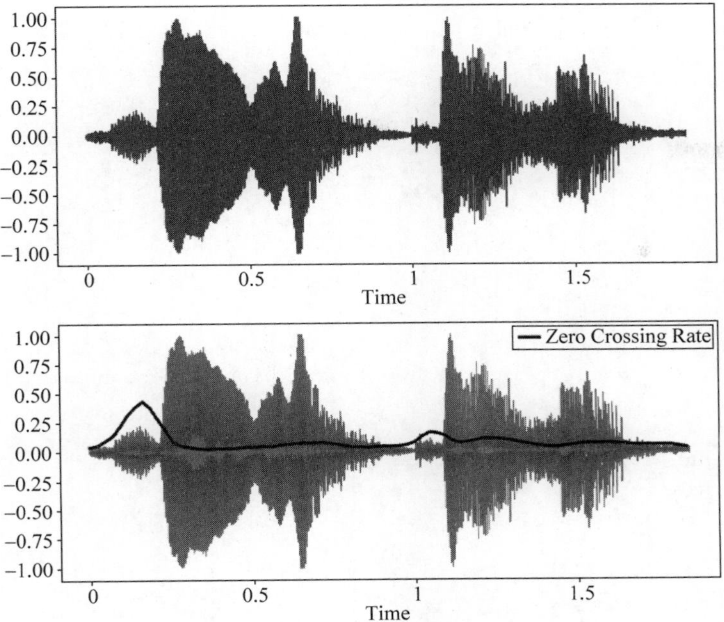

图 4-8　zero_crossing.py 运行结果

音过零率较低,清音过零率较高”这一结论。

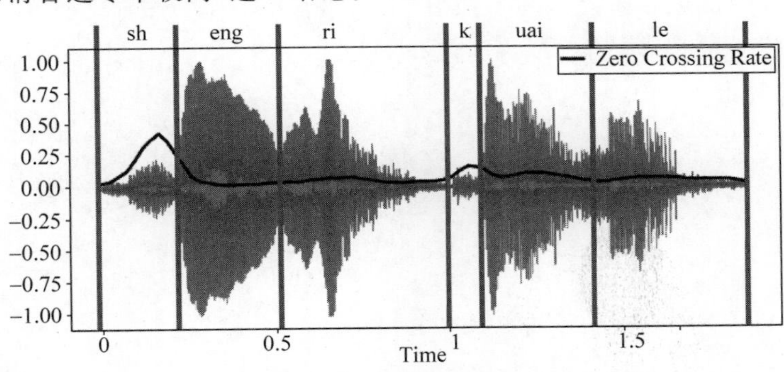

图 4-9　划分音素后的过零率曲线

4.3.2　短时平均能量

短时平均能量常用于语音信号分析,可用于区分语音信号中的浊音段和清音段及有话段和无话段。由于语音信号是随时间变化的,因此计算平均能量时并不是对整段音频进行计算,而是按帧来计算的。

将 n 时刻某帧语音信号的短时平均能量定义为

$$E_n = \sum_{m=-\infty}^{+\infty} [x(m)w(n-w)]^2 = \sum_{m=n-N+1}^{n} [x(m)w(n-m)]^2 \tag{4-2}$$

短时平均能量能区分浊音和清音是因为浊音的能量比清音大得多。下面是对一段语音计算短时平均能量的例子，代码如下：

```
#第 4 章/st_energy.py

import librosa
import numpy as np
import matplotlib.pyplot as plt

#读取音频文件并分帧
wlen = 512
hop_length = 128
x, sr = librosa.load('wav/shengrikuaile.wav', sr=None)
frames = librosa.util.frame(x, frame_length=wlen, hop_length=128, axis=0)

#参数准备
hann = np.hanning(wlen)                               #汉宁窗
nframe = frames.shape[0]
energy = np.zeros(nframe)

#逐帧计算短时能量
for i in range(nframe):
    f = frames[i:i+1]
    windowed = f[0] * hann                            #加窗操作
    e = np.square(windowed)                           #计算能量
    energy[i] = np.sum(e)                             #累加求和
energy = energy/(max(abs(energy)))

#绘制波形图
plt.figure(figsize=(12, 5))
librosa.display.waveshow(x, axis='time')
plt.title('Wave Plot')
plt.show()

#绘制短时能量图
t = np.arange(0, nframe) * (hop_length/sr)
plt.figure(figsize=(12, 5))
plt.plot(t, energy, color='b')
plt.grid()
plt.title('Short Time Energy')
plt.show()
```

程序运行后将输出如图 4-10 所示的波形图和短时能量图。程序的输入为“生日快乐”的语音，短时能量图中可以清晰地看出 4 个主要波峰。

4.3.3 短时自相关函数

自相关函数主要用于研究信号自身的同步性、周期性，利用短时自相关函数对基音周期进行估计就是一个常见的应用。

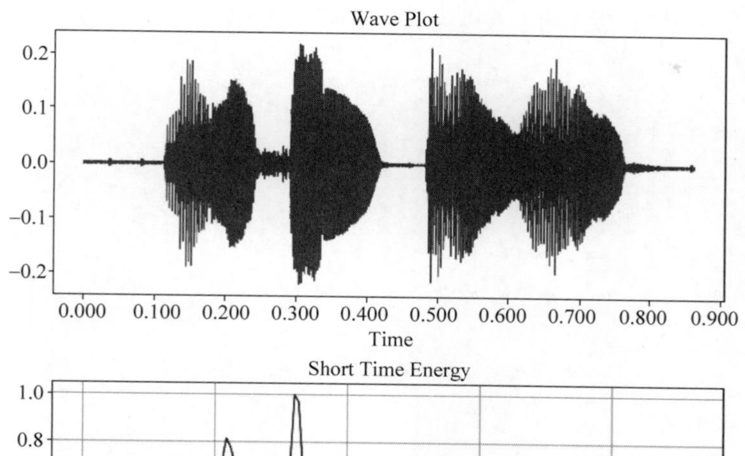

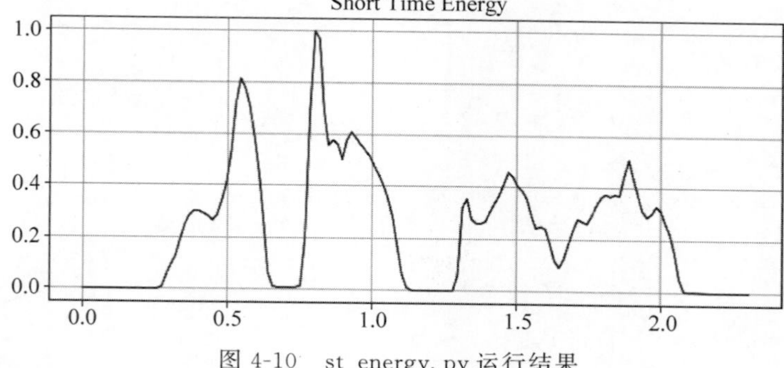

图 4-10 st_energy.py 运行结果

音频信号的短时自相关函数(Short Time Autocorrelation Function)如下：

$$R_n(k)=\sum_{m=-\infty}^{\infty}x(m)w(n-m)x(m+k)w(n-m-k) \tag{4-3}$$

自相关函数有以下主要性质：

(1) 连续型自相关函数为偶函数。

(2) 零延迟的自相关值最大。

(3) 两个相互无关的函数之和的自相关函数等于各自自相关函数之和。

(4) 周期信号的自相关函数仍为同频率的周期信号。

Librosa 中的自相关函数的原型如下：

```
librosa.autocorrelate(y, *, max_size=None, axis =-1) -> np.ndarray

【参数说明】
(1) y：用于计算自相关函数的数组。
(2) max_size：最大相关延迟。
(3) axis：计算自相关函数的轴。

【返回值】
z：自相关性数组。
```

下面用一个简单的例子说明自相关函数的用法，代码如下：

```
#第 4 章/autocorrel.py

import librosa
import matplotlib.pyplot as plt

#读取音频文件并绘制波形图
y, fs = librosa.load('wav/i.wav', sr=None)
plt.figure(figsize=(12,5))
librosa.display.waveshow(y, sr=fs, axis='time');
plt.show()

#假设基频范围为 C0~ B8
min_freq = 16.352
max_freq = 3951.16

#每秒采样点的范围
max_size = int(fs/min_freq)
min_size = int(fs/max_freq)

#自相关函数
ac = librosa.autocorrelate(y, max_size=max_size)
ac[:min_size] = 0

#绘制自相关函数结果
plt.figure(figsize=(12,5))
plt.plot(ac)
plt.show()
```

该程序的输入音频为韵母 i 的发音,输出的波形图和自相关性数组如图 4-11 所示。不难发现,韵母 i 具有明显的周期性。

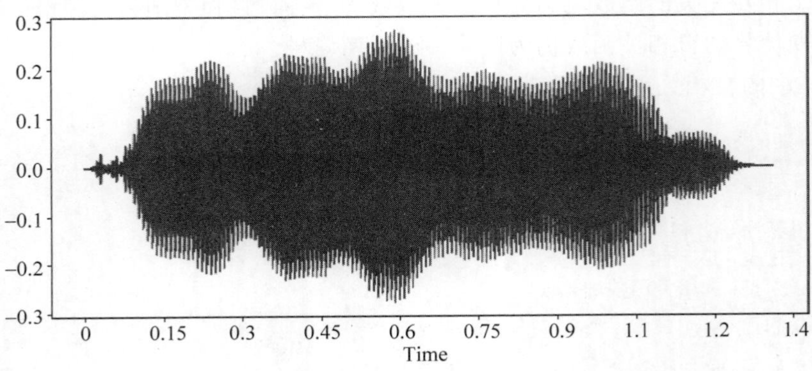

图 4-11 autocorrel.py 运行结果

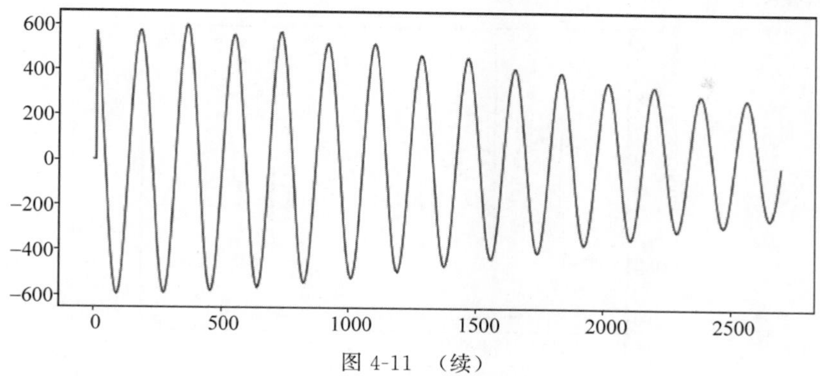

图 4-11　（续）

4.4　信号的频域分析

4.4.1　频谱图

很多时候需要查看信号中的频率分布情况，此时会用到一个很重要的工具：傅里叶变换(Fourier Transformation)。

假设有一段信号是由两个频率(分别为 20Hz 和 50Hz)的正弦波叠加而成的，如图 4-12 所示，通过傅里叶变换就能将叠加后的波形图分解成如图 4-13 所示的频谱图。所谓频谱图就是将分解出来的每个纯音的频率和振幅在一张图上绘制出来，其中横轴表示频率，纵轴表示振幅。

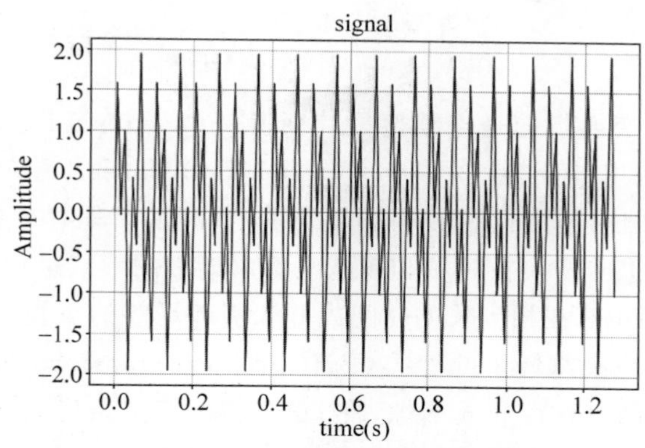

图 4-12　两个正弦波叠加而成的信号

上述频谱图呈中心对称，这是傅里叶变换的特征，因此一般只需画出左半边。左边的频谱图上有两个很明显的尖峰，一个位于 20Hz 处，另一个位于 50Hz 处，这就是傅里叶变换分解出的频率，如图 4-13 所示。

4.4.2　傅里叶变换

任何信号(需满足一定的数学条件)都可以通过傅里叶变换分解成一个直流分量和若干

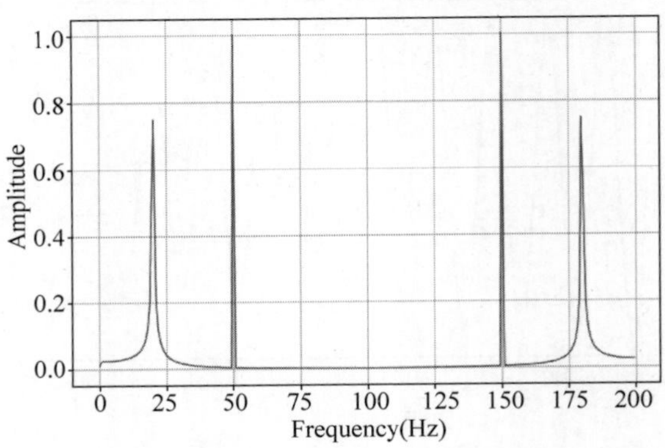

图 4-13 傅里叶变换分解出的频谱图

个正弦信号的和,每个正弦分量都有自己的频率和幅值,如图 4-14 所示。

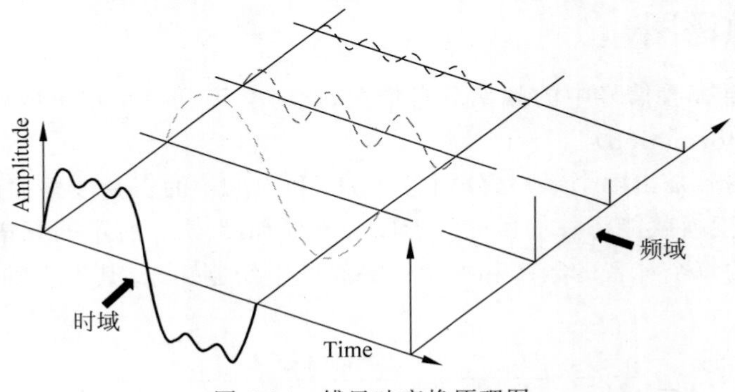

图 4-14 傅里叶变换原理图

一般来讲,傅里叶变换指的是连续傅里叶变换(Continuous Fourier Transform),而与之相对应的则是离散傅里叶变换(Discrete Fourier Transform,DFT)。由于数字信号都是经过采样量化后的离散信号,因此在数字信号处理中“离散傅里叶变换”更为常见。所谓离散傅里叶变换,是指傅里叶变换在时域和频域上都以离散的形式呈现。

由于运算量较大,DFT 在相当长的时间内并未引起足够的重视,直到 1965 年一种快速计算方法的出现,这就是快速傅里叶变换(Fast Fourier Transform,FFT)。这种方法充分地利用了 DFT 运算中的对称性和周期性,将 DFT 的运算复杂度从 N^2(N 为采样点数,下同)降低为 $N\log_2 N$。N 越大,FFT 的效果也越明显,例如当 N 为 1024 时 FFT 的运算效率比 DFT 高一百倍。

在 FFT 中,N 通常要求是 2 的整数次方。假设信号的采样率为 F_s,频率为 F,采样点数为 N,则快速傅里叶变换后返回的是一个复数数组 A,其中 $A[0]$表示频率为 0 时的信号,即直流分量。每个非直流分量可以用复数 $a+b\text{i}$ 表示,其中 a 为实部,b 为虚部,而该复数的模值就是该分量的幅值 Mag,其计算公式如下:

$$\text{Mag}=\sqrt{a^2+b^2} \tag{4-4}$$

FFT 运算后的每个点都对应着一个频率 F_n，相应的频率值可用下式计算：

$$F_n = (n-1) \times \frac{F_s}{N} \tag{4-5}$$

由于 FFT 在信号处理等众多领域有着广泛的应用，因此不少 Python 库包含该函数，例如 NumPy 和 SciPy 都有其 FFT 函数，下面以 NumPy 库的 FFT 函数为例进行介绍，其函数原型如下：

```
np.fft.fft(a, n=None, axis=-1, norm=None)

【参数说明】
(1) a：输入数组。
(2) n：输出轴的长度。如果 n 小于输入长度，则输入将会被剪裁，如果 n 大于输入长度，则输入将补零填充。
(3) axis：计算 FFT 的轴。
(4) norm：归一化模式，可选值为"backward" "ortho" "forward"。

【返回值】
out：经 FFT 后的复数数组。

注：np 代表 NumPy，下同。
```

下面用一个例子说明该函数的用法，代码如下：

```
#第 4 章/fft_numpy.py

import librosa
import librosa.display
import numpy as np
import matplotlib.pyplot as plt

#绘制频谱图的函数
def draw_spectrum(signal, sr, ratio=0.5):
    #ratio 为频谱图中最大频率的比率，默认值为 50%
    X = np.fft.fft(signal)
    mag = np.absolute(X)

    plt.figure(figsize=(14, 5))
    freq = np.linspace(0, sr, len(mag))
    num = int(len(mag)*ratio)

    plt.plot(freq[:num], mag[:num])
    plt.xlabel('Frequency (Hz)')
    plt.title('Magnitude Spectrum')

#读取音频文件并绘制频谱图
y, sr = librosa.load("wav/whistle.wav")
X = np.fft.fft(y)
```

```
print(X.shape)
print(X)
draw_spectrum(y, sr)                          #显示半边
draw_spectrum(y, sr, 0.15)                    #显示 15%
```

上述程序先对音频信号进行 FFT，然后据此绘制频谱图。频谱图的绘制被函数化了，在默认情况下只绘制左半边的频谱图，当然也可以根据需要显示完整的频谱图或者其中一部分。程序的运行结果如图 4-15 所示。

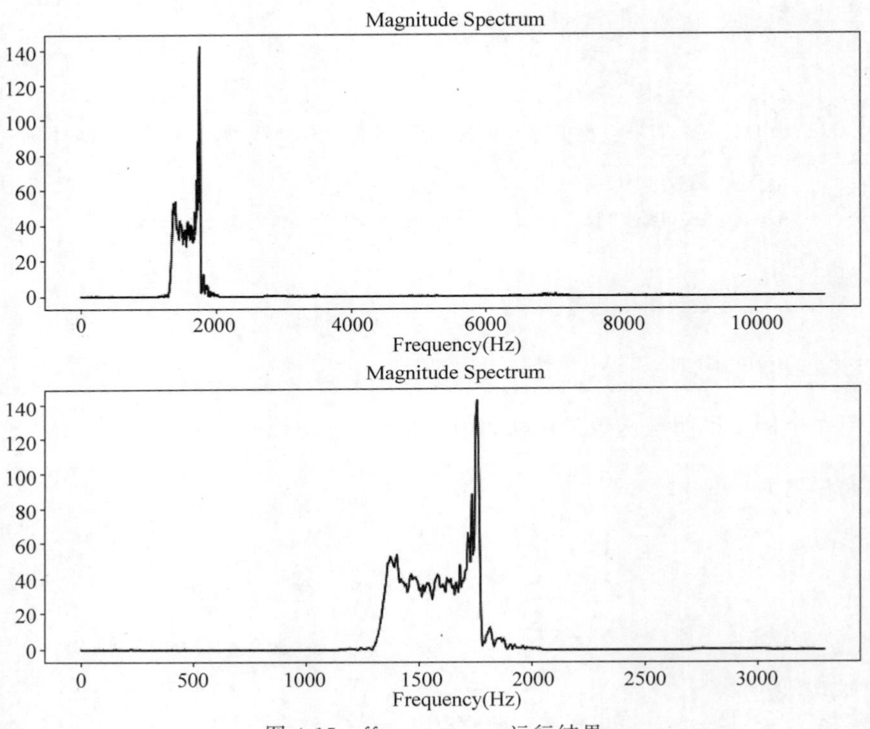

图 4-15 fft_numpy.py 运行结果

除了频谱图之外，程序还输出了 fft()函数的返回值：X 数组，如图 4-16 所示。该数组中的每个元素都是一个复数(Python 中用 j 表示虚数单位)，其中第 1 个元素−0.24708412+0.j 是直流分量，虚部为 0，第 2 个元素和最后一个元素相同，第 3 个元素和倒数第 2 个元素相同等，这就是傅里叶变换结果对称性的表现。

```
(3792,)
[-0.24708412+0.j          0.02621371+0.00117907j  0.02530829+0.00062589j
 ...  0.02590725-0.00281675j  0.02530829-0.00062589j
 0.02621371-0.00117907j]
```

图 4-16 fft()函数返回的复数数组

运用傅里叶变换可以用程序演示图 4-12 中的例子，代码如下：

```
#第 4 章/fft_spectrum.py
```

```
import numpy as np
import matplotlib.pyplot as plt

#生成两个频率叠加成的信号
N = 256                        #采样点数
sr = 200                       #采样率
t = np.arange(0, N/sr, 1/sr)
data = np.sin(2 *np.pi *20 *t) + np.sin(2 *np.pi *50 *t)

#绘制生成的信号
fig1 = plt.figure()
plt.title('signal')
plt.plot(t, data)
plt.xlabel('time(s)')
plt.ylabel('Amplitude')
plt.grid()

#傅里叶变换并计算振幅
f = np.fft.fft(data)
amp = np.array(np.abs(f)/N *2)
amp[0] = amp[0]/2

#绘制频谱图
x = np.array(range(0, N))
freq = sr *x/N
fig2 = plt.figure()
plt.title('FFT')
plt.plot(freq, amp)
plt.xlabel('Frequency(Hz)')
plt.ylabel('Amplitude')
plt.grid()
plt.show()
```

程序的运行结果如图 4-17 所示。在上述代码中 np.abs()函数并非取绝对值，而是复数的模值。注意此模值为放大值，并非真实信号的振幅(Amplitude)。如果需计算信号振幅，则直流分量的振幅需除以 N，其余部分则除以 $N/2$，fft()函数的后两行考虑了此因素。

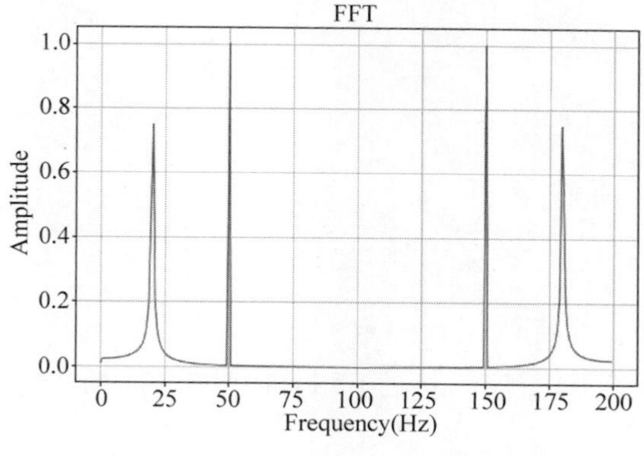

图 4-17　fft_spectrum.py 运行结果

快速傅里叶变换还有一个逆变换，称作快速傅里叶逆变换，简称 IFFT，用于信号重构。如果把 FFT 的过程比作将白光通过三棱镜分解成绚丽多彩的色带，IFFT 则相当于将七彩色光重新聚合成白光。

NumPy 中的快速傅里叶逆变换函数的原型如下：

```
np.fft.ifft(a, n=None, axis=-1, norm=None)

【参数说明】
(1) a：输入数组：a 数组应类似 FFT 函数的输出，具体如下：
◆a[0]应包括频率为 0 时的数值
◆a[1:n//2]应包括频率为正时的数值
◆a[n//2 + 1:]应包括频率为负时的数值
(2) n：输出轴的长度。
(3) axis：计算逆向 FFT 的轴。
(4) norm：归一化模式，可选值为"backward" "ortho" "forward"。

【返回值】
out：输出的复数数组。
```

如果将信号经过快速傅里叶变换后再经过快速傅里叶逆变换，则最后输出的信号与原信号应该是一样的。当然由于计算精度的关系，可能会略有出入。下面用一个简单的程序验证这一点，代码如下：

```
#第 4 章/fft_ifft.py

import numpy as np

#创建一个数组(输入信号)
x = np.array([1.0, 1.5, 1.2, 2, -1.0, 1.5])

#快速傅里叶变换
y = np.fft.fft(x)
print('fft: ')
print(y)
print('\n')

#快速傅里叶逆变换
i = np.fft.ifft(y)
print('ifft: ')
print(i)
print('\n')
```

程序的运行结果如图 4-18 所示，经过 FFT 和 IFFT 后的信号又变回了原来的样子，只不过最后的表达方式是复数。

```
fft:
[ 6.2+0.00000000e+00j  0.4-1.90525589e+00j  1.4+1.90525589e+00j
 -3.8+1.11022302e-16j  1.4-1.90525589e+00j  0.4+1.90525589e+00j]


ifft:
[ 1. +1.85037171e-17j  1.5-5.55111512e-17j  1.2-1.35456610e-17j
  2. -1.60246891e-17j -1. +5.05530952e-17j  1.5+1.60246891e-17j]
```

图 4-18 fft_ifft. py 运行结果

4.4.3 傅里叶变换的应用

傅里叶变换是数字信号处理中的基石，不少算法是以傅里叶变换为基础的，而傅里叶变换本身也有一些很实用的功能，例如根据按键音破解电话号码。多年前，曾有人根据电视台采访视频中的按键音破解了某名人的手机号码，一时间颇为轰动。实际上，其中的技术原理很简单，就是傅里叶变换。

需要了解的是，目前的电话设备大多采用双音多频技术(DTMF)。那么什么是双音多频技术呢？简单来讲，双音多频技术就是当用电话拨号时，每按一个键，由两个音频频率叠加成一个双音频信号，电话机上的 12 个按键一共用 8 个音频频率区分。

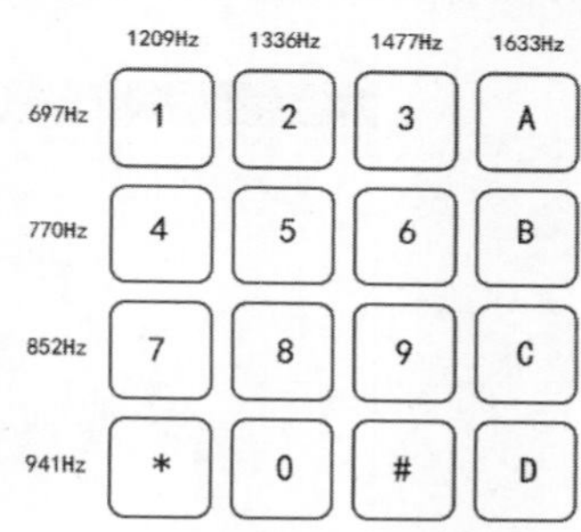

图 4-19 双音多频键盘

双音多频键盘如图 4-19 所示，它与我们常见的电话机颇为相似。事实上，电话机键盘就是从双音多频键盘发展而来的，只不过其中的 A、B、C、D 这 4 个键已经不用了。

了解了双音多频技术之后，根据按键音破解电话号码就被简化成用傅里叶变换将拨号音分解成其中的两个主要频率这样简单的操作了。下面举一个例子说明其过程。假设按键音保存在如图 4-20 所示的音频文件中，音频中有十个柱状，分别代表 1、2、3、4、5、6、7、8、9、0 共 10 个按键音。

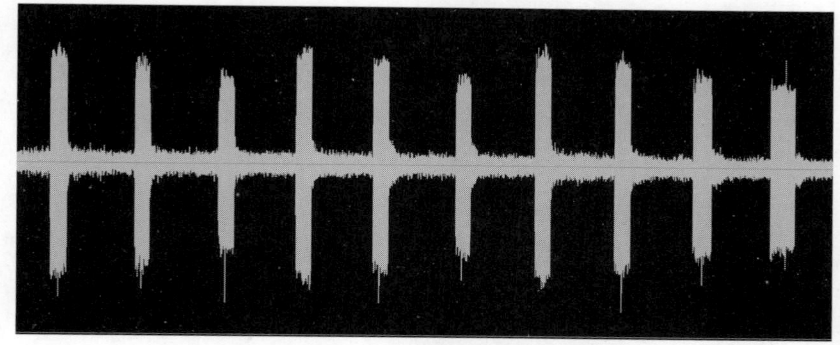

图 4-20 含有 10 个按键音的声音波形图

接下来的任务可以用 Praat 完成，只需截取每个按键音的音频并进行频谱分析。例如，按键音 1 的两个峰值在 697Hz 和 1208Hz 附近，如图 4-21 所示，按键音 2 的两个峰值在 697Hz 和 1336Hz 附近，如图 4-22 所示。按键音 3 的两个峰值在 697Hz 和 1477Hz 附近，如

图 4-23 所示。按键音 4 的两个峰值在 770Hz 和 1209Hz 附近，如图 4-24 所示等。上述数据与图 4-19 中的频率是吻合的。也就是说，只要将音频文件用 Praat 进行频谱分析就能获知构成音频的两个频率，然后查表即可破解相应的电话号码，这就是傅里叶变换的威力。

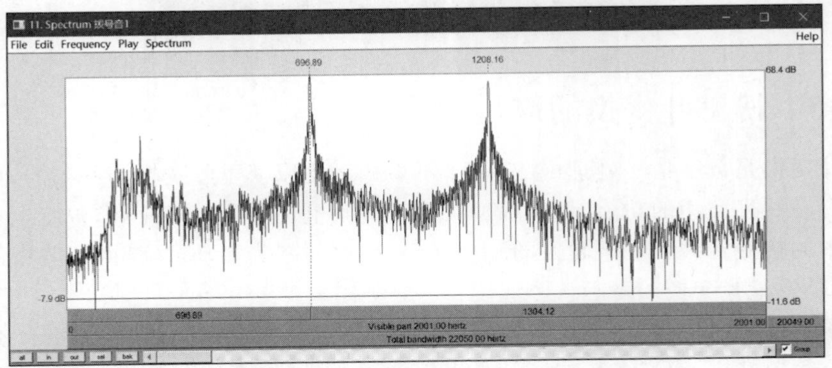

图 4-21　按键音 1 的频谱图

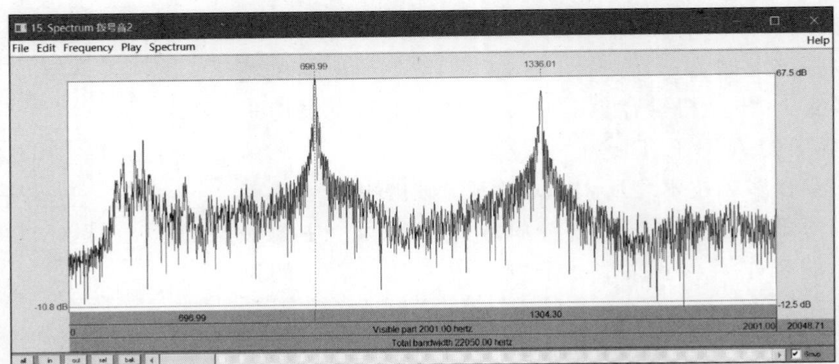

图 4-22　按键音 2 的频谱图

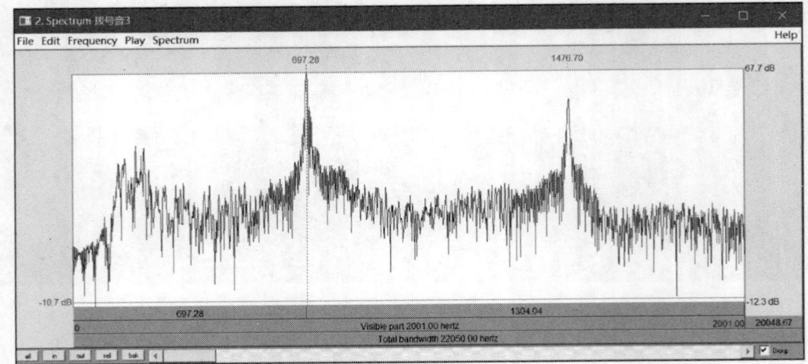

图 4-23　按键音 3 的频谱图

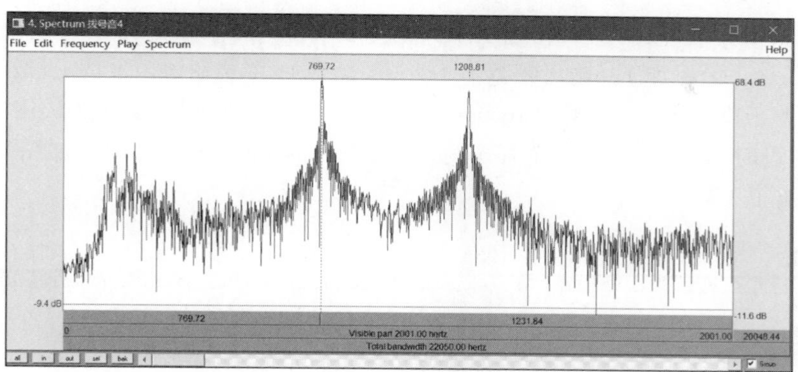

图 4-24　按键音 4 的频谱图

4.5 信号的时频域分析

4.5.1 短时傅里叶变换

频谱图虽然可以看出信号的频率分布，但却丢失了时域信息，无法看出频率分布随时间的变化。为了解决这个问题，很多时频域分析手段应运而生，其中最常用的是短时傅里叶变换。

在音频信号分析中，短时傅里叶变换的使用频率非常高，其在 Librosa 中的函数原型如下：

```
librosa.stft(y, *, n_fft =2048, hop_length=None, win_length=None, window =
"hann", center=True, dtype=None, pad_mode="constant", out=None) -> np.ndarray
```

【参数说明】

(1) y：输入信号。

(2) n_fft：傅里叶变换的序列长度，默认值为 2048，适用于音乐信号，如果为语音信号，则推荐值为 512。

(3) hop_length：帧移。

(4) win_length：窗长；如果未指定，则 win_length=n_fft。

(5) window：窗函数类型，可为字符串、元组、数字等类型。

(6) center：是否中心对齐。

(7) dtype：返回值 D 的复数数字类型。

(8) pad_mode：填充模式，仅当 center=True 时适用，默认模式时两边用 0 填充；当 center=False 时此参数将被忽略。

(9) out：预分配的复数数组，用于存储 STFT 计算结果；如果无此参数，则新分配一个。

【返回值】

D：短时傅里叶变换的复数值矩阵。

该函数输出矩阵的 shape 为(1+n_fft/2, n_frames)，n_frames 为分帧后的帧数，通常可用下式进行计算：

```
n_frames = signal_length/hop_length + 1; #除法为向下取整
```

FFT 的结果具有对称性，因此每帧取其前半部分即可，但频率为 0 时的直流分量并不对称，所以 shape[0]要加 1。输出帧数 n_frames 也要加 1，这和该函数的分帧策略有关。当参数 center 等于默认值 True 时，Librosa 会在首尾帧外加上 padding（默认用 0 填充）。举一个例子，假设时间序列共 1100 个样本，窗长为 512，帧移为 256，分帧后如图 4-25 所示，这样帧数就多出了 1 帧。

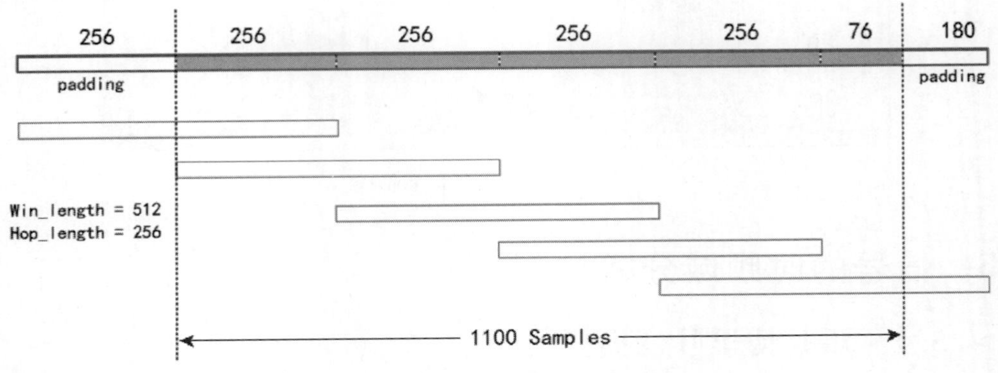

图 4-25　stft()函数分帧示意图

与快速傅里叶变换一样，短时傅里叶变换也有逆变换：短时傅里叶逆变换，它在 Librosa 中的函数原型如下：

```
librosa.istft(stft_matrix, *, hop_length=None, win_length=None, n_fft=None,
window ="hann", center =True, dtype=None, length=None, out=None) -> np.ndarray

【参数说明】
(1) stft_matrix：stft 的输出矩阵。
(2) hop_length：stft 中的帧移，如果未指定，则默认值为 win_length//4。
(3) win_length：窗长；如果未指定，则 win_length=n_fft。
(4) n_fft：输入频谱中每帧的样本数；默认从 stft_matrix 的 shape 推算而来，当采用的帧长
较为反常时可通过指定 n_fft 进行纠正。
(5) window：窗函数。
(6) center：是否中心对齐。
(7) dtype：返回值 y 中的实数类型。
(8) length：如果设定此参数，则输出矩阵以零填充或剪裁至指定长度。
(9) out：预分配的复数数组，用于存储重构的信号 y；如果无此参数，则新分配一个作为返回值。

【返回值】
y：根据 stft_matrix 重构的时域信号。
```

下面是一个短时傅里叶变换的例子，代码如下：

```
#第 4 章/stft.py

import librosa
import librosa.display
```

```
#读取音频文件
y, sr = librosa.load('wav/one.wav', sr=44100)

#短时傅里叶变换
n_fft = 512
hop_length = 256
win_length = 512
f = librosa.stft(y, n_fft=n_fft, hop_length=hop_length, win_length=win_length)

print(y.shape)
print(f.shape)
print(f)
```

程序的运行结果如图 4-26 所示。数据显示，该音频文件共有 5120 个采样点，经短时傅里叶变换后输出矩阵维度为 257×21。

```
(5120,)
(257, 21)
[[-1.4567211e+00+0.00000000e+00j  8.6586632e-02+0.00000000e+00j
  -2.9912099e-01+0.00000000e+00j ... -1.6318040e-02+0.00000000e+00j
  -2.5936031e-01+0.00000000e+00j -9.7371799e-01+0.00000000e+00j]
 [ 1.6028534e+00+4.71083403e-01j -2.7686384e-01+1.24628723e+00j
  -4.4333816e-01+4.66216683e-01j ...  1.1909029e+00-1.33038402e-01j
   7.7674347e-01-6.56937182e-01j  8.7218899e-01+3.00868899e-01j]
 [-2.5602639e+00-4.64178711e-01j  1.3733985e-01-3.92288280e+00j
   2.7850924e+00-1.08700526e+00j ... -3.1990221e+00+3.07285786e-01j
  -7.2382402e-01-1.90664515e-01j -8.5530585e-01-4.09066975e-01j]
 ...
 [ 6.6127829e-02-8.70509364e-04j  1.2635147e-04+5.54513026e-05j
  -1.8258725e-04+1.61217933e-04j ... -1.7087265e-04+1.35502327e-04j
  -3.1120849e-03+1.37383793e-03j -1.7699134e-01+1.04602836e-01j]
 [-6.6018477e-02+4.85224271e-04j -1.0858353e-04-3.69825902e-05j
   1.2353387e-04-1.95095781e-04j ...  4.4318960e-05-2.00421549e-04j
  -2.8288881e-03+7.94803258e-04j  1.9503033e-01-5.36582246e-02j]
 [ 6.5959834e-02+0.00000000e+00j  8.7034878e-06+0.00000000e+00j
  -9.4226736e-05+0.00000000e+00j ...  7.5759614e-05+0.00000000e+00j
  -3.1448617e-03+0.00000000e+00j -2.0113508e-01+0.00000000e+00j]]
```

图 4-26　stft.py 运行结果

4.5.2 语谱图

为了反映音频信号的动态频谱特性，可以将信号转换成语谱图（Spectrogram，也称作声谱图或谱图）。语谱图的横坐标是时间，纵坐标是频率，颜色的深浅表示音频信号幅度值的大小（能量的强弱），如图 4-27 所示。根据纵坐标采用线性刻度还是对数刻度，语谱图又可分为线性语谱图和对数语谱图。

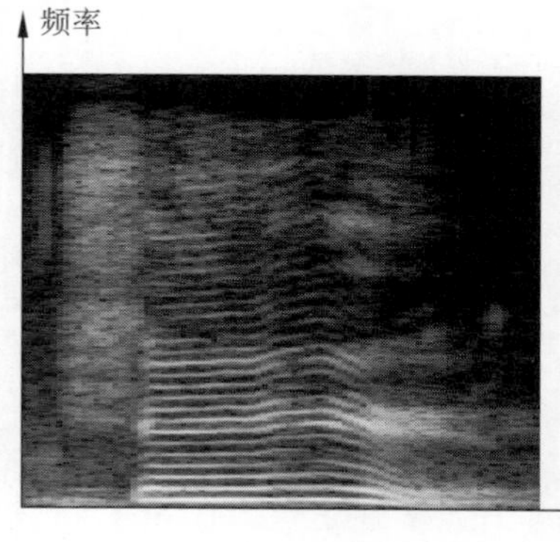

图 4-27　语谱图

语谱图在语音信号分析时非常有用,因此 Librosa 中设有绘制语谱图的函数,其原型如下:

```
librosa.display.specshow(data, *, x_coords=None, y_coords=None, x_axis=None, y_
axis=None, sr=22050, hop_length=512, n_fft=None, win_length=None, fmin=None,
fmax=None, tuning=0.0, bins_per_octave=12, key="C:maj", Sa=None, mela=None,
thaat=None, auto_aspect=True, htk=False, unicode=True, intervals=None, unison=
None, ax=None, **kwargs) -> QuadMesh
```

【参数说明】

(1) data:需要显示的矩阵,shape=(d, n)。

(2) x_coords, y_coords:可选的输入数据定位坐标;如果未提供,则根据 x_axis 和 y_axis 推算。

(3) x_axis, y_axis:x 轴与 y 轴的范围,有效类型如下:

◆None, 'none','off':不显示任何轴修饰。

频率型如下。

◆'linear','fft','hz':频率范围由 FFT 窗和采样率决定。

◆'log':频谱以 log 刻度显示。

◆'fft_note':频谱以 log 刻度显示并标有音高。

◆'fft_svara':频谱以 log 刻度显示并标有 svara。

◆'mel':频率由梅尔刻度决定。

◆'cqt_hz':频率由 CQT 刻度决定。

◆'cqt_note':音高由 CQT 刻度决定。

◆'cqt_svara':类似于'cqt_note',但采用印度斯坦或卡尔纳迪克 svara。

◆'vqt_fjs':类似于'cqt_note',但采用 FJS 标记法。

类别型如下。

◆'chroma':音高由色度滤波器决定。

◆chroma_h,chroma_c:音高由色度滤波器决定,并标记为印度斯坦或卡尔纳迪克 svara。

◆'chroma_fjs':音高由色度滤波器(采用纯律)决定,所有音高类别均被批注。

◆'tonnetz':轴以 Tonnetz 维度(0~5)标记。

◆'frames':按帧标记。

时间型如下。

◆'time':标记显示为毫秒、秒、分或小时。作图时以秒为单位。

◆'h':显示为小时、分或秒。

◆'m':显示为分或秒。

◆'s':显示为秒。

◆'ms':显示为毫秒。

◆'lag':类似'time'的显示法,但过中点后以负数显示。

◆'lag_h':同'lag',但显示为小时。

◆'lag_m':同'lag',但显示为分。

◆'lag_s':同'lag',但显示为秒。

◆'lag_ms':同'lag',但显示为毫秒。

节奏型如下。

◆'tempo':采用 log 刻度,显示为每分钟节拍数(BPM)

◆'fourier_tempo':同'tempo',但当节奏图在频域中使用 feature.fourier_tempogram 计算时。

(4) sr:用于确定 x 轴时间刻度的采样率。

(5) hop_length:帧移。

(6) n_fft:每帧样本数;默认从 data 的 shape 推算而来,当生成 data 的帧长较为反常时可在此处指定。

(7) win_length:窗长。

(8) fmin：最低谱图组矩的频率。
(9) fmax：用于设置梅尔频率刻度。
(10) tuning：与 A440 的微调偏差。
(11) bins_per_octave：每八度的 bins 数。
(12) key：当采用 note 轴(cqt_note,chroma)时的参考键值。
(13) Sa：当使用印度斯坦或卡尔纳迪克 svara 轴时需指定 Sa 如下。
◆cqt_svara：Sa 应指定为频率(以 Hz 为单位)。
◆chroma_c 或 chroma_h：Sa 应与色度图中 Sa 的位置相符；当未提供时 Sa 的默认值为 0(等同于 C)。
(14) mela：采用 chroma_c 或 cqt_svara 显示模式时用于指定 melakarta raga。
(15) thaat：采用 chroma_h 显示模式时用于指定 parent thaat。
(16) auto_aspect：当横轴与纵轴覆盖范围相同且类型匹配时轴将具有"相等"性。
(17) htk：如果在梅尔频率上作图，则可指定采用哪个版本的梅尔刻度，具体如下。
◆设为 False：使用 Slaney 公式。
◆设为 True：使用 HTK 公式。
(18) unicode：当采用 note 或 svara 时设置 unicode=True 以使用 unicode 图符；如果设置 unicode=False，则使用 ASCII 图符。
(19) intervals：采用 FJS 标记法(chroma_fjs, vqt_fjs)时的音程规格；可参考 core.interval_frequencies 查看支持取值的描述。
(20) unison：当采用 FJS 标记法(chroma_fjs, vqt_fjs)时 unison 音程的音高名称。
(21) ax：可选 matplotlib.axes.Axes 或 None。

【返回值】
colormesh：由 matplotlib.pyplot.pcolormesh 产生的彩色网格对象。

该函数的参数较多且较复杂，但是大多数参数使用默认值即可，因此调用起来并不困难。需要注意的是，在绘制对数语谱图时，需要将 hop_length 调大以达到较好的效果。下面是一个绘制线性和对数语谱图的例子，代码如下：

```
#第 4 章/spectrogram.py

import numpy as np
import librosa
import librosa.display
import matplotlib.pyplot as plt

#读取音频文件
y, sr = librosa.load('wav/shengrikuaile.wav', sr=None)

#绘制线性语谱图
S = np.abs(librosa.stft(y))
data = librosa.amplitude_to_db(S, ref=np.max)

plt.figure()
librosa.display.specshow(data, sr=sr, x_axis='time', y_axis='linear')
plt.ylim(0, 12000) #设置 y 坐标上下限
plt.title('Spectrogram-linear')
plt.show()
```

```
#绘制对数语谱图
hop_length=1024
S = np.abs(librosa.stft(y,hop_length=hop_length))
data = librosa.amplitude_to_db(S, ref=np.max)

fig, ax = plt.subplots(1,1)
img=librosa.display.specshow(data, sr=sr, x_axis='time', y_axis='log',
                    hop_length=hop_length)
plt.title('Spectrogram-log')
fig.colorbar(img, ax=ax, format="%+2.f dB")
plt.show()
```

此程序采用了"生日快乐"4 个字的语音作为输入,绘制的线性和对数语谱图如图 4-28 和图 4-29 所示。语谱图的纵坐标采用线性刻度是为了看清频率数据,而在更多的场合中,对数语谱图的显示效果更为清晰。

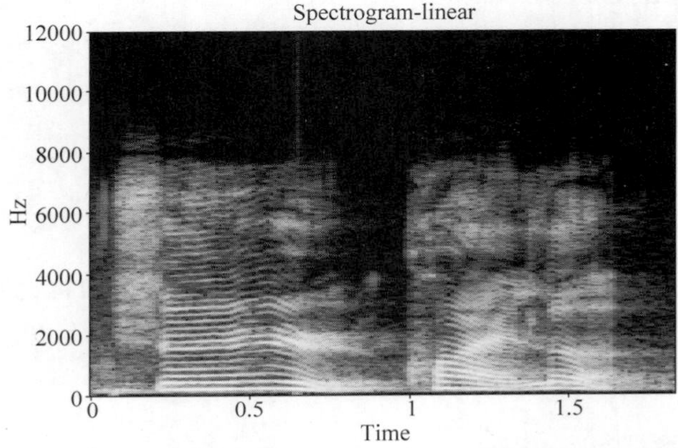

图 4-28　spectrogram.py 生成的线性语谱图

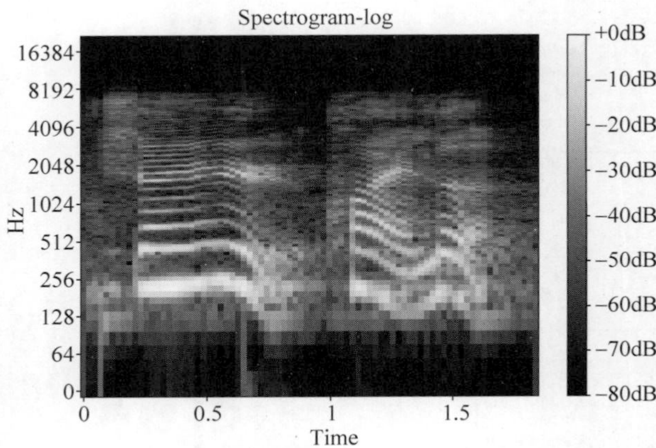

图 4-29　spectrogram.py 生成的对数语谱图

4.5.3 宽带语谱图和窄带语谱图

语谱图还可根据使用的过滤器分为宽带语谱图和窄带语谱图。窄带语谱图指用窄带滤波器做出的语谱图，宽带语谱图则是用宽带滤波器做出的语谱图。

宽带语谱图的滤波器带宽一般在 300Hz 左右，窄带语谱图的滤波器带宽则在 45Hz 左右，宽带和窄带语谱图的效果如图 4-30 和图 4-31 所示(用 Praat 作图)。

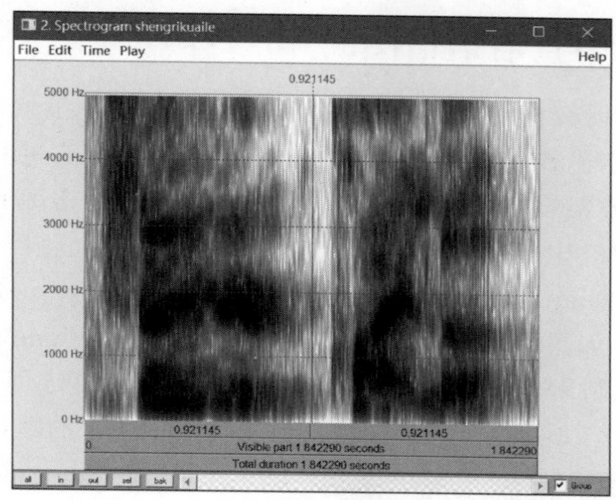

图 4-30 宽带语谱图

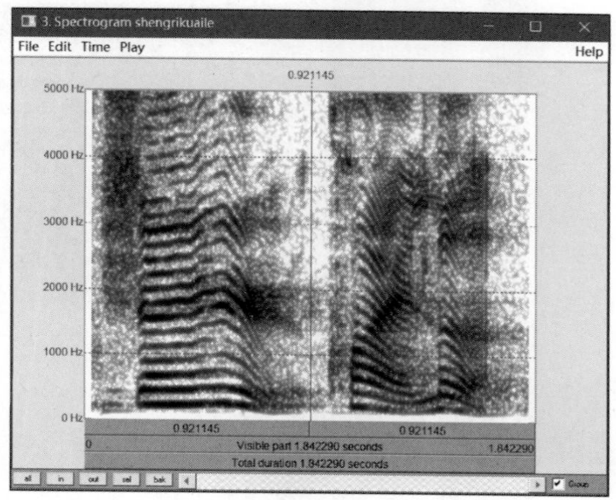

图 4-31 窄带语谱图

不难看出，两张语谱图有着显著的不同。宽带语谱图上可以看到明显的纵向细条纹，而窄带语谱图上则表现为较粗的横向线条，与指纹颇为相似。宽带语谱图和窄带语谱图各有所长：宽带语谱图频域宽、时域窄、时间分辨率高，能反映频谱的快速时变过程；窄带语谱图带宽小、时窗长、频率分辨率高，能看出频谱的精细结构。两者相结合可以提供大量语音特征的信息。语谱图上因其不同的灰度形成不同的纹路，被称为“声纹”。声纹同指纹一样因人而异,因而在安防、金融等领域有着广泛的应用。

语谱图在语音分析时很有用。宽带语谱图中有很多纵向条纹,在分析浊音时,两条纵向条纹之间的时长通常表示浊音周期;宽带语谱图中还能看到几条较粗的横杠,这就是元音的共振峰。窄带语谱图中有若干条较粗的横向条纹自下而上依次排列,它们表示的是元音的各个谐波,最下面的一条通常为基音。量出第 n 条谐波的高度,换算出其频率数,再除以 n,就可以求得基频值 F0。

4.5.4 Praat 中查看语谱图

在进行语音信号的研究时,语谱图是一个很有用的工具。虽然利用 Python 语言能够绘制出较为美观实用的语谱图,但是某些时候需要对一些细节进行观察分析,此时利用 Praat 的现有功能就要方便很多了,下面介绍在 Praat 中查看语谱图的方法。

首先在 Praat 主窗口中打开一个音频文件(以 shengrikuaile. wav 为例),然后选中 Objects 中的 Sound shengrikuaile 选项并单击右侧 Analyse spectrum 按钮选择 To Spectrogram 选项,打开如图 4-32 所示窗口,其中第 1 个参数 Window length 将决定制作的是何种语谱图。如果要制作宽带语谱图,则将该参数设为 0. 005s 即可,如果要制作窄带语谱图,则将该参数设为 0. 03s 即可,其余参数一般选择图中所示的默认值即可。

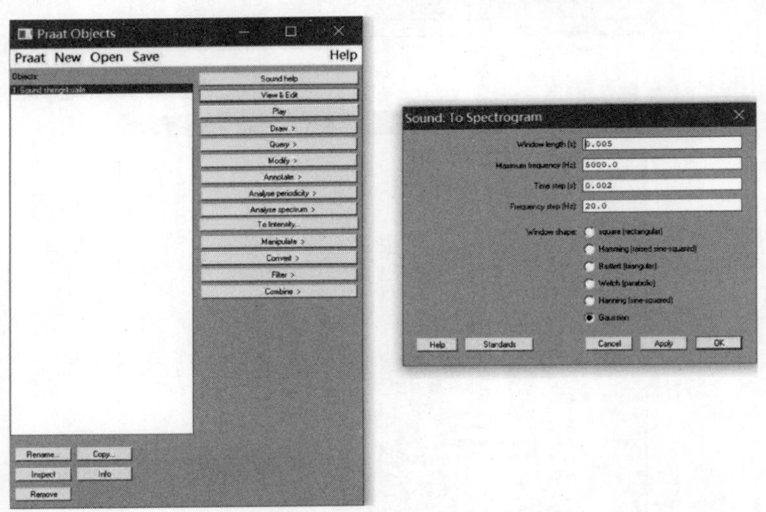

图 4-32 语谱图参数设置

注:Praat 中采用的是一种类似高斯窗的窗口,其窗口时长(以下简称"窗长")与带宽的换算公式为 Bandwidth=1. 299/Window length,因此窗长为 0. 005s 时滤波器的带宽约为 260Hz,窗长为 0. 03s 时滤波器的带宽约为 44Hz,这两种设置通常可以满足宽带、窄带分析的各种要求。

参数设置完成后单击 OK 按钮,此时主窗口中的 Objects 中将增加一项 Spectrogram shengrikuaile,如图 4-33 所示,这就是生成的语谱图,单击右侧 View 按钮即可查看该语谱图。此方法只能生成一张语谱图。如果需同时生成宽带和窄带语谱图，则可重复上次操作(图中的第 1 个参数需要修改)直至 Objects 中出现第 2 张语谱图。

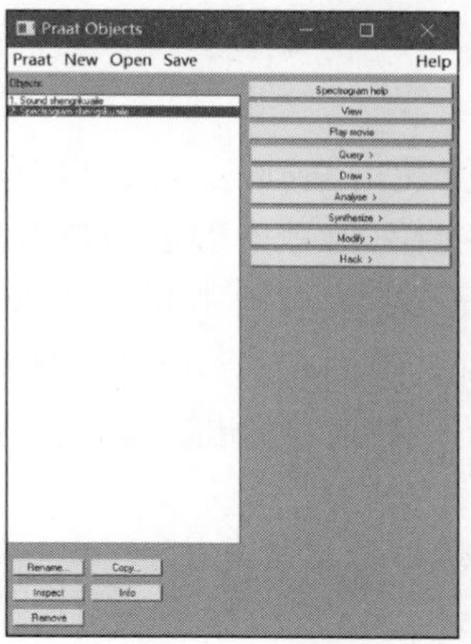

图 4-33　新增语谱图项目

用上述方法生成的宽带和窄带语谱图如图 4-34 和图 4-35 所示。

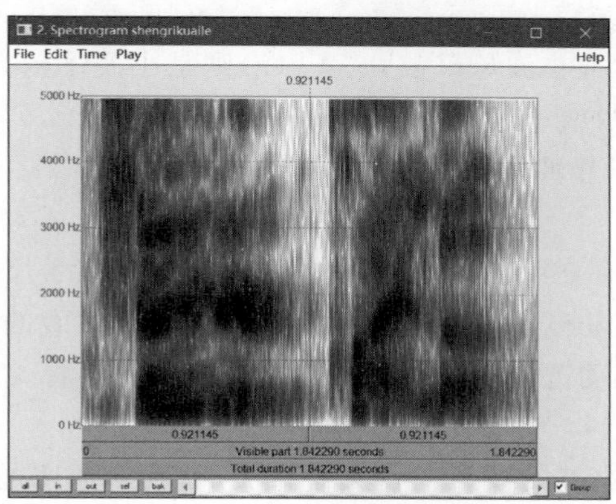

图 4-34　生成的宽带语谱图

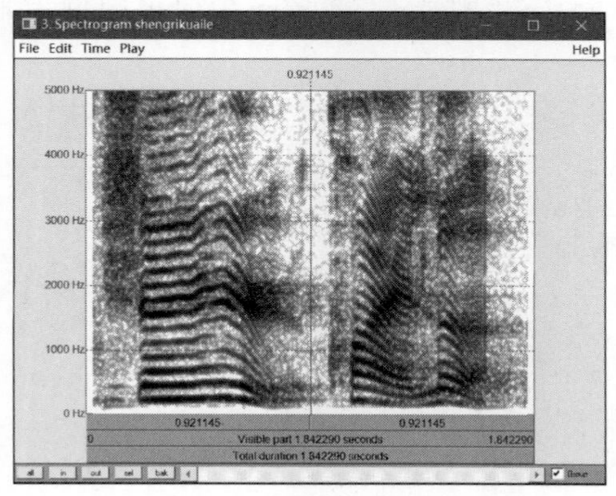

图 4-35　生成的窄带语谱图

4.6 小波变换

4.6.1 概述

短时傅里叶变换是在傅里叶变化的基础上引入时域信息,但是由于短时傅里叶变换只能依赖大小不变的时间窗,对某些瞬态信号来讲还是粒度过大,因而存在着相当的局限性。

小波变换(Wavelet Transform)是由法国工程师 J. Morlet 于 1974 年提出的。所谓小波(Wavelet)是指小的波形(Wave 是波的意思,let 是后缀,意思是小的),"小"指其具有衰减性,"波"指其波动性。小波分析是一种信号分析方法,它将信号表示为一组基函数或称为小波函数的线性组合。

小波函数是由一个小波母函数经过平移和缩放得到的,它们能够捕捉信号在不同时间和频率上的变化。对于任意实数对(a,b),以下公式中的函数称为由小波母函数生成的依赖于参数(a,b)的连续小波函数。

$$\psi_{(a,b)}(t)=\frac{1}{\sqrt{a}}\psi\left(\frac{t-b}{a}\right) \tag{4-6}$$

其中,$\psi(t)$称为基本小波,或小波母函数,$\psi_{(a,b)}(t)$则是小波母函数经移位和伸缩所产生的一簇函数,称为小波基函数或小波基。公式中的 a 是尺度因子,b 是平移因子;尺度因子 a 的作用是把基本小波 $\psi(t)$作伸缩,平移因子 b 的作用是确定对信号 $x(t)$分析的时间位置,即时间中心。

$\psi_{a,b}(t)$在 $t=b$ 附近存在明显的波动,并且波动范围依赖于尺度因子 a 的变化:

(1) 当 $a=1$ 时,其波动范围与原来的小波函数 $\psi(t)$是一致的。

(2) 当 $a>1$ 时,其波动范围比原来的小波函数要大;随着 a 越来越大,小波的波形变得越来越矮、越来越宽。

(3) 当 $0<a<1$ 时,小波的波形变得又瘦又尖,随着 a 越来越接近于 0,小波的波形逐渐接近脉冲函数。

SciPy 中提供了 Morlet 小波函数,下面用一个简单的例子来说明其生成方法,代码如下:

```
#第 4 章/wavelet_morlet.py

from scipy import signal
import matplotlib.pyplot as plt

def draw_morlet(M, s, w):
    wavelet = signal.morlet(M, s, w)
    plt.figure(figsize=(10, 4))
```

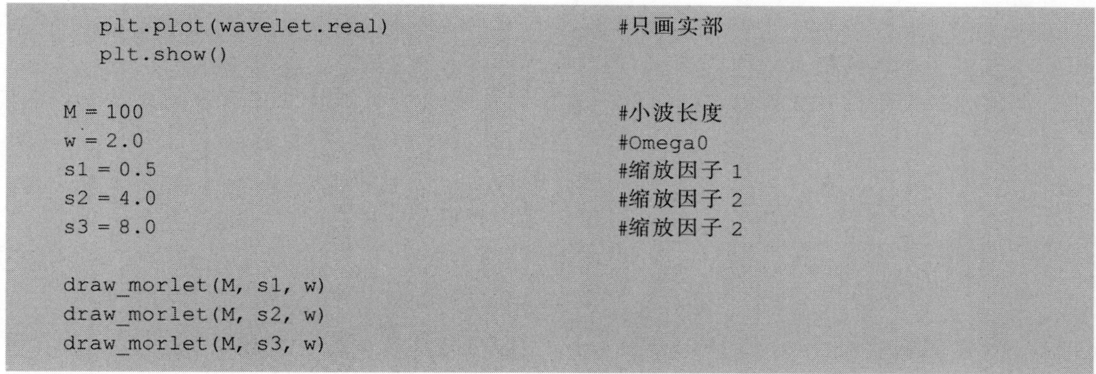

```
    plt.plot(wavelet.real)                          #只画实部
    plt.show()

M = 100                                             #小波长度
w = 2.0                                             #Omega0
s1 = 0.5                                            #缩放因子 1
s2 = 4.0                                            #缩放因子 2
s3 = 8.0                                            #缩放因子 2

draw_morlet(M, s1, w)
draw_morlet(M, s2, w)
draw_morlet(M, s3, w)
```

程序的运行结果如图 4-36 所示，图中展示了不同缩放因子下的 Morlet 小波函数，随着缩放因子的变化，小波函数的频率也在发生变化。

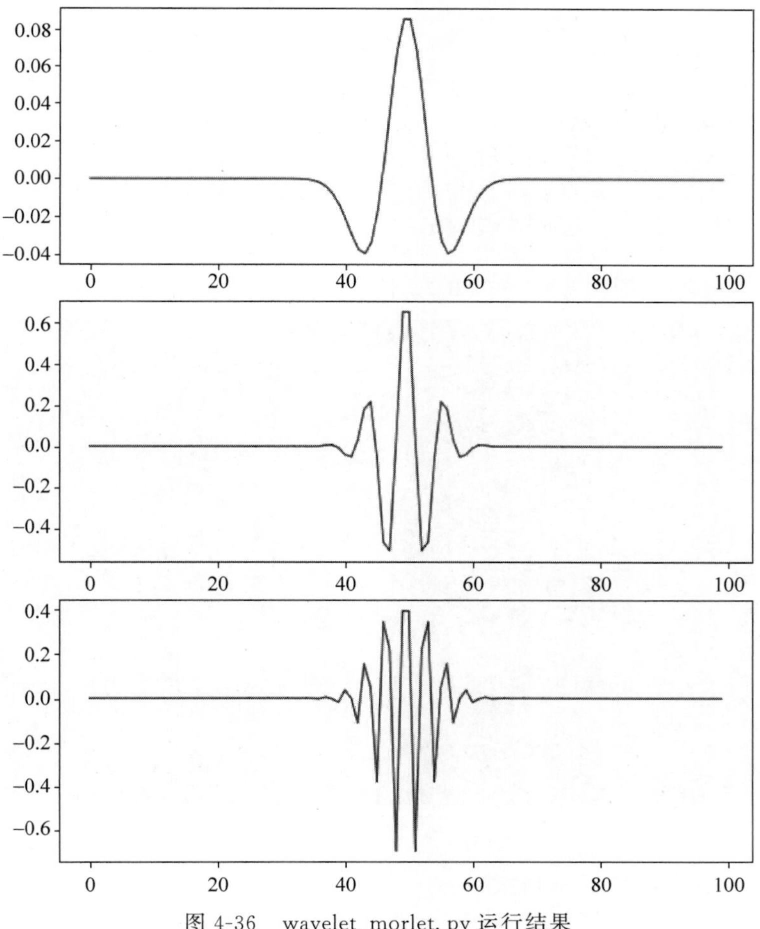

图 4-36　wavelet_morlet.py 运行结果

因此,对于任意函数 $x(t)$,它的小波变换是个二元函数。小波母函数 $\psi(t)$ 只有在原点附近才会有明显偏离水平轴的波动,在远离原点的地方函数值将迅速衰减为 0。

小波变换把傅里叶变换的无限长的三角函数基换成了有限长的会衰减的小波基,这样不仅能获取频率,还能定位到时间,因而具有多分辨率的特点。一般情况下,低频部分(信号较平稳)可以采用较低的时间分辨率来提高频率分辨率,高频部分(频率变化不大)可以用较低的频率分辨率来换取精确的时间定位。小波变换可以探测正常信号中的瞬态并展示其频率成分,因而在语音分析等时频分析领域获得了广泛应用。

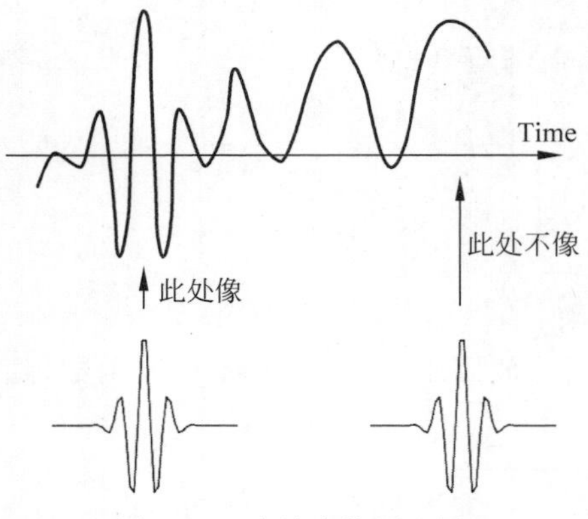

图 4-37　小波变换原理图

从本质上讲,小波变换实际上是比较原信号与小波基函数的相似性,随着小波在时间轴上的移动而获得信号匹配程度,如图 4-37 所示。

小波函数是个大家族,可以用 pywt. families()函数进行枚举,代码如下:

```
import pywt
for family in pywt.families():
    print("*%s family: " % family + ', '.join(pywt.wavelist(family)))
```

代码运行后将输出如图 4-38 所示的结果。

```
*haar family: haar
*db family: db1, db2, db3, db4, db5, db6, db7, db8, db9, db10, db11, db12, db13, db14,
db15, db16, db17, db18, db19, db20, db21, db22, db23, db24, db25, db26, db27, db28, db29,
db30, db31, db32, db33, db34, db35, db36, db37, db38
*sym family: sym2, sym3, sym4, sym5, sym6, sym7, sym8, sym9, sym10, sym11, sym12, sym13,
sym14, sym15, sym16, sym17, sym18, sym19, sym20
*coif family: coif1, coif2, coif3, coif4, coif5, coif6, coif7, coif8, coif9, coif10,
coif11, coif12, coif13, coif14, coif15, coif16, coif17
*bior family: bior1.1, bior1.3, bior1.5, bior2.2, bior2.4, bior2.6, bior2.8, bior3.1,
bior3.3, bior3.5, bior3.7, bior3.9, bior4.4, bior5.5, bior6.8
*rbio family: rbio1.1, rbio1.3, rbio1.5, rbio2.2, rbio2.4, rbio2.6, rbio2.8, rbio3.1,
rbio3.3, rbio3.5, rbio3.7, rbio3.9, rbio4.4, rbio5.5, rbio6.8
*dmey family: dmey
*gaus family: gaus1, gaus2, gaus3, gaus4, gaus5, gaus6, gaus7, gaus8
*mexh family: mexh
*morl family: morl
*cgau family: cgau1, cgau2, cgau3, cgau4, cgau5, cgau6, cgau7, cgau8
*shan family: shan
*fbsp family: fbsp
*cmor family: cmor
```

图 4-38　小波函数家族

常用的小波函数如图 4-39 所示。

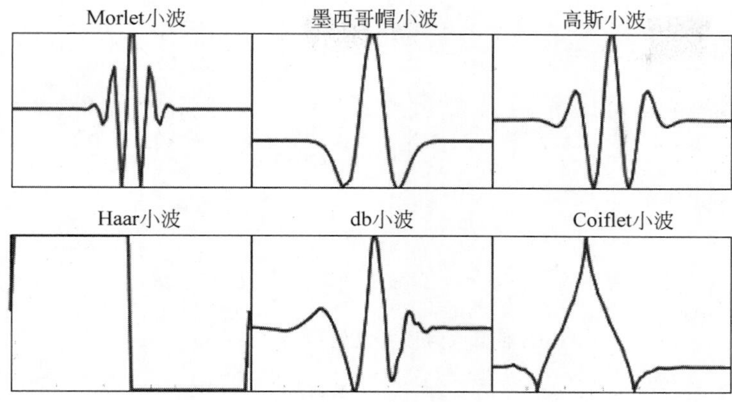

图 4-39 常用的小波函数

4.6.2 连续小波变换

小波变换可以分为连续小波变换(Continuous Wavelet Transform,CWT)和离散小波变换(Discrete Wavelet Transform,DWT),4.6.1 节讲的其实是连续小波变换。

两者的主要区别是：连续小波变换在所有可能的缩放和平移上操作,而离散小波变换只对其中的特定子集进行操作。

在数学表达上,连续小波变换的尺度因子和平移因子的值都是连续的,这意味着可能存在无限多的小波,而离散小波变换中尺度因子和平移因子采用离散值,其中尺度因子以 2 的指数幂增加(如 1,2,4,…),平移因子也是整数序列(如 1,2,3,…)。

在实际应用中,离散小波变换常被用作滤波器,如高通滤波器和低通滤波器的级联,以便将信号分解成几个子频带。

在 Python 中,有多个库实现了小波变换,如 PyWavelets、SciPy 等,下面以 PyWavelets 为例介绍相关的函数。PyWavelets 中的小波变换函数主要有以下几个。

```
(1) pywt.cwt()：一维连续小波变换。
(2) pywt.dwt()：单级一维离散小波变换。
(3) pywt.idwt()：单级一维离散小波逆变换。
(4) pywt.wavedec()：多级一维离散小波变换。
(5) pywt.waverec()：多级一维离散小波逆变换。
```

其中,一维连续小波变换的函数原型如下：

```
pywt.cwt(data, scales, wavelet, sampling_period=1., method='conv', axis=-1)

【参数说明】
(1) data：输入信号。
(2) scales：小波变换尺度。
(3) wavelet：小波对象或名称字符串,如'haar','db1','db2'等,详见图 4-38。
(4) sampling_period：采样周期。
```

(5) method：计算 CWT 的方式，可以是以下之一。
◆conv：采用 numpy.convolve。
◆fft：采用频域卷积。
◆auto：根据每个尺度的计算复杂度估计自动选用，conv 方式的计算复杂度是 O(len(scale) * len(data))，fft 方式的计算复杂度是 O(N * log2(N))，其中 N =len(scale)+len(data) - 1，因此，fft 方式非常适合大型信号，但在处理小型信号时比 conv 方式略慢。
(6) axis：用于计算 CWT 的轴。

【返回值】
(1) coefs：输入信号在给定尺度和小波函数下的连续小波变换；coefs 的第 1 个轴对应于尺度，其余轴匹配 data 的 shape。
(2) frequencies：如果采样周期单位为秒且已给定，则 frequencies 单位为 Hz，否则假定采样周期为 1。

下面给出一个对正弦信号进行连续小波变换的例子，代码如下：

```
#第 4 章/wavelet_cwt.py

import pywt
import numpy as np
import matplotlib.pyplot as plt

#定义输入信号并显示图形
x = np.arange(256)
y = np.sin(2*np.pi *x/16)
plt.figure(figsize=(16, 5))
plt.plot(x, y, color='g')
plt.show()

#连续小波变换并绘制结果
coefs, freqs = pywt.cwt(y, np.arange(1, 100), 'gaus1')
plt.matshow(coefs)
plt.show()
```

程序的运行结果如图 4-40 所示。

4.6.3 离散小波变换

离散小波变换可以看作不同尺度的小波和信号的相关运算，其结果表征了信号与不同尺度小波的相似程度。

离散小波变换实际上是一个多级分解，如图 4-41 所示，图中展示的是一个长为 N 的信号 X 经过三层分解的例子。第一级分解后信号分为高频部分 cD_1 和低频部分 cA_1，长度均为 $N/2$；第二级分解时保留 cD_1，并将 cA_1 分解为高频部分 cD_2 和低频部分 cA_2，长度均为 $N/4$；第三级分解时保留 cD_2，并将 cA_2 分解为高频部分 cD_3 和低频部分 cA_3，长度均为 $N/8$。虽然经过 3 次分解，但(理论上)分解得到的所有分量的长度总和仍为 N。经过三级分解后，信号被分解成 cA_3、cD_3、cD_2、cD_1，其中 cA_3 是低频系数，其余都是高频系数。

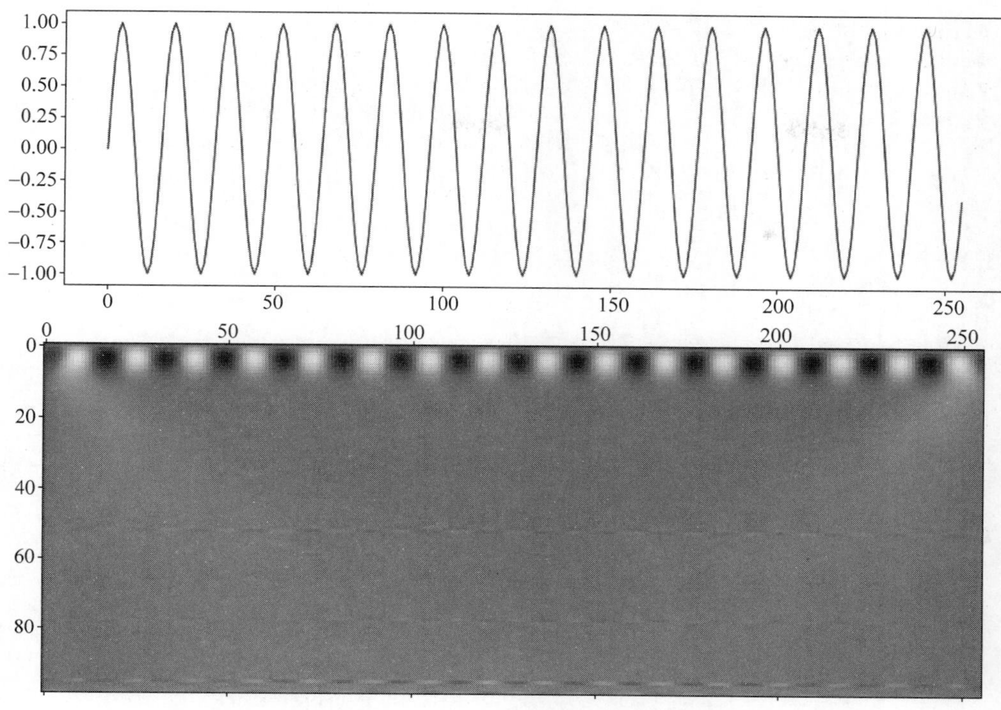

图 4-40　wavelet_cwt.py 运行结果

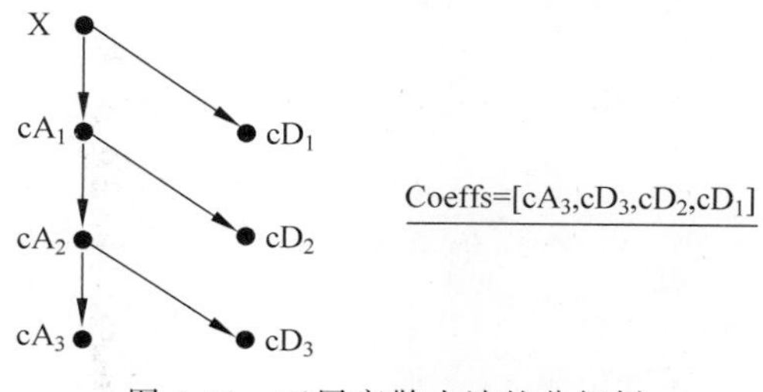

图 4-41　三层离散小波的分解树

PyWavelets 中设有离散小波变换函数，其原型如下：

```
pywt.dwt(data, wavelet, mode='symmetric', axis=-1)
```

【参数说明】

(1) data：输入信号。

(2) wavelet：小波对象或名称字符串，如'haar'，'db1'，'db2' 等，详见图 4-38。

(3) mode：信号扩展模式，可选值如下。

◆zero：填充 0。

◆constant：填充常数。

◆symmetric：对称填充，使用镜像样本填充，也称为 half-sample symmetric。

◆reflect：反射填充，也称为 whole-sample symmetric。

◆periodic：周期填充，信号视为具有周期性。

◆smooth：平滑填充。
◆antisymmetric：反对称填充，也称为 half-sample anti-symmetric。
◆antireflect：反对称反射填充，也称为 whole-sample anti-symmetric。
◆periodization：上述模式略显冗余，但能给出完美的重构信号。如果希望分解系数尽可能少，则可采用 periodization 模式。此模式类似于 periodic 模式，但会给出尽可能少的分解系数，不过在 IDWT 时必须采用同一模式。
(4) axis：计算 DWT 的轴。

【返回值】
(1) cA：近似系数，表示信号的低频成分。
(2) cD：细节系数，表示信号的高频成分。

与傅里叶变换类似，小波变换也存在着逆变换，逆变换的作用是将分解后的信号进行重构。单级离散逆小波变换的函数原型如下：

```
pywt.idwt(cA, cD, wavelet, mode='symmetric', axis=-1)
```

【参数说明】
(1) cA：近似系数。
(2) cD：细节系数。
(3) wavelet：小波对象或名称字符串，如'haar','db1','db2' 等，详见图 4-38。
(4) mode：信号扩展模式，见 pywt.dwt()参数说明。
(5) axis：计算逆小波变换的轴。

【返回值】
rec：用给定系数进行单层重构后的信号。

上述 pywt.dwt()函数只能分解一次，如果需要进行多级分解，则可调用 pywt.wavedec()函数，其原型如下：

```
pywt.wavedec(data, wavelet, mode='symmetric', level=None, axis=-1)
```

【参数说明】
(1) data：输入信号。
(2) wavelet：小波对象或名称字符串，如'haar','db1','db2' 等，详见图 4-38。
(3) mode：信号扩展模式，见 pywt.dwt()函数注释。
(4) level：分解级数(必须是≥0 的整数)；如果为 None (default)，则用 dwt_max_level 进行计算。
(5) axis：计算 DWT 的轴。

【返回值】
[cA_n, cD_n, cD_n-1, …, cD2, cD1]：排序后的系数数组列表，其中 n 代表第 n 级，第 1 个元素(cA_n)为近似系数数组，其余元素(cD_n - cD_1)为细节系数数组。

与 pywt.wavedec()相对应，用于信号重构的 pywt.waverec()函数原型如下：

```
pywt.waverec(coeffs, wavelet, mode='symmetric', axis=-1)
```

【参数说明】
(1) coeffs：系数列表[cAn, cDn, cDn-1, …, cD2, cD1]。
(2) wavelet：小波对象或名称字符串，如'haar'，'db1'，'db2'等，详见图4-38。
(3) mode：信号扩展模式，见pywt.dwt()函数注释。
(4) axis：沿此轴计算离散小波逆变换。

下面用一个简单的例子说明离散小波变换及其逆变换的过程，代码如下：

```
#第4章/wavelet_discrete.py

import pywt

#输入信号
x = [1, 2, 3, 4, 5, 6, 7, 8]

#一级分解并重构
cA, cD = pywt.dwt(x, 'haar', mode='zero')
y = pywt.idwt(cA, cD, 'haar', mode='zero')
print('x :', x)
print('cA:', cA)
print('cD:', cD)
print('y :', y)
print()

#多级分解并重构
coeffs = pywt.wavedec(x, 'db1', mode='periodic', level=3)
cA3, cD3, cD2, cD1 = coeffs
y = pywt.waverec(coeffs, 'db1', mode='periodic')
print('cA3:', cA3)
print('cD3:', cD3)
print('cD2:', cD2)
print('cD1:', cD1)
print('y :', y)
```

程序运行后输出的结果如图4-42所示，输入信号x由8个数字组成，经单级分解后低频和高频部分各有4个数字，重构后的信号y与x完全相同。多级分解的结果有所不同，第3次分解后的cA_3和cD_3都只有一个元素，cD_2有两个元素，cD_1则有4个元素，合计8个元素，与原始信号相同。当然，上述一致性是建立在输入信号样本数为2的整数幂的基础上，如果样本数是10而不是8，则分解后的结果就不会如此整齐，有兴趣的读者可自行研究。

运用上述原理可以对音频进行分离，下面是用离散小波变换对一段摇滚乐进行分解的例子，如图4-43所示。图中从上到下分别为原始信号、分解出的低频信号、分解出的高频信号和重构信号。分解出的高低频信号听起来截然不同，高频部分相当尖，低频部分则低沉粗糙。

```
x : [1, 2, 3, 4, 5, 6, 7, 8]
cA: [ 2.12132034  4.94974747  7.77817459 10.60660172]
cD: [-0.70710678 -0.70710678 -0.70710678 -0.70710678]
y : [1. 2. 3. 4. 5. 6. 7. 8.]

cA3: [12.72792206]
cD3: [-5.65685425]
cD2: [-2. -2.]
cD1: [-0.70710678 -0.70710678 -0.70710678 -0.70710678]
y : [1. 2. 3. 4. 5. 6. 7. 8.]
```

图 4-42　wavelet_discrete. py 运行结果

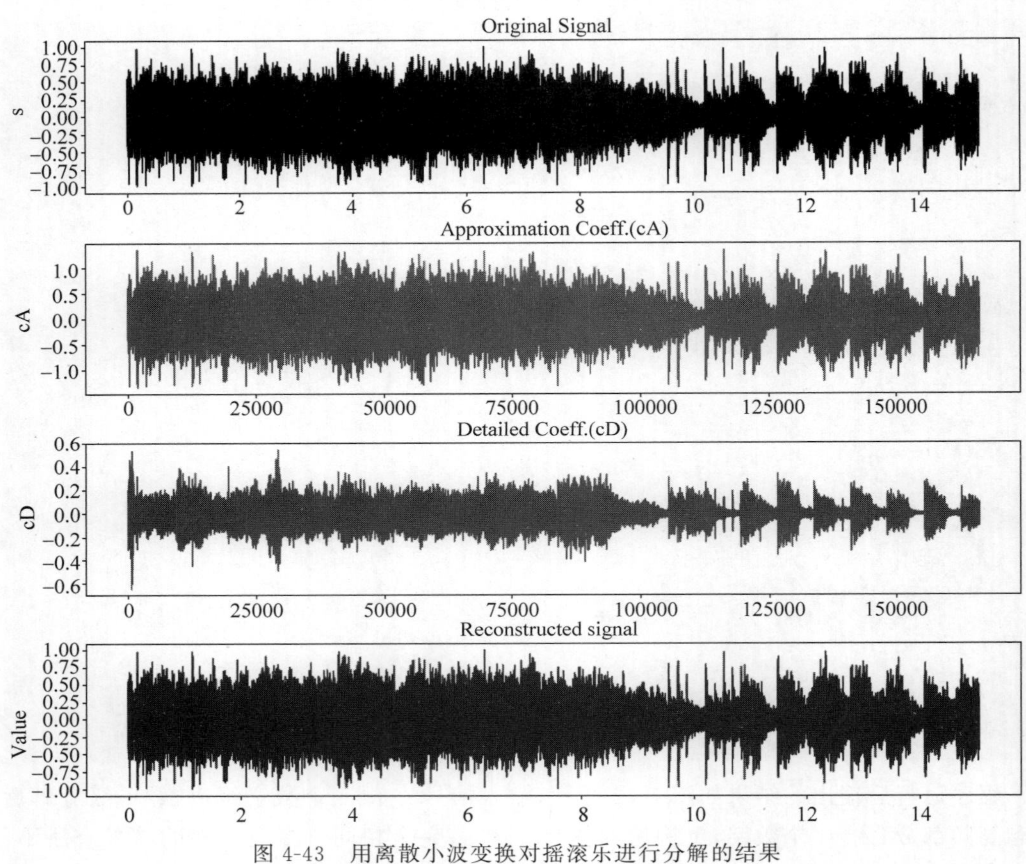

图 4-43　用离散小波变换对摇滚乐进行分解的结果

4.6.4　小波变换的应用

小波变换在非平稳信号的分析和处理过程中有着非常重要的作用，例如语音去噪、清浊音判断等。

基于小波变换的去噪原理，有的 Python 库开发出了基于小波变换的去噪函数，下面用 Skimage 的相关函数对一段音乐进行去噪处理。事实上，Skimage 库是一个基于 SciPy 的图像处理库，不过其中的去噪函数同样可用于音频信号的去噪，程序的代码如下：

```
#第 4 章/wavelet_denoise.py

import numpy as np
import matplotlib.pyplot as plt
import scipy.io as io
import skimage.restoration as sk

#读取音频文件并归一化
rate, data = io.wavfile.read('wav/piano.wav')
data = data/max(data)

#添加噪声
sigma = 0.05
noisy = data + sigma *np.random.randn(data.size)

#去噪
denoised = sk.denoise_wavelet(noisy, wavelet='db1', mode='soft',
                              wavelet_levels=3, method='VisuShrink')

#去噪前后的波形图
plt.figure(figsize=(15, 8))
plt.plot(noisy)
plt.plot(denoised)
```

程序的运行结果如图 4-44 所示，图中振幅较大的波形图是添加噪声后的信号，振幅较小的则是去噪后的信号。

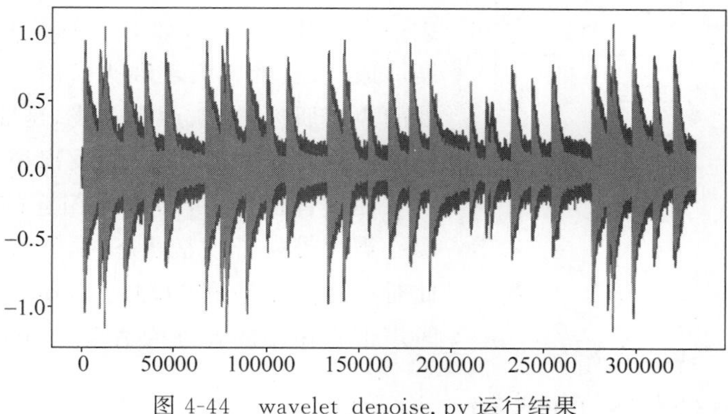

图 4-44　wavelet_denoise.py 运行结果

第 5 章 语音识别基础

语言是人类最重要的交流工具，也是人类区别于其他动物的本质特征。语音信号中除了含有语义信息外，通常还含有说话人特征、性别、年龄、情感等信息。

语音识别，简单来讲就是让机器明白人在说什么，而要做到这一点，需要从语音信号的产生和感知说起。

5.1 语音的产生和感知

5.1.1 语音信号的产生

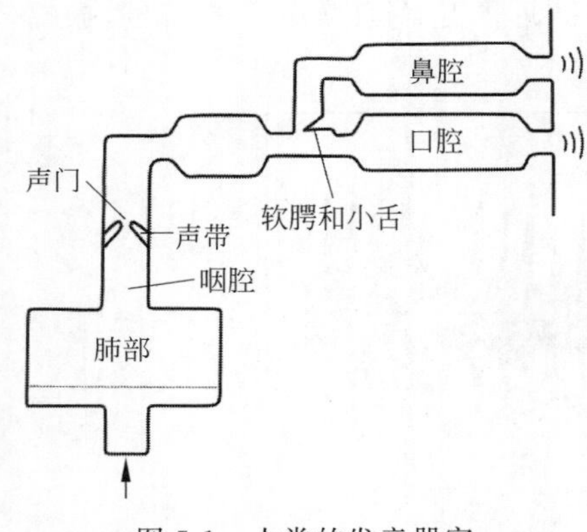

图 5-1 人类的发音器官

人类的发音器官自下而上包括肺部、气管、喉部、咽部、鼻腔、口腔和唇部，它们连成一体，从而形成一个连续的管道，如图 5-1 所示。发音时肺部收缩形成气流，经气管至喉头声门处。发声之初，声门处的声带肌肉收缩、声带并拢，这股气流冲过细小的缝隙使声带产生振动，从而发出声音。

在发音过程中，肺部与相连的肌肉相当于激励源。当声带处于收紧状态时，气流使声带发生振动，此时产生的声音称为浊音（Voiced Sound），而发音时声带不振动的音称为清音（Unvoiced Sound）。

5.1.2 语音信号的感知

1. 听觉的形成

耳是人类的听觉器官。人耳由外耳、中耳、内耳三部分组成，而外耳、中耳、内耳的耳蜗部分才是真正的听觉器官，如图 5-2 所示。

声音经过外耳、中耳和内耳的传导系统，引起耳蜗内淋巴液的振动，这样的刺激使耳蜗内的听觉细胞产生兴奋，将声音刺激转换为神经冲动，沿听觉神经传到大脑皮层的听觉中枢，从而产生听觉。

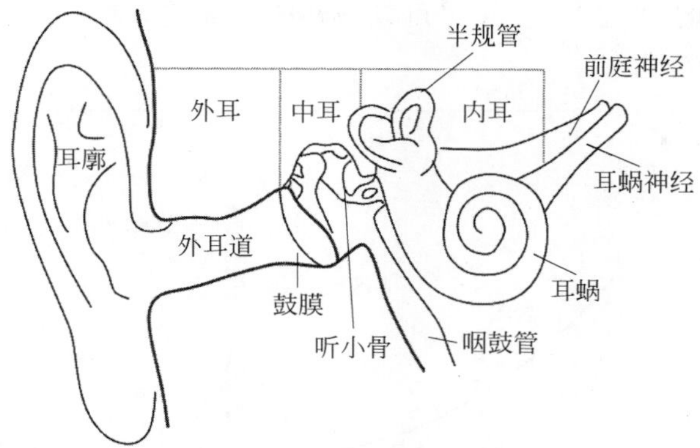

图 5-2　人类的听觉器官

2. 听阈和痛阈

人耳可以听到的声音的频率范围为 20Hz～20kHz，但是声音必须达到一定强度才能引起听觉。刚能引起人耳听觉反应的最小声音刺激量称为听阈，而刚能引起人耳不适或疼痛的最小刺激量称为痛阈。声强超过 140dB 时会在耳膜引起疼痛感觉。实验表明，听阈随频率变化相当剧烈，但痛阈受频率的影响不大，如图 5-3 所示。

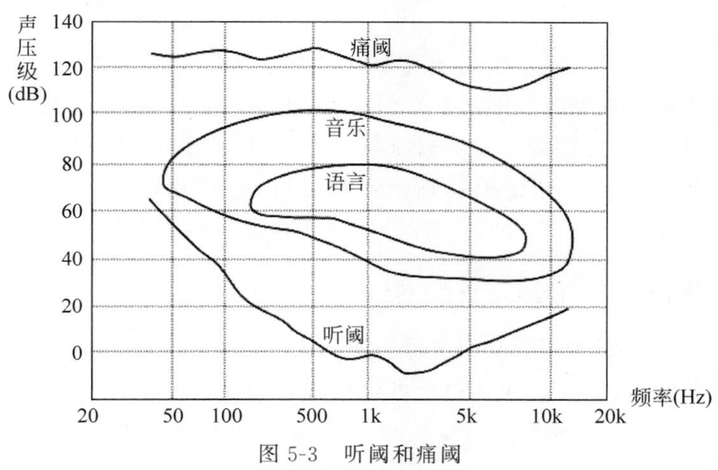

图 5-3　听阈和痛阈

在听觉范围内，人耳对声音的敏感程度随频率变化，听觉最敏感的频率段是 2～4kHz。

3. 掩蔽效应

掩蔽效应是指在一个较强的声音附近，一个较弱的声音将不被人耳感觉到的现象，其中较强的声音称为掩蔽声，较弱的声音称为被掩蔽声。例如，飞机发动机的轰鸣声会淹没人的说话声，此时发动机的声音是掩蔽声，人的说话声则是被掩蔽声。

被掩蔽掉的不可闻信号的最大声压级称为掩蔽门限或掩蔽阈值，这个掩蔽阈值以下的声音都会被掩蔽掉。掩蔽声的存在会使听阈曲线发生变化，如图 5-4 所示。图中最下方的曲线表示在安静环境下人耳可以听到的各种频率声音的最低声压级，由于 1kHz 频率的掩蔽声的存在,听阈曲线发生了变化,本来可以听到的声音变得听不到了,或者说由于掩蔽声的存在而产生了掩蔽效应。

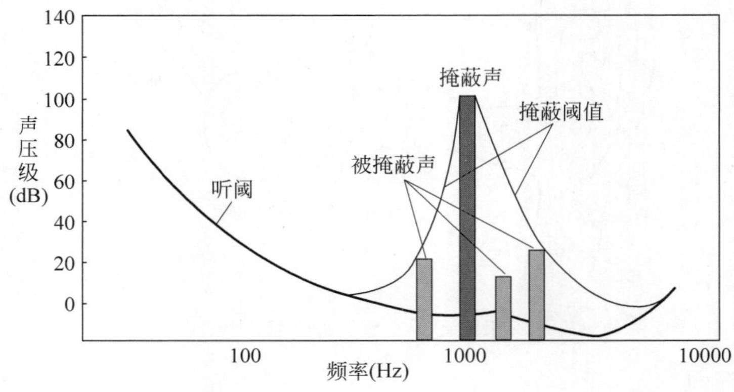

图 5-4 掩蔽效应原理图

掩蔽效应可根据掩蔽声和被掩蔽声是否同时出现分为同时掩蔽和时域掩蔽。

同时掩蔽又称为频域掩蔽,是指在同一时间内一个声音对另一个声音产生掩蔽现象。一般来讲,对于同时掩蔽,掩蔽声愈强、掩蔽声与被掩蔽声的频率越接近,掩蔽效果也越明显。

当两个声音不同时出现时发生的掩蔽效应称为时域掩蔽。时域掩蔽又分为后向掩蔽和前向掩蔽。当掩蔽声和被掩蔽声同时存在时,掩蔽声突然消失后,其掩蔽作用会持续很短一段时间,这种情况称为后向掩蔽。如果被掩蔽声先出现,接着在很短时间内出现了掩蔽声,则这种情况称为前向掩蔽。一般来讲,后向掩蔽可持续 100ms 左右,前向掩蔽则仅可持续 20ms 左右。

5.1.3 语音信号的数字模型

为了定量描述语音处理所涉及的各种因素,人们一直在寻找一个理想的模型,但是,鉴于语音信号的复杂性,目前尚未找到一个可以详细描述所有特征的理想模型。传统的基于声道的语音产生模型包括三部分:激励模型、声道模型和辐射模型,如图 5-5 所示。

1. 激励模型

在发浊音时,气流对声带产生冲击而产生振动,形成间歇的脉冲波。这个脉冲波类似于斜三角形的脉冲,如图 5-6 所示。在发清音时,声道处于松弛状态,此时的声道被阻碍,从而形成湍流,此时的激励信号相当于一个随机的白噪声。

当然,简单地把激励分为清音和浊音这两种情况并不严谨,也有人提出了一些其他的模拟方法,不过也并不完美。

2. 声道模型

对于声道的数学模型有以下两种观点:

(1) 将声道视为多个不同截面积的声管串联而成的系统,称为声道模型,如图 5-7 所示。

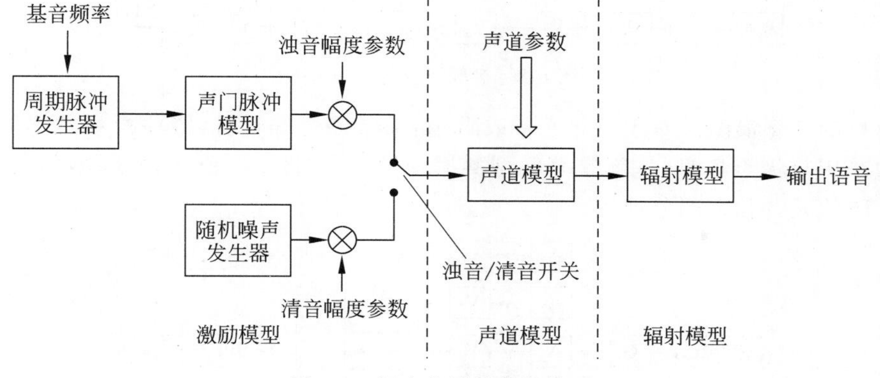

图 5-5 语音信号的数字模型

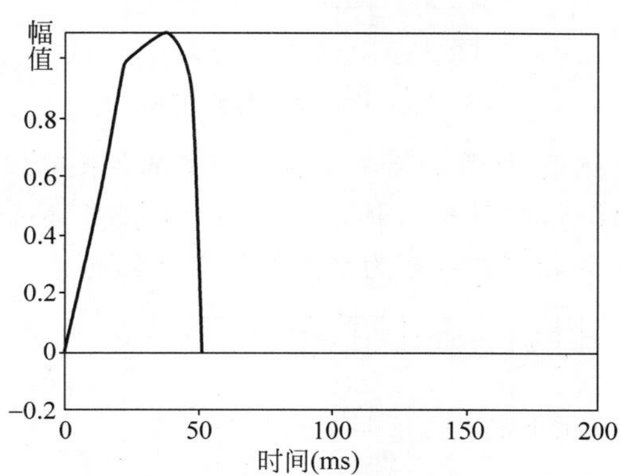

图 5-6 浊音产生的脉冲波

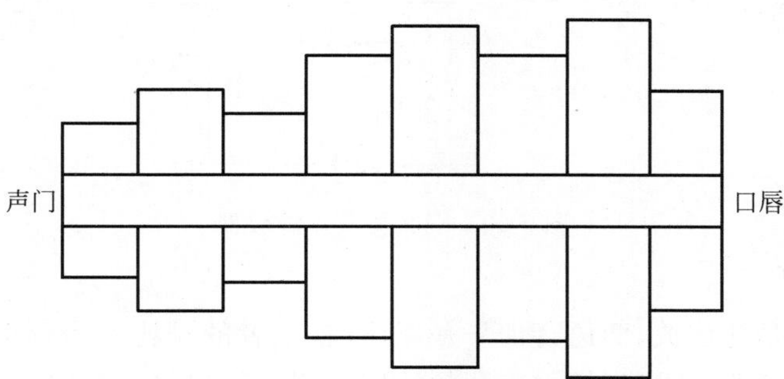

图 5-7 声道的声管模型剖面图

(2) 将声道视为一个谐振腔，而共振峰就是这个腔体的谐振频率，这种模型称为共振峰模型。

基于声学的共振峰理论，可以建立起 3 种共振峰模型：级联型、并联型和混合型。

级联型共振峰模型把声道看作一组串联的二阶谐振器，如图 5-8 所示(图中 G 为幅值因子，下同)。对于一般元音来讲，用级联型模型就可以了。

从共振峰理论来看，整个声道具有多个谐振频率和多个反谐振频率，所以它可被模拟为

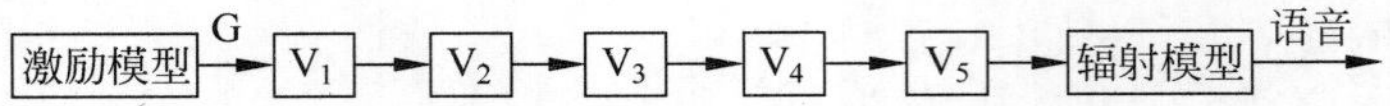

图 5-8 级联型共振峰模型

一个零极点的数学模型。对于鼻化元音或阻塞音、摩擦音等辅音,级联模型就不能胜任了,此时必须采用零极点模型,这就是并联型共振峰模型,如图 5-9 所示,并联型共振峰模型适用于非一般的元音和大部分辅音。

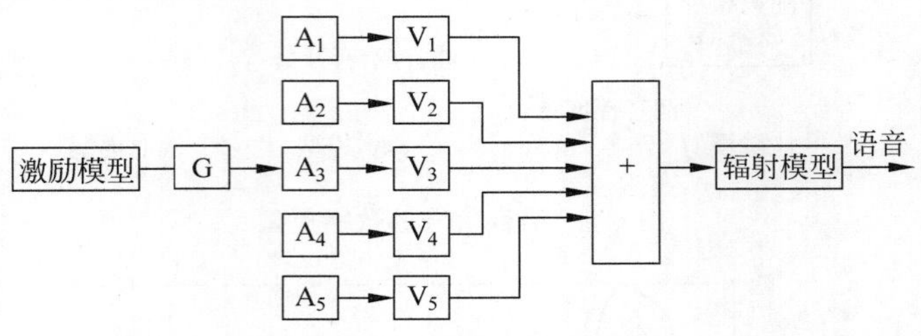

图 5-9 并联型共振峰模型

级联型和并联型各有侧重,如果需要一个较为完备的共振峰模型,则需要将两者结合起来,这就是混合型共振峰模型,如图 5-10 所示。图中并联部分还添加了一条直通路径,其幅度控制因子为 AB,这是专为频谱特性较为平坦的音素准备的。

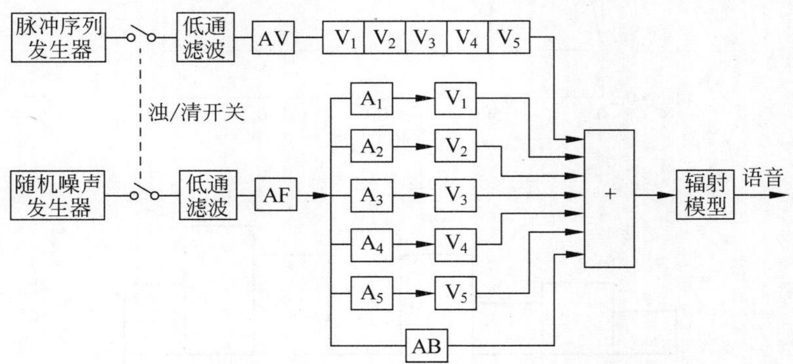

图 5-10 混合型共振峰模型

3. 辐射模型

从声道输出的是速度波,而语音信号是声压波,二者的倒比称为辐射阻抗,它表征口唇的辐射效应。研究表明,口唇端辐射在高频端较为明显,在低频段则影响较小,所以可用一个高通滤波器来表示辐射模型。

5.2 汉语的语音特征

汉语语音的基础是汉语拼音,按照元音和辅音分,可分成 10 个元音和 22 个辅音;如果按声母和韵母分类,则可以分为 21 个声母和 38 个韵母。

5.2.1　元音和辅音

汉语中共有 10 个单元音，又可细分为舌面元音(7 个)、舌尖元音(2 个)和卷舌元音(1 个)3 类，具体如下：

(1) 舌面元音：a，o，e，i，u，ü，ê。

(2) 舌尖元音：i[ɿ]，i[ʅ]。

(3) 卷舌元音：er。

不同的元音是由不同的口腔形状(唇舌状态)造成的。舌位按高低分一般可分为高、半高、半低、低 4 种，按前后分可分为前、中、后 3 种，元音与舌位的关系如图 5-11 所示。

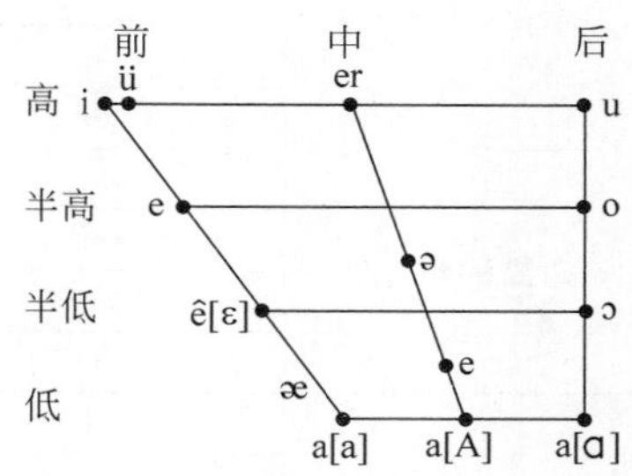

图 5-11　元音与舌位的关系

汉语语音中的 22 个辅音及其分类见表 5-1。辅音按照发音方法可分为鼻音、塞音、擦音、塞擦音、边音等；按照发音部位又可分为双唇音、唇齿音、舌尖音、卷舌音、舌面音、舌根音等。

表 5-1　汉语辅音表

发音方法			双唇音	唇齿音	舌尖音	舌面音	舌根音
塞音	清音	不送气	b		d		g
		送气	p		t		k
塞擦音	清音	不送气			z，zh	j	
		送气			c，ch	q	
擦音	清音			f	s，sh	x	h
	浊音				r		
鼻音	浊音		m		n		ng
边音	浊音				l		

5.2.2　声母和韵母

按照我国传统音素分类方法，汉语音节由声母和韵母拼合而成。声母一般仅包含一个辅音，而韵母则由一个/多个元音或元音和辅音组合而成。

声母共 21 个(不含零声母)，见表 5-2。

表 5-2　汉语声母表

声母	读音	声母	读音	声母	读音	声母	读音	声母	读音	声母	读音
b	波	p	坡	m	摸	f	佛	d	得	t	特
n	讷	l	勒	g	哥	k	科	h	喝	j	基
q	期	x	希	zh	知	ch	吃	sh	诗	r	日
z	资	c	雌	s	思						

韵母共 39 个，又可分为单韵母、复韵母和鼻韵母，见表 5-3。

表 5-3 汉语韵母表

单韵母	-i(前),-i(后)	i	u	ü
	a	ia	ua	
	o		uo	
	e			
	ê	ie		üe
	er			
复韵母	ai		uai	
	ei		uei	
	ao	iao		
	ou	iou		
鼻韵母	an	ian	uan	üan
	en	in	uen	ün
	ang	iang	uang	
	eng	ing	ueng	
	ong	iong		

元音和辅音、声母和韵母是两种不同的分类方法。元音和辅音是国际上通行的一种分类法,不只汉语有,其他语言也有,但声母和韵母却是汉语独有的。另外,元音和辅音是按发音方式划分的,而声母和韵母则是按音节中的位置区分的。不过,两者之间又有着一定的联系,例如声母一般是辅音,而元音都是韵母。

5.2.3 音素

在汉语里,音素是最小的语音单位,而音节则是说话时的发音单位,可以从听觉上把它们分开。音节由一个或多个音素组成,单个元音音素也可自成音节。

汉语一般是一字一音节,仅有两种例外情况:

(1) 一字两音节,如瓩(音"千瓦"),但这种用法已很罕见。

(2) 儿化音,如"花儿"虽是两字,儿化后只有一个音节。

连续发音时音素可能产生变形,主要有以下几种情况。

(1) 协同发音:连续语音中的音素会受到前后音响的影响而发生变形,称为协同发音。例如复合元音 uai,韵腹 a 发音时,声道形状是由韵头 u 的形状转换而来的,而且还要为转换为韵尾 i 的形状做准备。

(2) 轻声:汉语拼音里面只有阴平、阳平、上声和去声 4 个声调,但在有些情况下某个音节会失去原有的声调,而读成一个又轻又短的调子,这就是"轻声"。例如,"姐"字是三声,可是在"姐姐"这个词中,后一个"姐"字失去了原来的声调,读得比第 1 个"姐"轻得多,成为一个轻声音节。不过,轻声并不是第 5 种声调,而是四声的一种特殊音变,具体表现为"音长变短、音强变弱"。

(3) 变调:两个字连续使声调发生变化称为变调。例如两个三声字连在一起读时,前一个三声字受到后一个字的影响会变成二声字,如"你好""理想"等。

5.2.4 音调

汉语中每个音节都对应一定的音调，除轻音外，音调有 4 种变化：阴平、阳平、上声、去声。同一个声母和韵母构成的发音，如音调不同，则对应的字也不同，意思也不一样。例如“妈、麻、马、骂”4 个字的声母和韵母均相同，但音调不同，意思也截然不同。

声调可以用“五度标调法”来标注，如图 5-12 所示。在“五度标调法”中，声调用数字 1～5 分成“低、次低、中、次高、高”5 个等级，如果是直线型，则只需记起点与终点的度数，如果是曲线型，则需要加记曲折起落的度数。

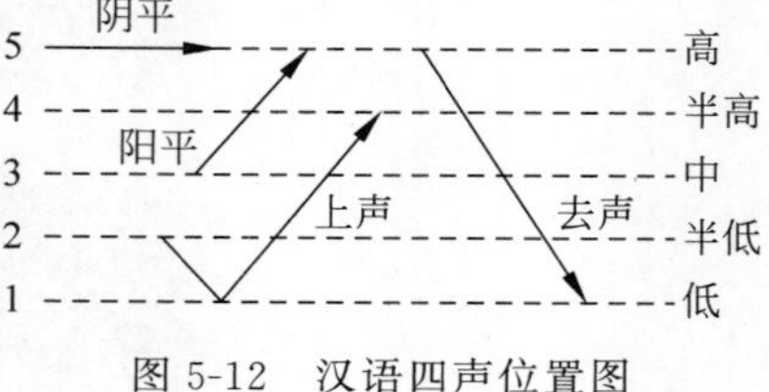

图 5-12 汉语四声位置图

普通话中的四声用五度标调法标注如下：

（1）一声（阴平）：55。

（2）二声（阳平）：35。

（3）三声（上声）：214。

（4）四声（去声）：51。

5.3 元音与共振峰

共振峰是指在声音的频谱中能量相对集中的一些区域。在频谱图上，共振峰是包络线的极大值，如图 5-13 所示。

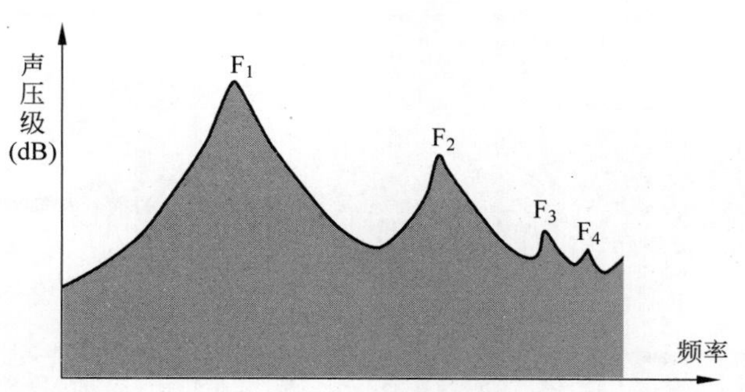

图 5-13 共振峰示意图

元音在发音时会同时受到舌头位置和嘴唇形状的影响，产生多个共振频率，因此一个元音会有 3～5 个共振峰。研究表明，一个元音通常用 3 个共振峰就可以表示出来，而复杂的辅音或鼻音，则需要用 5 个共振峰来表示。

共振峰是频谱图上包络线的极大值，但是频谱图的局部峰值往往很多且不容易观察。语音学软件 Praat 对共振峰的功能进行了强化，极大地简化了共振峰的观察，如图 5-14 所示，Praat 中专设了 Formant 的菜单栏，不但可以在图形上显示共振峰，还能列出共振峰的值。

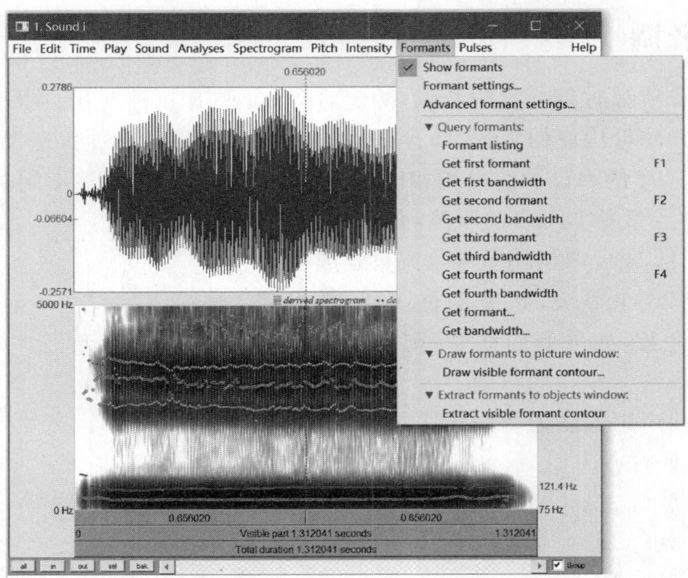

图 5-14　Praat 中的共振峰菜单

Praat 中元音 a、o、i 的共振峰如图 5-15～图 5-17 所示，每幅图的上半部分为波形图，下半部分为语谱图，语谱图中的红点组成了共振峰。为了精确地了解共振峰的频率数据，每幅图的右下角还显示了 Praat 识别的前 4 个共振峰的数据（F_1 代表第 1 共振峰，F_2 代表第 2 共振峰，F_3 代表第 3 共振峰，第 4 共振峰一般用不到）。

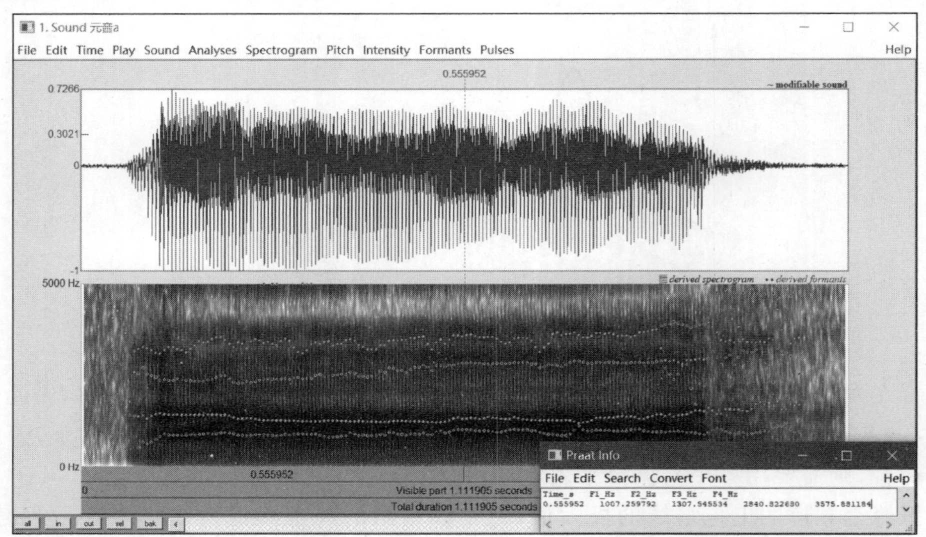

图 5-15　元音 a 的共振峰

从图 5-15～图 5-17 中可以看出，元音 a 的 F_1、F_2 约为 1007Hz、1308Hz，元音 o 的 F_1、

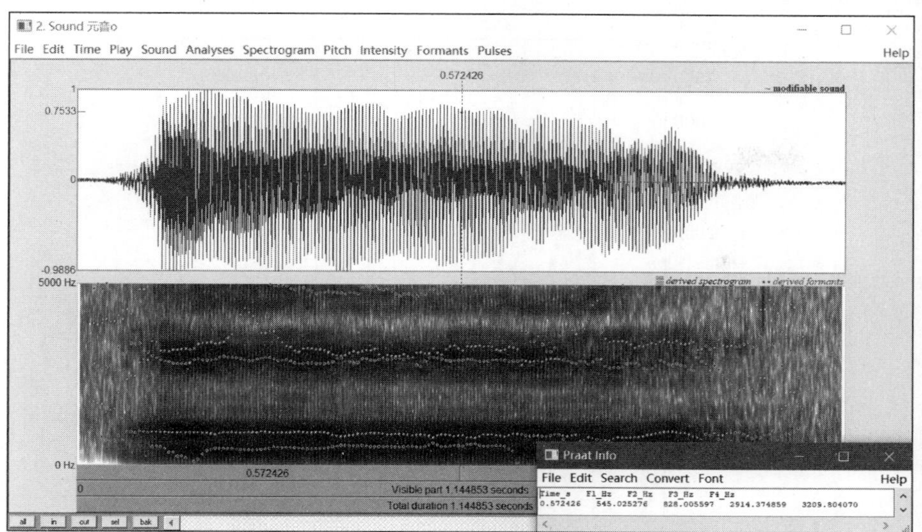

图 5-16 元音 o 的共振峰

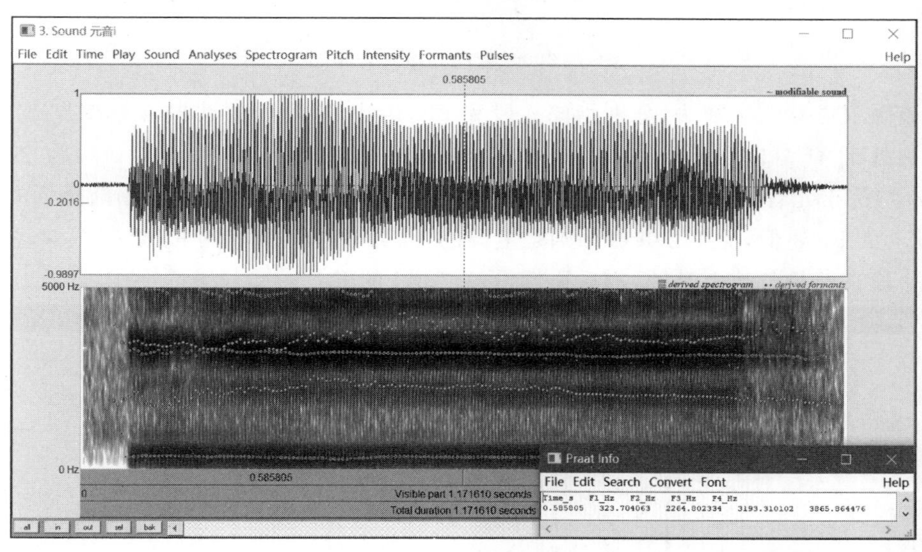

图 5-17 元音 i 的共振峰

F_2 约为 545Hz、828Hz；元音 i 的 F_1、F_2 约为 324Hz、2265Hz。当然，这只是某个人的共振峰数据。那么，元音的第 1、第 2 共振峰是否有什么共性呢？大量实验表明，每个元音的第 1、第 2 共振峰大致在一个区间内，它们的位置关系如图 5-18 所示。由于女性的声音频率高于男性的频率，因此总体而言，女声的共振峰也处于区间内频率较高的位置，男声则处于频率较低的位置。

以上是单元音的共振峰图，复元音（复韵母）中的共振峰要复杂一些。复韵母 ai 的语谱图如图 5-19 所示，其中语音部分大致可以分成 3 部分：左边的 a 段、右边的 i 段和中间的过

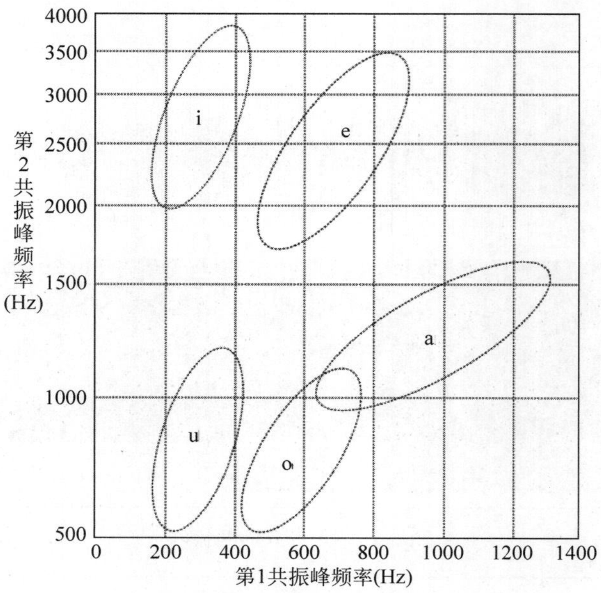

图 5-18　元音的共振峰分布图

渡段。该图下方有两个箭头，分别指向 a 段和 i 段某处，这两处的共振峰频率见下方标注。左方箭头处的 F_1 和 F_2 约为 754Hz 和 1316Hz，右方箭头处的 F_1 和 F_2 约为 251Hz 和 2418Hz，均位于元音 a 和 i 的频率范围内。不难看出，第 1 共振峰其实是逐渐降低的，因为 i 的 F_1 比 a 的 F_1 要低，而第 2 共振峰则是上升的，因为 i 的 F_2 比 a 的 F_2 要高不少，在 a 段结束后有一段甚至是急速上升的，之后再慢慢过渡到 i 的 F_2。

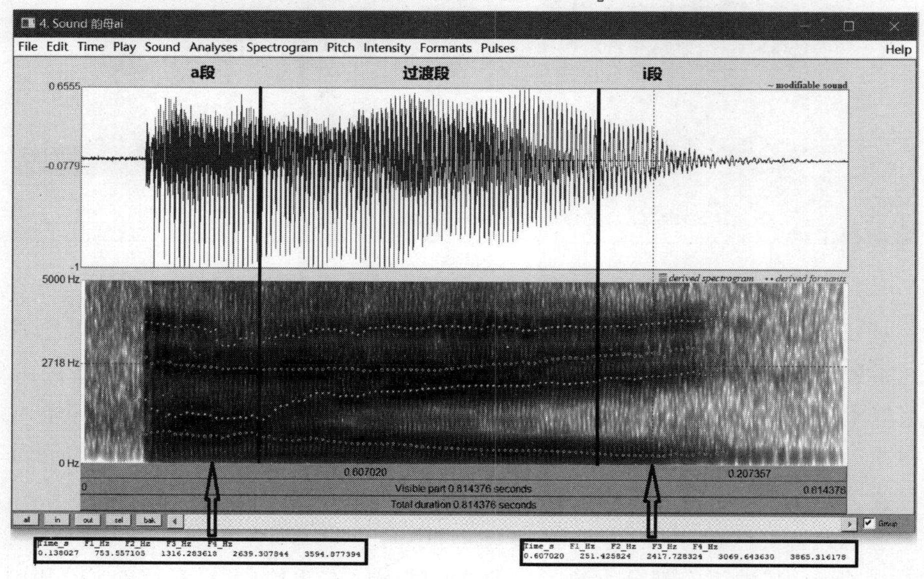

图 5-19　复韵母 ai 的语谱图

用同样的方法可以观察其他韵母的共振峰，有的韵母甚至更为复杂，如复韵母中的 uai 和鼻韵母中的 uang，有兴趣的读者可以自行研究。

5.4 语音端点检测

在对语音信号进行处理时，语音的端点检测是非常重要的一环。语音端点检测（Endpoint Detection，EPD）是指从包含语音的信号中确定语音的起点和终点。本节将介绍几种常用的端点检测方法。

5.4.1 音量法

基于音量进行端点检测是最简单高效的方法，Librosa 中的 trim() 函数就是基于音量（分贝数）来判断是否是静音段，从而对音频头尾进行修剪，该函数原型如下：

```
librosa.effects. trim(y, *, top_db=60, ref=np.max, frame_length=2048, hop_length =512, aggregate =np.max) -> Tuple[np.ndarray, np.ndarray]

【参数说明】
(1) y：待处理音频信号。
(2) top_db：最高的分贝数，将此阈值以下视为静音。
(3) ref：参考振幅。
(4) frame_length：每个分析帧的样本数。
(5) hop_length：帧移。
(6) aggregate：总计，用于通道间总计。

【返回值】
(1) y_trimmed：修剪后的信号。
(2) index：修剪位置的索引值，每个通道有两个值。
```

下面用一个简单的例子演示用 trim() 函数进行静音检测的方法，代码如下：

```
#第 5 章/EPD_trim.py

import librosa
import librosa.display
import matplotlib.pyplot as plt

#读取音频文件并修剪
y, sr = librosa.load('wav/withblank.wav', sr=None)
y2, index = librosa.effects.trim(y, top_db=25)
print(len(y), len(y2))
print(index)

#绘制修剪前后波形图
fig, ax = plt.subplots(nrows=2, ncols=1)
librosa.display.waveshow(y, sr=sr, ax=ax[0])
```

```
ax[0].vlines(index[0]/sr, -0.5, 0.5, colors='r') #左分割线
ax[0].vlines(index[1]/sr, -0.5, 0.5, colors='r') #右分割线
librosa.display.waveshow(y2, sr=sr, ax=ax[1])
plt.show()
```

程序的运行结果如图 5-20 所示,图中上半部分是原波形图,下半部分是修剪后语音的波形图。程序中将阈值设为 25dB,凡是低于此值的都视作静音,返回值中的 index 显示了切割位置,索引位置为 28672 和 101376,如图 5-21 所示,其间有 72704 个样本。原音频信号共 121200 个样本,处理后的信号有 72704 个样本,与索引位置间的距离一致。为了便于观察,上方图中标出了两个索引的位置。

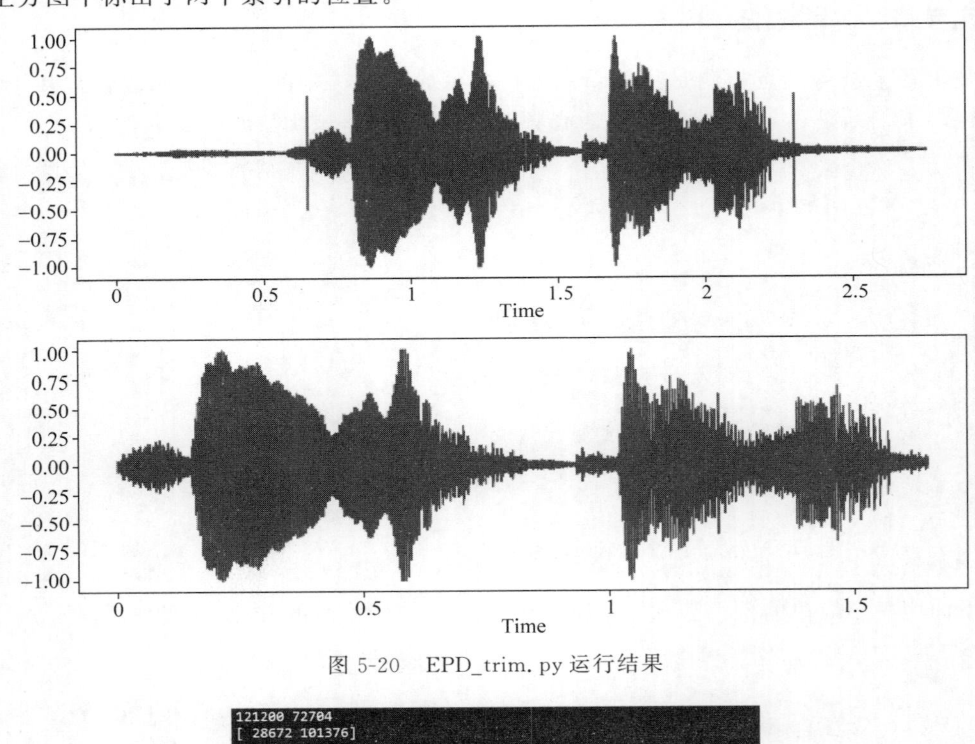

图 5-20　EPD_trim.py 运行结果

```
121200 72704
[ 28672 101376]
```

图 5-21　切割位置索引

不过,trim()函数只能对两端进行切割,而在语音序列中音节与音节之间也会有静音段,对这些位置进行切割需要用 librosa.effects.split()函数,该函数原型如下:

```
librosa.effects.split(y, *, top_db=60, ref=np.max, frame_length=2048, hop_
length=512, aggregate=np.max) -> np.ndarray
```

【参数说明】
(1) y:待处理音频信号。
(2) top_db:最高的分贝数,将此阈值以下视为静音。

```
(3) ref：参考振幅。
(4) frame_length：每个分析帧的样本数。
(5) hop_length：帧移。
(6) aggregate：总计,用于通道间总计。

【返回值】
intervals：切割点的数组,intervals[i]==(start_i,end_i)是切割点的起始和终点。
```

上述 split()函数只是标出切割点的位置,如果需要将静音段去除的音频重新组成一个文件,则需要用 librosa. effects. remix()函数进行处理,该函数原型如下:

```
librosa.effects.remix(y, intervals, *, align_zeros=True) -> np.ndarray

【参数说明】
(1) y：音频时间序列。
(2) intervals：指示起始和终点的数组。
(3) align_zeros：如果为 True,则 interval 的分界处将匹配到最近的过零点。

【返回值】
y_remix：重混后的音频信号。
```

下面的例子将通过 split()和 remix()两个函数对音频进行检测并重新组合成一个新文件,代码如下:

```
#第 5 章/EPD_split.py

import librosa
import librosa.display
import matplotlib.pyplot as plt

#读取音频文件并分割、重混
y, sr = librosa.load('wav/withblank.wav', sr=None)
intervals = librosa.effects.split(y, top_db=25)    #分割
y2 = librosa.effects.remix(y, intervals)           #重混
print(len(y), len(y2))
print(intervals.shape)
print(intervals)

#绘制处理前后波形图
fig, ax = plt.subplots(nrows=2, ncols=1)
librosa.display.waveshow(y, sr=sr, ax=ax[0])
for i in intervals:
   ax[0].vlines(i[0]/sr, -0.5, 0.5, colors='r')
   ax[0].vlines(i[1]/sr, -0.5, 0.5, colors='r')

librosa.display.waveshow(y2, sr=sr, ax=ax[1])
plt.show()
```

程序的运行结果如图 5-22 所示,split()函数从原始语音中分离出两个非静音段,经过

重混后形成新的音频信号，样本数从原来的 121200 个减少到了 68578 个，如图 5-23 所示。

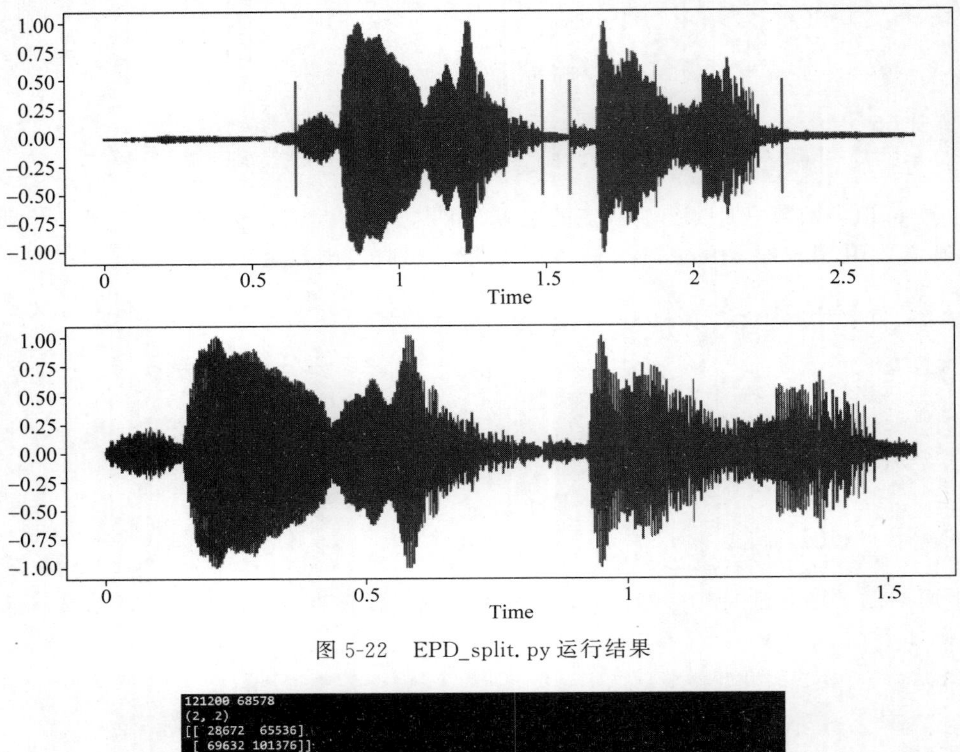

图 5-22　EPD_split.py 运行结果

```
121200 68578
(2, 2)
[[ 28672  65536]
 [ 69632 101376]]
```

图 5-23　程序输出的样本数等数据

基于音量的端点检测非常简单，但也有着相当的局限性。由于音量是判断端点的唯一标准，因而阈值的选择显得非常重要。如果语音较为干净且没有什么噪声，则此方法的效果也会不错，但是如果噪声较大或者说话时音量忽高忽低，则效果就差强人意了。

5.4.2　平均能量法

基于短时平均能量进行端点检测也是一种较为简单的办法。在 4.3.2 节曾介绍过平均能量的计算方法，并据此绘制了平均能量图，在此基础上设定阈值也能进行端点检测，如图 5-24 所示。根据图中的端点可以将静音段去除，重混后就是去静音后的语音信号，代码从略。

5.4.3　双门限法

双门限法是基于短时平均能量和过零率进行端点检测的一种方法。汉语中的韵母能量较高，可以通过平均能量来判断，而声母频率较高，可通过过零率来判断，两者的结果就能找出汉语的声母和韵母，从而进行端点识别。

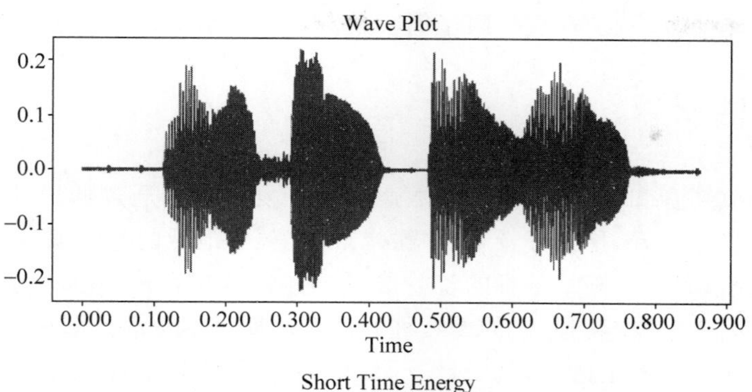

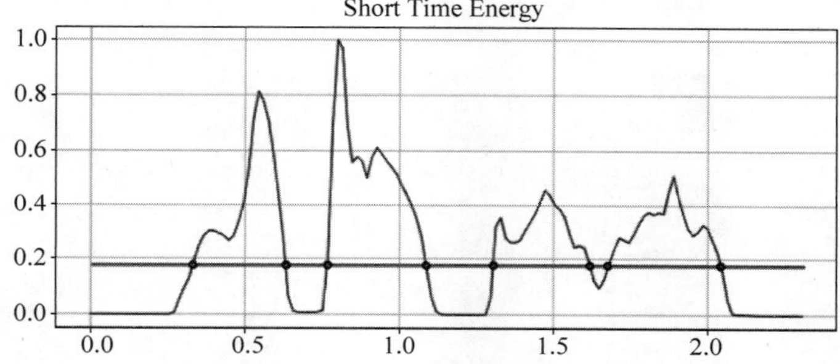

图 5-24　平均能量法进行端点检测

双门限法进行语音端点检测的过程如图 5-25 所示，具体如下：

(1) 在短时能量线上设定一个较高的阈值 T_1 并据此找到端点 A 与 B。

(2) 在短时能量线上设定一个较低的阈值 T_2 并将(1)中的端点向外延伸找到 T_2 与能量线的交点 C 与 D。

(3) 在过零率曲线上设置阈值 T_3，并将(2)中获得的端点向外延申至 T_3 与过零率曲线的交点 E 与 F，这就是这段语音的起点和终点。

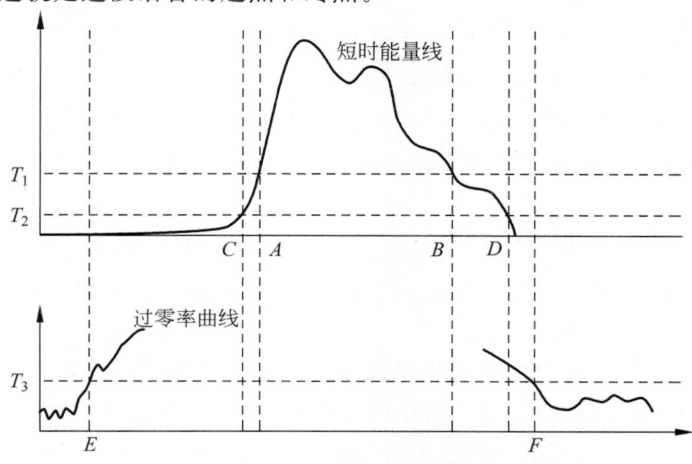

图 5-25　双门限法进行语音端点检测的过程

语音端点检测的方法还有很多,限于篇幅就不一一介绍了。

5.5 基音估计

声音可以分成纯音和复合音,而大多数声音属于复合音。通过傅里叶变换可以把复合音分解为一定数目的纯音,称为分音,其中振幅最大、频率最低的分音就是基音,其他分音的振幅一般比基音小,而频率则是基音的整数倍,称为陪音,在音乐中称为泛音。基音的振动频率被称为基音频率,简称基频,它的倒数称为基音周期。窄带语谱图中一条条水平条纹自下而上依次表示元音的各个谐波,其中最下面的一条通常就是基音,如图 5-26 所示。

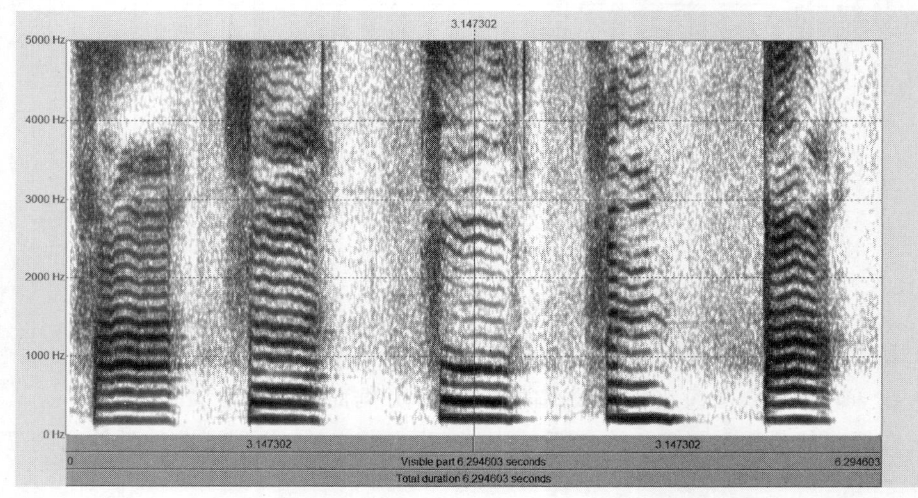

图 5-26　五个汉字的窄带语谱图

基音的检测和估计是语音处理中一个十分重要的问题,但同时也是一个相当棘手的问题,因为基音频率的精确估计实际上相当困难。首先,不同的人的基音频率往往是不一样的。一般来讲,男声频率较低,女声和童声频率较高,其次,一个人的基音频率受到多种音素的影响。声带结构和发音习惯构成了个人声音的特质,但是随着年龄变化,这些特质也会发生变化,而由于环境的影响或者说话人情绪的变化,即使是同一个字的发音,其基频也会有所不同。

尽管基音估计存在着诸多困难,但是鉴于其重要性,对基音估计的研究始终在进行。

由于一段语音的基频往往是变化的,所以基音估计的第 1 步是对音频信号进行分帧,然后逐帧提取基频。

基频提取的方法大致可分为时域法和频域法两大类。时域法是以波形图为基础,寻找波形的最小正周期。频域法则先通过傅里叶变换得到频谱,频谱上基频的整数倍处会有尖峰,频域法就是求出这些尖峰频率的最大公约数,如图 5-27 所示。

需要注意的是,并非每帧都有基频,提取基频时还需要判断基频的有无。此外,逐帧提

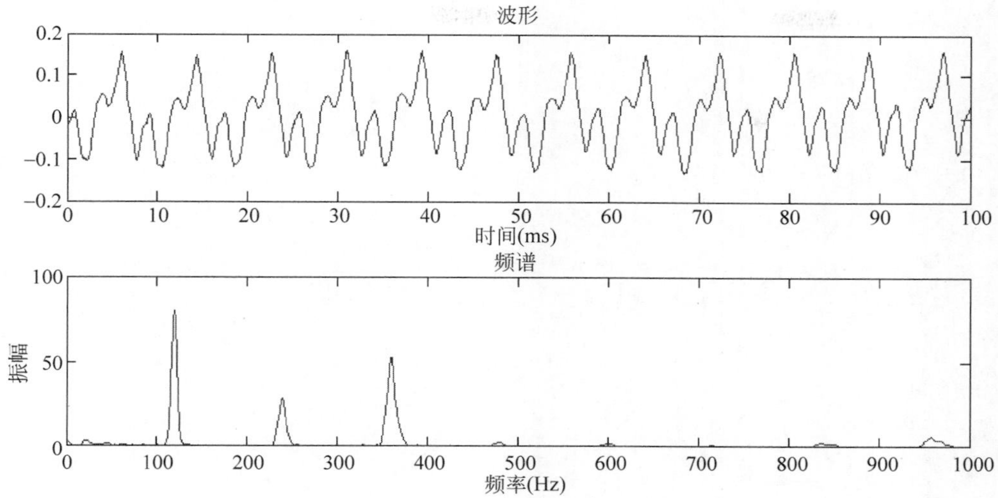

图 5-27 频域法基频提取示意图

取的基频常常含有错误,其中最常见的错误是倍频错误和半频错误,即提取出的基频是实际基频的数倍或者一半。

基音检测的算法很多,常见的有自相关法、倒谱法、YIN 算法、pYIN 算法等。Librosa 中提供了用 YIN 算法和 pYIN 算法进行基音检测的函数。

YIN 算法的名称取自东方哲学中阴阳的阴,算法的核心思想是在差函数上寻找谷值,而不是在自相关函数上寻找峰值。该算法出自一篇名为 *YIN, A Fundamental Frequency Estimator for Speech and Music* 的论文,其在 Librosa 中的函数原型如下:

```
librosa.yin(y, *, fmin, fmax, sr=22050, frame_length =2048, win_length=None, hop
_length=None, trough_threshold=0.1, center =True, pad_mode=" constant") ->
np.ndarray

【参数说明】
(1) y: 音频时间序列。
(2) fmin: 最小频率,单位为 Hz,推荐值为 librosa.note_to_hz('C2'),约 65Hz。
(3) fmax: 最大频率,单位为 Hz,推荐值为 librosa.note_to_hz('C7'),约 2093Hz。
(4) sr: y 的采样率。
(5) frame_length: 帧长。
(6) win_length: 窗长。
(7) hop_length: 帧移。
(8) trough_threshold: 峰值估计的绝对阈值。
(9) center: 是否中心对齐。
(10) pad_mode: 填充模式,仅在 center=True 时有效。

【返回值】
f0: 基频的时间序列,单位为 Hz。
```

下面举一个简单的例子说明其用法,代码如下:

```
#第 5 章/pitch_yin.py

import librosa
import matplotlib.pyplot as plt

#生成啁啾信号并提取基频
fmin = 440
fmax = 880
y = librosa.chirp(fmin=fmin, fmax=fmax, duration=1.0)
f0 = librosa.yin(y, fmin=fmin, fmax=fmax)
print(f0)

#绘制基频图
t = librosa.times_like(f0)
plt.plot(t, f0, '_', linewidth=1)
plt.xlabel('Time')
plt.ylabel('F0')
```

程序运行后将产生如图 5-28 所示的基频序列，绘制出的基频图则如图 5-29 所示。

```
[750.1475413  444.47709273 447.62799609 454.81924124 462.2711191
 469.77874612 477.39861342 485.11984747 492.97368664 501.04255072
 509.1062392  517.328343   525.77761824 534.29107266 542.92827901
 551.80305899 560.6965497  569.77855225 579.07684054 588.40314894
 598.06362901 607.73298916 617.58467429 627.63081002 637.69327889
 648.17272341 658.47529799 669.40385367 680.07206845 691.32944244
 702.37915636 713.95022932 725.38541689 737.30226567 749.06453681
 761.41802069 773.427765   786.41036729 798.84629944 812.11180987
 825.14711758 838.55610283 852.32846141 882.        ]
```

图 5-28　程序输出的基频序列

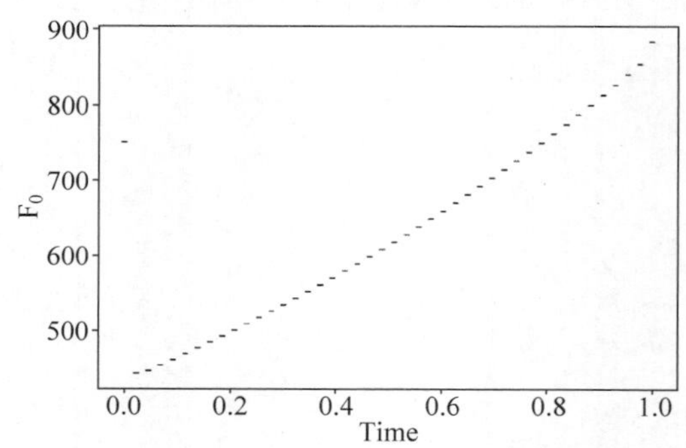

图 5-29　pitch_yin. py 生成的基频序列图

Librosa 中提供的另一个基音估计算法是 pYIN 算法，出自 Matthias Mauch 和 Simon Dixon 于 2014 年发表的一篇名为 *pYIN：A Fundamental Frequency Estimator Using Probabilistic Threshold Distributions* 的论文。该算法是 YIN 算法的改进版，它先采用 YIN 算法计算 F_0 的候选值及概率，然后用 Viterbi 算法估计出最有可能的 F_0 序列。

该函数在 Librosa 中的原型如下：

```
librosa.pyin(y, *, fmin, fmax, sr=22050, frame_length=2048, win_length=None, hop_
length=None, n_thresholds=100, beta_parameters=(2, 18), boltzmann_parameter=2,
resolution=0.1, max_transition_rate=35.92, switch_prob=0.01, no_trough_prob=
0.01, fill_na=np.nan, center=True, pad_mode="constant") -> Tuple[np.ndarray, np.
ndarray, np.ndarray]
```

【参数说明】

(1) y：音频时间序列。
(2) fmin：最小频率，单位为 Hz，推荐值为 librosa.note_to_hz('C2')，约 65Hz。
(3) fmax：最大频率，单位为 Hz，推荐值为 librosa.note_to_hz('C7')，约 2093Hz。
(4) sr：y 的采样率。
(5) frame_length：帧长。
(6) win_length：窗长。
(7) hop_length：帧移。
(8) n_thresholds：峰值估计阈值数。
(9) beta_parameters：Beta 分布的 shape 参数。
(10) boltzmann_parameter：玻耳兹曼分布的 shape 参数。
(11) resolution：音高 bins 的分辨率。
(12) max_transition_rate：最大音高跃迁率。
(13) switch_prob：从清音转浊音或从浊音转清音的转换概率。
(14) no_trough_prob：当无波谷低于阈值时添加到全局最小值的最大概率。
(15) fill_na：清音帧的 F0 的默认值。
(16) center：是否中心对齐。
(17) pad_mode：填充模式，仅在 center=True 时有效。

【返回值】

(1) f0：基频的时间序列，单位为 Hz。
(2) voiced_flag:是否是浊音帧的布尔值标志的时间序列。
(3) voiced_prob：某帧是浊音帧的概率的时间序列。

下面的例子将用 pYIN 算法对一段音乐进行基音估计并在语谱图上进行标注，代码如下：

```
#第 5 章/pitch_pyin.py

import librosa
import numpy as np
import matplotlib.pyplot as plt

#读取音频文件
y, sr = librosa.load('wav/trumpet.wav')
mag = np.abs(librosa.stft(y))
db = librosa.amplitude_to_db(mag, ref=np.max)

#用 pYIN 算法进行基音估计
fmin=librosa.note_to_hz('C2')
fmax=librosa.note_to_hz('C7')
f0, flag, prob = librosa.pyin(y, fmin=fmin, fmax=fmax)
```

```
#绘制语谱图并标出基音轨迹
t = librosa.times_like(f0)
fig, ax = plt.subplots()
graph = librosa.display.specshow(db, x_axis='time', y_axis='log', ax=ax)
ax.set(title='F0 by pYIN')
fig.colorbar(graph, ax=ax, format="%+2.f dB")
ax.plot(t, f0, label='F0', color='blue', linewidth=5)
ax.legend(loc='upper right')
```

程序的运行结果如图 5-30 所示,图中用蓝色线条标出了基音序列,这段线条与语谱图中最下面的条纹重合。

彩图

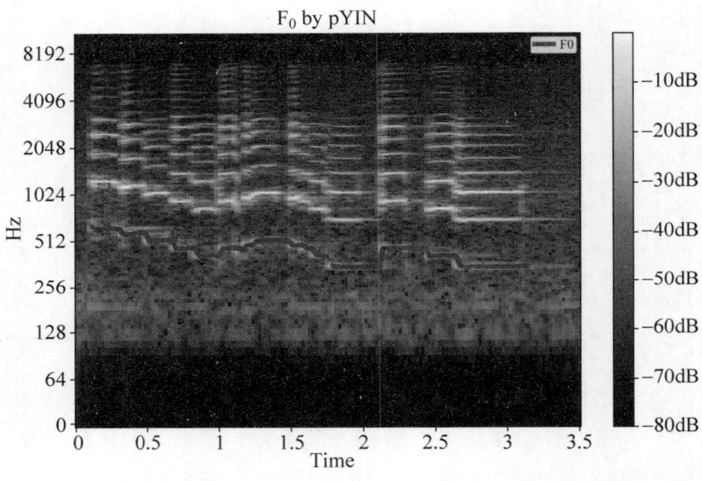

图 5-30 pitch_pyin. py 运行结果

5.6 梅尔倒谱系数

梅尔倒谱系数(Mel-Frequency Cepstral Coefficients,MFCC)是一种音频特征提取方法,常用于语音识别等领域,其流程如图 5-31 所示。

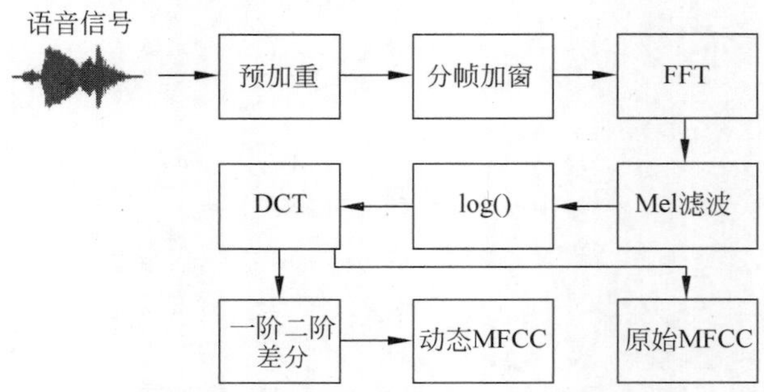

图 5-31 梅尔倒谱系数计算流程图

5.6.1　MFCC 特征提取步骤

MFCC 特征提取分为以下几步。

1. 预加重

预加重的目的是对信号的高频部分进行强化处理。预加重处理其实是将语音信号通过一个高通滤波器,其函数表达式如下:

$$y(n)=x(n)-\alpha \cdot x(n-1) \tag{5-1}$$

其中,α 为预加重系数,一般取 0.97。

预加重前后的效果如图 5-32 所示,图中上半部分为预加重前的原始信号,下半部分为预加重后的信号。显而易见,经过预加重后高频部分得到了加强。

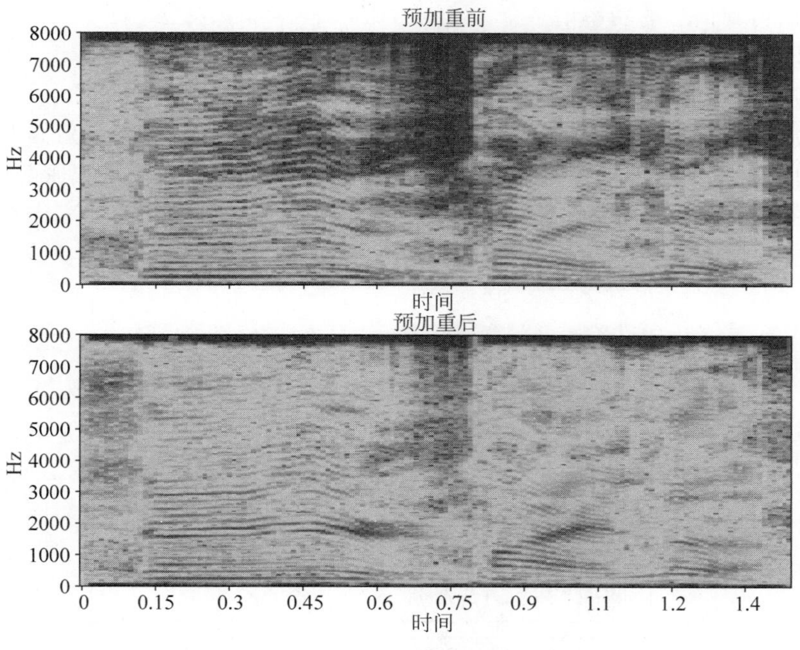

图 5-32　预加重前后的效果

2. 分帧与加窗

分帧就是将较长的信号切分成较短的小段,其中每段信号都称为一帧;相邻的两帧一般会有重叠的部分,每帧窗口都会沿时间轴作一次平移,称为帧移,如图 5-33 所示。假设帧长为 400,帧移为 160,则第 1 帧是第 1~400 个样本点,第 2 帧是第 161~560 个样本点,以此类推。如果最后一帧不足 400 个样本点,则一般在后面用 0 填充,填充的部分称为 Padding。与短时傅里叶变换一样,MFCC 提取时也需要加窗。

3. 傅里叶变换

经过上述预处理后的信号用傅里叶变换转换为频谱,此步和上一步合并其实就是短时

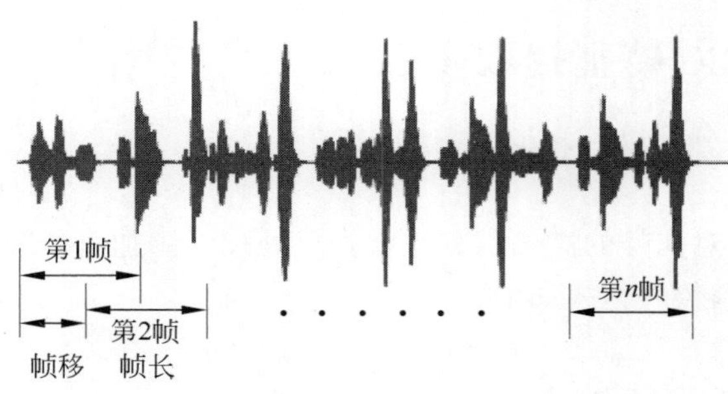

图 5-33　分帧示意图

傅里叶变换,MFCC 在实现时一般会调用此函数,Librosa 中的 mfcc()函数就是如此。傅里叶变换后可以得到信号的功率谱。

4. 梅尔滤波器组

接下来用梅尔滤波器组对功率谱进行滤波,计算每个滤波器里的能量。

梅尔滤波器组是由若干个带通滤波器组成的,每个滤波器都具有三角滤波特性。在梅尔频率范围内,这些滤波器是等带宽的,因此梅尔滤波器组表现为低频端密集、高频端稀疏的特性,如图 5-34 所示。将梅尔滤波器组和傅里叶变换后计算得到的功率谱相乘即可得到梅尔频谱。

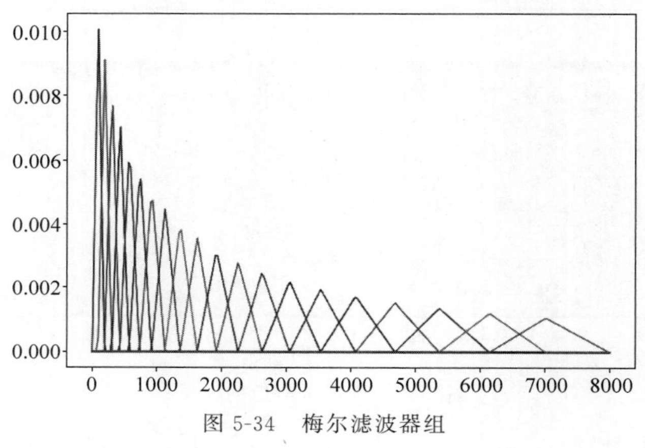

图 5-34　梅尔滤波器组

为了方便调用,Librosa 中提供了梅尔频谱函数,其原型如下:

```
librosa.feature.melspectrogram(*, y=None, sr=22050, S=None, n_fft=2048, hop_
length =512, win_length=None, window="hann", center=True, pad_mode ="constant",
power=2.0, n_mels=128, fmin=0.0, fmax=None, htk=False, norm="slaney", dtype=np.
float32) -> np.ndarray
```

【参数说明】

(1) y: 音频时间序列。
(2) sr: y 的采样率。

(3) S：语谱图，如果提供该参数，则将直接用此计算。
(4) n_fft：快速傅里叶变换的序列长度。
(5) hop_length：帧移。
(6) win_length：窗长；如果未指定，则 win_length=n_fft，当然也可不同。
(7) window：指定的窗函数，默认为汉宁窗。
(8) center：是否中心对齐。
(9) pad_mode：填充模式，默认用 0 填充。
(10) power：梅尔频谱幅值的幂指数，默认值为 2.0。
(11) n_mels：梅尔滤波器的数量。
(12) fmin：最小频率。
(13) fmax：最大频率。
(14) htk：如果为 True，则采用 HTK 公式，否则采用 Slaney 公式。
(15) norm：归一化方式，具体可参照 librosa.util.normalize。
(16) dtype：输出时的数据类型，默认采用 32 位(单精度)浮点数。

【返回值】
S：梅尔频谱。

下面用一个例子说明梅尔频谱的计算及绘制方法，代码如下：

```
#第 5 章/mel_spectrogram.py

import numpy as np
import librosa
import librosa.display
import matplotlib.pyplot as plt

#参数设置
sr = 16000 #采样率
n_fft = 512
win_length = 512
hop_length = 256
n_mels = 128

#绘制梅尔滤波器组
melfilters = librosa.filters.mel(sr=sr, n_fft=n_fft, n_mels=n_mels, htk=True)
x = np.arange(melfilters.shape[1]) * sr/n_fft
fig = plt.figure()
plt.plot(x, melfilters.T)
plt.title('Mel filters')
plt.show()

#绘制梅尔频谱图
y, fs = librosa.load('wav/shengrikuaile.wav', sr=sr)
fig = plt.figure()
mel_spec = librosa.feature.melspectrogram(y=y,
                                          sr=fs,
                                          n_fft=n_fft,
                                          win_length=win_length,
```

```
                                    hop_length=hop_length,
                                    n_mels=n_mels)
mel_db = librosa.power_to_db(mel_spec, ref=np.max)
img = librosa.display.specshow(mel_db, x_axis='time', y_axis='mel', sr=fs)
fig.colorbar(img, format='%+2.0f dB')
plt.title('Mel spectrogram')
plt.show()
```

程序运行后将输出相应的梅尔滤波器组和梅尔频谱图，如图 5-35 所示。

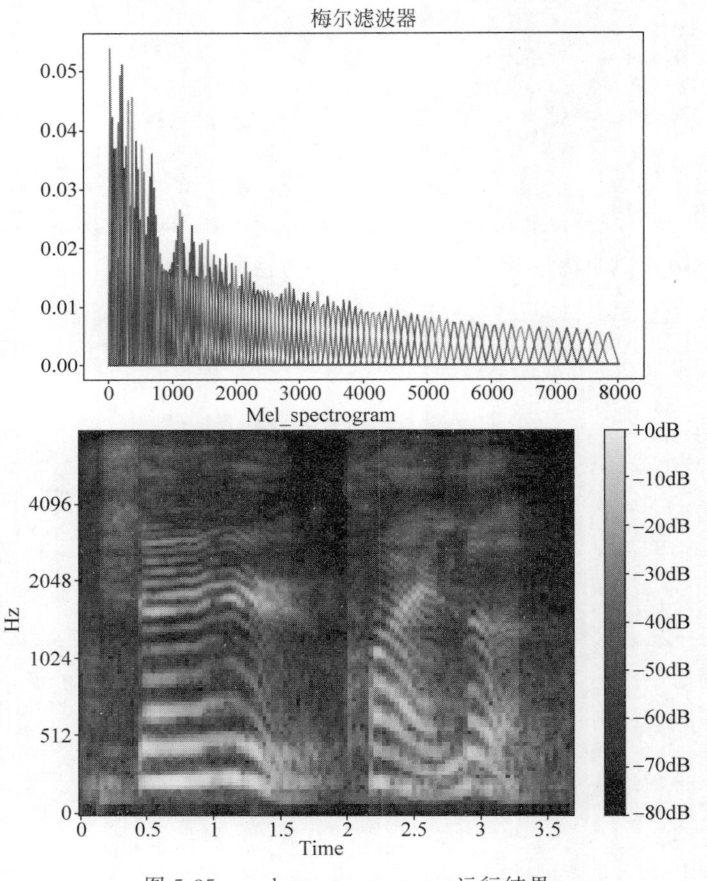

图 5-35　mel_spectrogram. py 运行结果

5. 离散余弦变换

接下来对通过梅尔滤波器的能量取对数，然后进行离散余弦变换(DCT)，这样就得到了 MFCC 系数，离散余弦变换的目的是提取信号的包络。由于大部分信号数据集中在变换后的低频区，因此一般取每帧的前 13 个数字即可，这些数字就是 MFCC 特征。

6. Deltas 和 Delta-Deltas 特征

MFCC 特征描述了一帧语音信号的功率谱的包络信息，在识别元音时可以直接使用，但是在识别辅音时还需要帧与帧之间的动态变换关系。对当前帧和前后两帧的 MFCC 进行差分计算的结果称为 ΔMFCC；同理，对 ΔMFCC 可以再次进行差分计算，其结果为 ΔΔMFCC。最后，将 MFCC、ΔMFCC 和 ΔΔMFCC 拼接起来，就得到了完整的 MFCC 特征。

5.6.2 MFCC 特征

MFCC 经常被用来进行语音识别，Librosa 中设有相应的函数，其函数原型如下：

```
librosa.feature.mfcc(*, y=None, sr=22050, S=None, n_mfcc=20, dct_type=2, norm="ortho", lifter=0, n_fft=2048, hop_length=512, win_length=None, window ="hann", center=True, pad_mode="constant", power=2.0, n_mels=128, fmin=0.0, fmax=None, htk=False, dtype=np.float32) -> np.ndarray

【参数说明】
(1) y：音频时间序列。
(2) sr：y 的采样率。
(3) S：log-power 梅尔频谱。
(4) n_mfcc：MFCC 系数的个数。
(5) dct_type：离散余弦变换(DCT)的类型，可选参数为 1、2、3。
(6) n_fft：快速傅里叶变换的序列长度。
(7) hop_length：帧移。
(8) win_length：窗长；如果未指定，则 win_length=n_fft。
(9) window：指定的窗函数，默认为汉宁窗。
(10) center：是否中心对齐。
(11) pad_mode：填充模式，默认用 0 填充。
(12) power：梅尔频谱幅值的幂指数，默认值为 2.0。
(13) n_mels：梅尔滤波器的数量。
(14) fmin：最小频率。
(15) fmax：最大频率。
(16) htk：如果为 True，则采用 HTK 公式而不是 Slaney 公式。
(17) dtype：输出时的数据类型，默认采用 32 位(单精度)浮点数。

【返回值】
M：MFCC 序列。
```

上述参数中的 S 是在计算离散余弦变换前的值，如果调用时有此参数，则将直接进行后续计算，从而大大减少计算时间。在 mfcc()函数的源代码中会对 S 是否存在进行判断，相应的代码如下：

```
def mfcc(
    *,
    y: Optional[np.ndarray] = None,
    sr: float = 22050,
    S: Optional[np.ndarray] = None,
    n_mfcc: int = 20,
    dct_type: int = 2,
    norm: Optional[str] = "ortho",
```

```
    lifter: float = 0,
    **kwargs: Any,
) -> np.ndarray:

    if S is None:
        #multichannel behavior may be different due to relative noise floor
differences between channels
        S = power_to_db(melspectrogram(y=y, sr=sr, **kwargs))

    M: np.ndarray = scipy.fftpack.dct(S, axis=-2, type=dct_type, norm=norm)[
        ..., :n_mfcc, :
    ]

    if lifter > 0:
        #shape lifter for broadcasting
        LI = np.sin(np.pi *np.arange(1, 1 + n_mfcc, dtype=M.dtype) / lifter)
        LI = util.expand_to(LI, ndim=S.ndim, axes=-2)

        M *= 1 + (lifter / 2) *LI
        return M
    elif lifter == 0:
        return M
    else:
        raise ParameterError(f"MFCC lifter={lifter} must be a non-negative
number")
```

调用 MFCC 函数进行特征提取非常方便，下面是一个简单的例子，代码如下：

```
#第 5 章/mfcc_all.py

import numpy as np
import librosa
import librosa.display
import matplotlib.pyplot as plt

#读取音频文件并计算 mfcc
y, fs = librosa.load('shengrikuaile.wav', sr=16000)
win_length = 512
hop_length = 256
n_fft = 512
n_mels = 128
n_mfcc = 13
mfcc = librosa.feature.mfcc(y=y,
                            sr=fs,
                            n_mfcc=n_mfcc,
                            win_length=win_length,
                            hop_length=hop_length,
                            n_fft=n_fft,
                            n_mels=n_mels,
```

```
                        dct_type=1
                        )

#计算 Δmfcc 和 ΔΔmfcc 并拼接
mfcc_d1 = librosa.feature.delta(mfcc)
mfcc_d2 = librosa.feature.delta(mfcc, order=2)
mfcc_all = np.concatenate([mfcc, mfcc_d1, mfcc_d2], axis=0)

#绘图并输出维度
fig = plt.figure()
img = librosa.display.specshow(mfcc_all, x_axis='time',
                          hop_length=hop_length, sr=fs)
fig.colorbar(img)
plt.show()

print(mfcc.shape)
print(mfcc_d1.shape)
print(mfcc_d2.shape)
print(mfcc_all.shape)
```

程序的运行结果如图 5-36 所示。此外，程序还输出了 MFCC、ΔMFCC、ΔΔMFCC 及最后拼接后的完整特征的维度值，如图 5-37 所示。

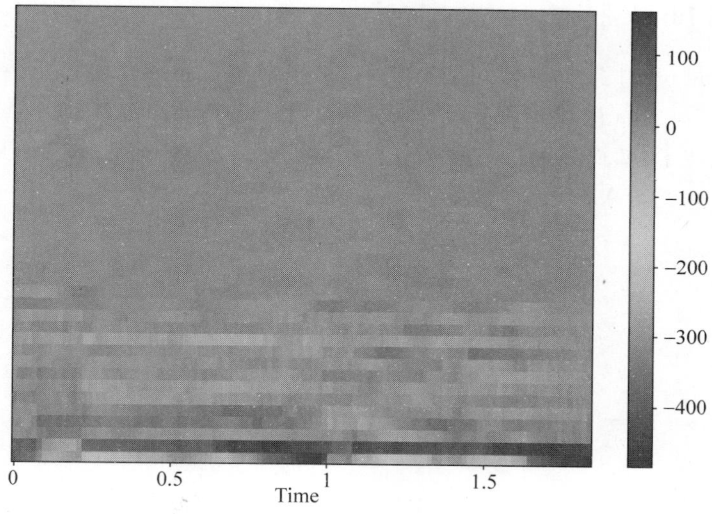

图 5-36 mfcc_all.py 运行结果

```
(13, 116)
(13, 116)
(13, 116)
(39, 116)
```

图 5-37 输出的维度信息

如果选取每帧的 MFCC 系数的第 1 个数字组成一个数组 MFCC0，则将在一定程度上体现出语音信号的特点和走势，如图 5-38 所示。图中上半部分是 shengrikuaile.wav 的波形图,下半部分是 MFCC0 组成的折线图。音频文件有 29477 个采样点(采样率=16kHz),而 MFCC0 仅用 116 个数字(分帧后共 116 帧)就描绘出了波形的轮廓,数据量大幅缩减,因而 MFCC0 可以看作波形的一个缩略图。

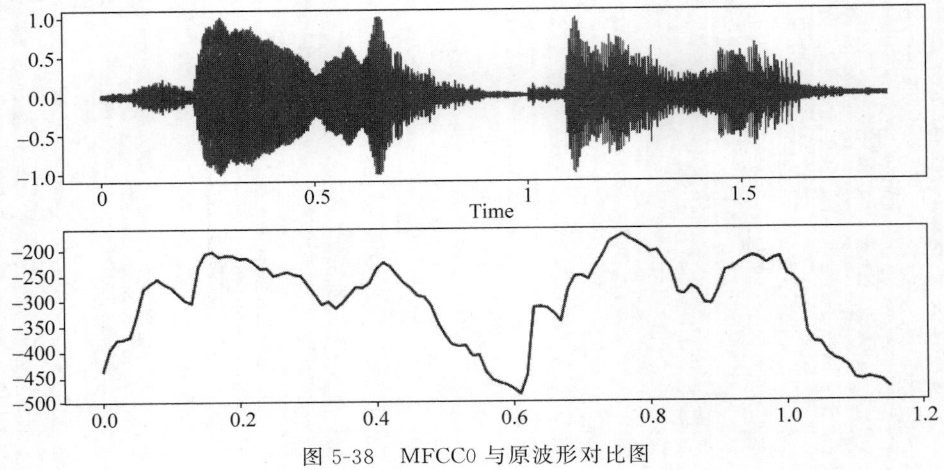

图 5-38 MFCC0 与原波形对比图

MFCC0 包含了语音信号的时域能量信息,因而也可以用作语音信号的端点检测。

5.6.3 Fbank 特征

值得一提的是,在计算 MFCC 的过程中,如果将最后一步离散余弦变换去掉,则得到的是 Fbank 特征(Filter bank 的简称)。在深度学习出现之前,MFCC 与 GMM-HMM 配合是语音识别的主流技术,然而,随着深度学习的飞速发展,人们逐渐发现 Fbank 在深度神经网络中的表现要大大优于 MFCC,因而 Fbank 大有取代 MFCC 之势。

第6章

传统语音识别技术

6.1 语音识别概述

语音识别是指让机器通过识别和理解过程把语音信号转变为相应的文本或命令的过程。

语音识别存在着诸多的难点，主要表现在以下几方面：

（1）语音特征因人而异，即使是同一个人，在不同场合、不同心理状况下的语音特征也可能大不相同。

（2）环境的噪声对语音特征的提取产生较大的干扰。

（3）语音是连续的，各个语音单位之间并不存在明显的边界。

（4）同音词的存在加大了识别的难度。根据语音特征只能识别出发音，而根据发音对应相应的文字需要综合上下文、语境乃至文化背景等多种因素进行判断。

语音识别有多种分类方法。

根据说话人的不同，语音识别可以分为特定人语音识别和非特定人语音识别；前者只是对某个人的语音进行识别，而后者则是识别任何人的语音。显然，非特定人语音识别比特定人语音识别的应用范围更广，难度也更大。

根据识别的对象不同，语音识别可大致分为三类：孤立词识别、关键词检出和连续语音识别。孤立词识别只是识别一个孤立的音节或词语，如“对”“不对”“向左”“向右”；关键词检出则是在连续语音中检测特定的关键词，例如在一段语音中检测“语音”“识别”这两个词；连续语音识别的任务则是识别任意的连续语音。

从识别方法上分，语音识别可分为传统方法和基于深度学习的方法两大类，传统方法又包括动态时间规整、高斯混合模型、隐马尔可夫模型等，下面先从传统方法讲起。

6.2 动态时间规整

动态时间规整（Dynamic Time Warping，DTW）是日本学者 Itakura 于 20 世纪 60 年代

提出的一个算法，主要用于比较两个时间序列的相似性（两段时间序列的长度可能并不相等）。

动态时间规整算法按照距离最近原则建立两个长度不同的序列元素的对应关系，然后评估它们之间的相似性。在构建两个序列元素的对应关系时，需要对序列进行扭曲（Warping），如图 6-1 所示。图中两条黑色实线代表两个时间序列，虚线代表两个序列元素的对应关系，可以看出有多处发生了扭曲。

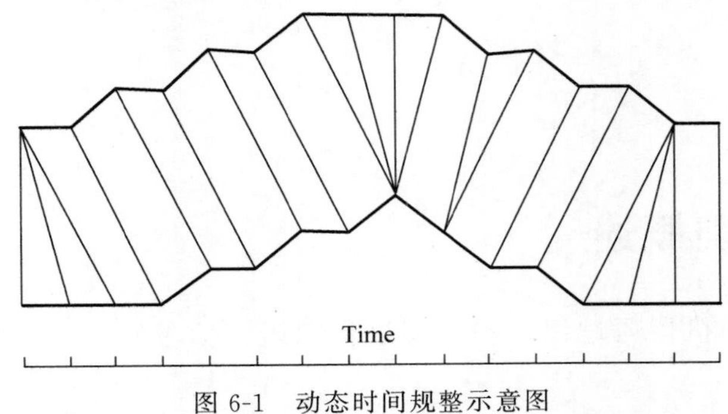

图 6-1　动态时间规整示意图

假设有两个时间序列 C 和 Q，长度分别为 m 和 n，具体如下：

```
C = c1, c2, …, cm
Q = q1, q2, …, qn
```

为了对齐两个序列，算法将构造了一个 $m\times n$ 的矩阵 $\boldsymbol{D}$，用于存储点与点之间的距离（欧氏距离或其他距离均可）。DTW 算法的目的就是从矩阵中找出一条从(1,1)到(m,n)开销最小的路径，如图 6-2 所示。

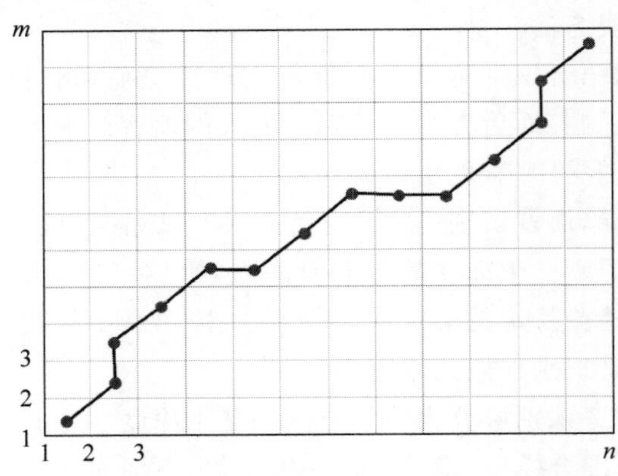

图 6-2　DTW 算法原理图

DTW 的计算过程主要分为构建累积距离矩阵和寻找最短路径两部分，类似于动态规划的过程，下面用一个具体的例子说明。

假设有 A、B 两个数组如图 6-3 所示，具体如下：

```
数组 A=[1,4,1,5,9,2,6],共 7 个元素；
数组 B=[1,6,2,5,6,3,8,9],共 8 个元素；
距离函数为 dis(x,y)=|x-y|;
```

计算该距离矩阵的具体过程如下：

(1) 计算最左边一列的距离值,公式如下：

```
D[i,0] = dis(Ai ,B0) + D[i-1,0]
```

计算结果如图 6-4 所示。

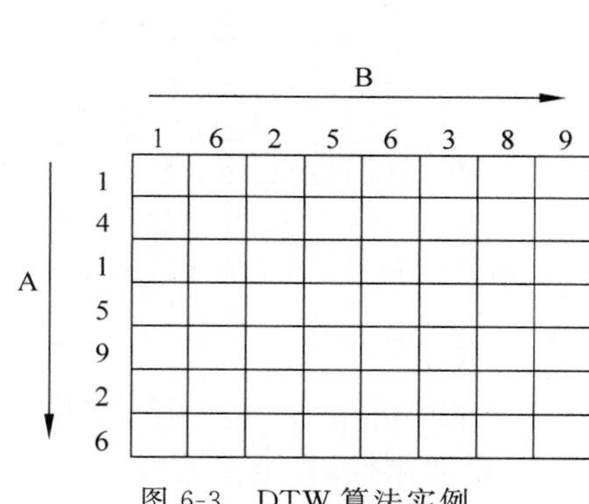

图 6-3　DTW 算法实例

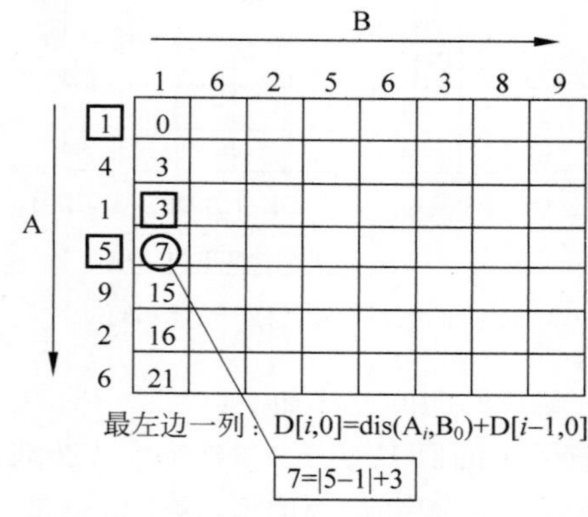

图 6-4　计算最左一列的距离值

(2) 计算最上边一行的距离值,公式如下：

```
D[0, j] = dis(A0 ,Bj) + D[0,j-1]
```

计算结果如图 6-5 所示。

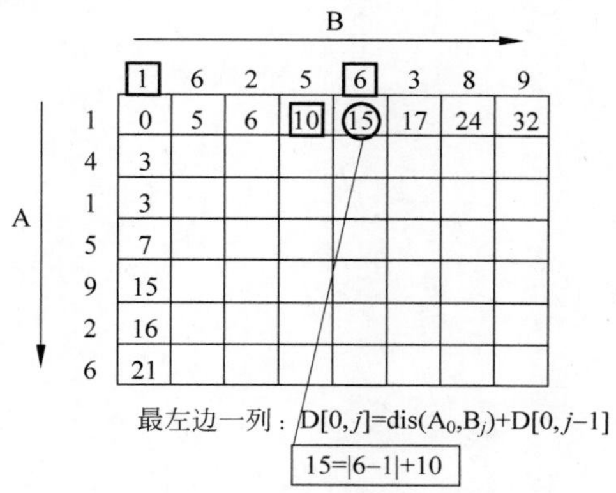

图 6-5　计算最上一行的距离值

(3) 计算其余位置的距离值,公式如下：

```
D[i,j] = dis(A_i,B_j) + min(D[i-1,j],D[i,j-1],D[i-1,j-1])
```

计算结果如图 6-6 所示。

（4）全部计算完后的结果如图 6-7 所示，其中右下角的值 12 就是这两个序列的距离。

彩图

A \ B	1	6	2	5	6	3	8	9
1	0	5	6	10	15	17	24	32
4	3	2	4	5	7	8	12	17
1	3	7	3	7	10	9	15	20
5	7	4	6					
9	15	7	11					
2								
6								

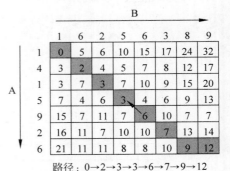

其余：$D[i,j]=dis(A_i,B_j)+minD[i-1,j],D[i,j-1],D[i-1,j-1]$

11=|9−2|+min(7,6,4)

图 6-6 计算其余格子的距离值

A \ B	1	6	2	5	6	3	8	9
1	0	5	6	10	15	17	24	32
4	3	2	4	5	7	8	12	17
1	3	7	3	7	10	9	15	20
5	7	4	6	3	4	6	9	13
9	15	7	11	7	6	10	7	7
2	16	11	7	10	10	7	13	14
6	21	11	11	8	8	10	9	12

路径：0→2→3→3→6→7→9→12

图 6-7 计算完成后状态

（5）路径回溯的方法如下：

从右下角的值 12 开始，每次向左上方延展成 2×2 的小方格，在 4 个小方格中当前值以外的 3 个格子中找到最小的值，这个值就是下一个值，以此类推，直至左上角。

例如图中红色箭头处当前值为 6，其余 3 个格子的值分别为 3、4 和 7，最小值为 3，则 3 所在的格子即为路径的下一个点。按此方法回溯得到的路径为 0→2→3→3→6→7→9→12。

基于上述思想的 DTW 算法的代码如下：

```
#第 6 章/DTW.py

import numpy as np

#定义距离函数
def dist(x, y):
    return abs(x-y)

def DistanceDTW(A, B):
    #距离矩阵 acc 初始化
    lenA = len(A)
    lenB = len(B)
    acc = np.zeros([lenA, lenB])
    acc[0, 0] = dist(A[0], B[0])

    #计算最左边一列
    for i in range(1, lenA):
        acc[i, 0] = acc[i-1, 0]+dist(A[i], B[0])
```

```
    #计算最上边一行
    for j in range(1, lenB):
        acc[0, j] = acc[0, j-1]+dist(A[0], B[j])
    #计算其余部分
    for i in range(1, lenA):
        for j in range(1, lenB):
            acc[i, j] = dist(A[i], B[j]) +min(acc[i-1, j-1],
                                              acc[i-1, j], acc[i, j-1])

    return acc

a1 = np.array([1, 4, 1, 5, 9, 2, 6])
a2 = np.array([1, 6, 2, 5, 6, 3, 8, 9])
d = DistanceDTW(a1, a2)
print(d)
```

程序的运行结果如图 6-8 所示，输出的距离矩阵与图 6-7 一致。

```
[[ 0.  5.  6. 10. 15. 17. 24. 32.]
 [ 3.  2.  4.  5.  7.  8. 12. 17.]
 [ 3.  7.  3.  7. 10.  9. 15. 20.]
 [ 7.  4.  6.  3.  4.  6.  9. 13.]
 [15.  7. 11.  7.  6. 10.  7.  7.]
 [16. 11.  7. 10. 10.  7. 13. 14.]
 [21. 11. 11.  8.  8. 10.  9. 12.]]
```

图 6-8 DTW. py 运行结果

上述思想方法可用于语音识别。不过由于语音序列一般很长，需要抽取其中的特征值进行比较，例如 MFCC。第 5 章曾经提到，MFCC0 可以看作波形的缩略图，因此以 MFCC0 作为动态时间规整的输入序列进行比较是一个较为现实的方法，下面举一个实际例子进行说明。

假设有一个说话人识别的场景：数据库中有 A 说的"你好"的语音样本(nihao. wav)，其 MFCC0 如图 6-9 所示；现有 3 个音频样本(nihao1. wav、nihao2. wav、nihao3. wav，简称音频 1、音频 2、音频 3)是 3 个人说的"你好"的音频，MFCC0 如图 6-10 所示，需要从中识别出哪段音频是 A 说的。此处有一个细节，即 A 的音频和数据库中的样本并不相同，因为即使是同一个人说同一个词每次的语速和语气都不尽相同。

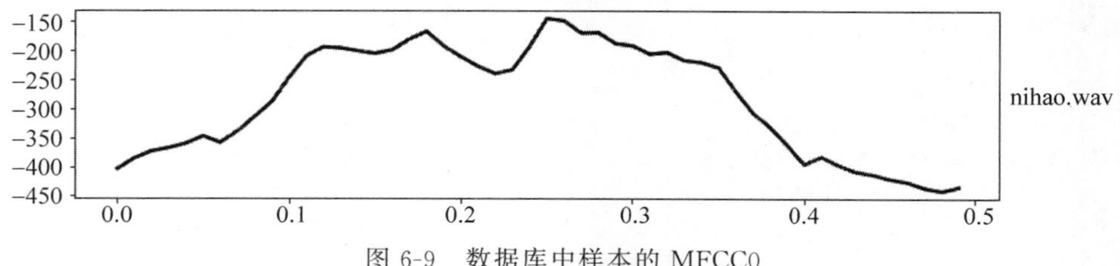

图 6-9 数据库中样本的 MFCC0

从图 6-9 和图 6-10 中可以看出，4 段音频的时长均不相同，如果用帧数表示，4 段音频分别是 50 帧、30 帧、21 帧和 45 帧。此外，4 个样本的形状也各不相同，不过凭感觉判断，音频 3 与样本最接近，音频 2 次之，音频 1 最不像。事实也确实如此，样本与音频 3 是同一名

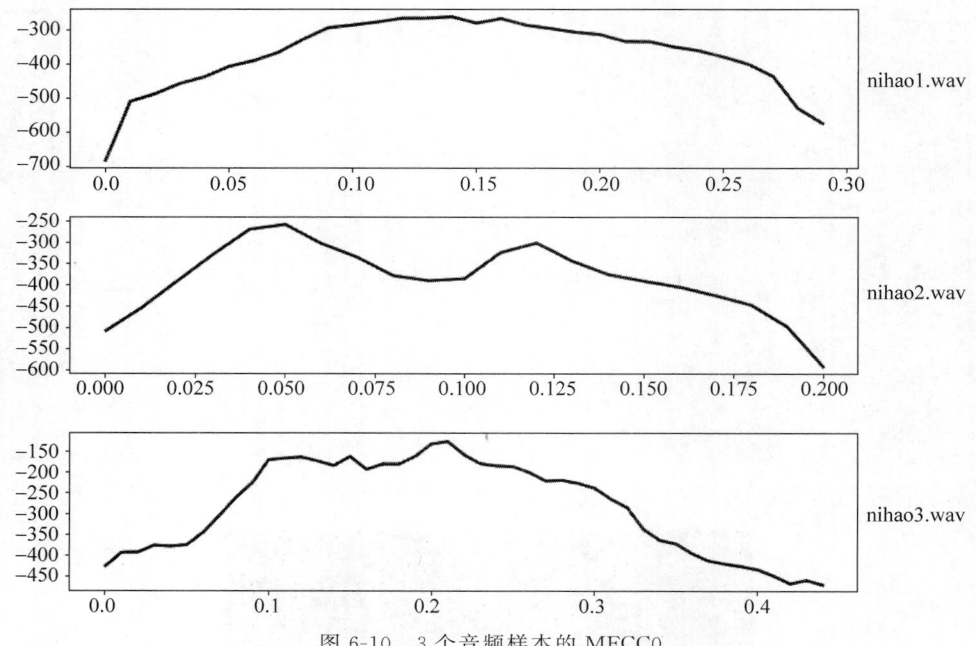

图 6-10　3 个音频样本的 MFCC0

男性的声音，音频 2 是另一名男性的声音，音频 1 则是一名女性的声音。

下面用动态数据规整进行识别，代码如下：

```
#第 6 章/DTW_MFCC.py

import librosa
import librosa.display
import numpy as np

def mfcc0(filename):
    #参数设置
    win_length = 512
    hop_length = 256
    n_fft = 512
    n_mels = 128
    n_mfcc = 13

    #读取音频文件并计算 mfcc
    y,fs = librosa.load(filename,sr=16000)
    mfcc = librosa.feature.mfcc(y=y,
                                sr=fs,
                                n_mfcc=n_mfcc,
                                win_length = win_length,
                                hop_length =hop_length,
                                n_fft = n_fft,
```

```
                                n_mels = n_mels)
    #返回 mfcc 第一维数据
    return mfcc[0]

def dist(x, y):
    return abs(x-y)

def DistanceDTW(A, B):
    #距离矩阵 acc 初始化
    lenA = len(A)
    lenB = len(B)
    acc = np.zeros([lenA, lenB])
    acc[0, 0] = dist(A[0], B[0])

    #计算最左边一列
    for i in range(1, lenA):
        acc[i, 0] = acc[i-1, 0]+dist(A[i], B[0])
    #计算最上边一行
    for j in range(1, lenB):
        acc[0, j] = acc[0, j-1]+dist(A[0], B[j])
    #计算其余部分
    for i in range(1, lenA):
        for j in range(1, lenB):
            acc[i, j] = dist(A[i], B[j]) +min(acc[i-1, j-1],
                                    acc[i-1, j], acc[i, j-1])

    return acc[lenA-1][lenB-1]                    #返回两个序列的距离

#计算各音频文件的 MFCC0 并输出
m0=mfcc0('wav/nihao.wav')                         #样本
m1=mfcc0('wav/nihao1.wav')                        #音频 1
m2=mfcc0('wav/nihao2.wav')                        #音频 2
m3=mfcc0('wav/nihao3.wav')                        #音频 3
print(m0)
print(m1)
print(m2)
print(m3)

#计算相似度并输出
print()
d1 = DistanceDTW(m0, m1)
print('样本与音频 1 距离：',d1)
d2 = DistanceDTW(m0, m2)
print('样本与音频 2 距离：',d2)
d3 = DistanceDTW(m0, m3)
print('样本与音频 3 距离：',d3)
```

程序的运行结果如图 6-11 所示。程序先输出了各音频的 MFCC0 数据，接着输出了样本与 3 个音频之间的相似度(用距离表示，距离越小表示越接近)，其中音频 3 与样本最接近且比音频 1 和 2 的距离小得多,与实际情况一致。当然,在实际应用中情况要复杂得多,仅凭 MFCC0 进行判断的结果未必准确。

```
[-402.27386 -383.64615 -371.87033 -366.2454  -358.66745 -346.10645
 -356.9923  -337.58017 -312.61685 -286.60675 -245.20738 -208.6887
 -193.55042 -195.13048 -200.14134 -204.54497 -198.48976 -179.87936
 -166.59552 -191.88306 -210.13538 -226.25761 -238.9288  -232.38962
 -192.3274  -144.46329 -148.40698 -169.38028 -168.68074 -187.50824
 -190.81609 -205.30476 -202.34186 -216.11568 -219.44858 -228.16379
 -268.75366 -305.4725  -330.41718 -360.77106 -393.94217 -381.05014
 -395.3315  -406.7328  -411.52872 -419.5198  -424.59805 -434.69052
 -440.26974 -433.20203]
[-682.26984 -508.26865 -486.4595  -456.52365 -436.65414 -405.72754
 -388.7392  -364.12976 -326.2912  -292.45038 -284.49182 -275.37296
 -264.4007  -264.13647 -259.89838 -278.58237 -265.32928 -284.64795
 -294.35727 -304.9863  -311.8127  -332.05792 -332.8851  -348.62253
 -359.2963  -377.48434 -398.6762  -434.23096 -528.02136 -571.8258 ]
[-507.23138 -452.9096  -390.13406 -327.38248 -269.63736 -258.45538
 -302.79648 -334.79956 -377.8248  -389.7105  -384.8307  -323.86615
 -301.43845 -343.35803 -374.805   -390.54883 -404.61017 -424.07782
 -446.27734 -497.0369  -590.27783]
[-425.54138 -392.62216 -391.9295  -375.588   -377.97266 -374.20096
 -343.9077  -302.52225 -260.13245 -224.92508 -169.88559 -166.15503
 -163.32819 -172.7132  -183.89153 -161.60736 -193.04002 -180.15163
 -180.19304 -160.72258 -131.46863 -125.61242 -157.73175 -179.12537
 -184.40225 -185.9787  -200.22063 -220.21288 -218.28447 -225.83136
 -237.1777  -263.29108 -283.8703  -335.9088  -362.60336 -371.1285
 -395.03668 -412.1449  -419.53577 -425.74835 -433.15582 -448.53064
 -467.33197 -459.1021  -470.3632 ]

样本与音频1距离:  2613.5836639404297
样本与音频2距离:  2348.3324127197266
样本与音频3距离:  722.2559432983398
```

图 6-11　DTW_MFCC.py 运行结果

6.3 高斯混合模型

高斯混合模型(Gaussian Mixture Model,GMM),简单地讲,就是将多个高斯模型叠加在一起,从而形成一个混合模型,用这个混合模型来表达数据的概率分布。在介绍高斯混合模型之前,有必要先介绍高斯分布。

6.3.1 高斯分布

高斯分布(Gaussian Distribution),又称为正态分布(Normal Distribution),是统计学中最为重要的概率分布之一。我们身边有很多高斯分布的例子,例如调查某大学所有男生的身高,然后根据不同身高统计相应的人数并用图表表示,结果大致会如图 6-12 所示。这种两头低中间高类似钟形的曲线就是正态曲线,正态曲线表示的分布就是高斯分布(或正态分布)。

高斯分布的概率密度函数(Probability Density Function,PDF)中间高两边低,并且关于均值对称,非常利于建模。此外,高斯分布非常简单,仅用均值和方差两个参数就可决定。

6.3.2 高斯混合模型

但是,并非所有分布都服从高斯分布。在说话人识别系统中,通常为每个说话人的语音声学特征设立一个模型,其中某项特征的分布情况可能如图 6-13 所示。很明显,这种分布不能用一个简单的高斯分布来表示。

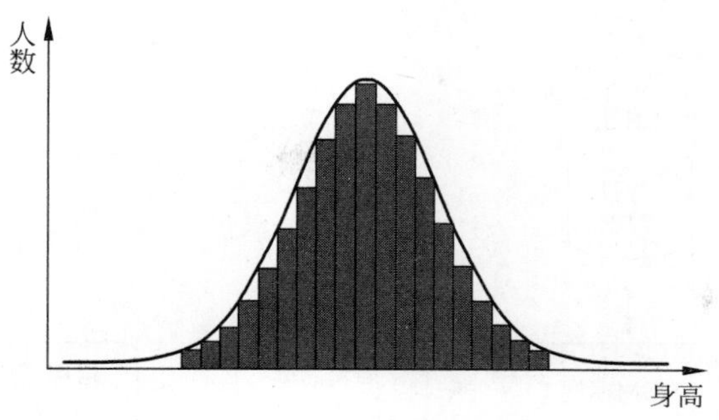

图 6-12 某大学男生身高分布图

不过,解决这个问题并不难。一个高斯分布解决不了,可以用多个高斯分布叠加起来进行模拟,例如图 6-13 中的特征分布可以分解成如图 6-14 所示的 3 个高斯分布,这就是高斯混合模型的简单例子。理论上讲,用多个高斯概率密度函数的线性组合可以逼近任意概率分布。在实际应用中,一个高斯混合模型通常由几十个甚至成百上千个高斯函数叠加而成。

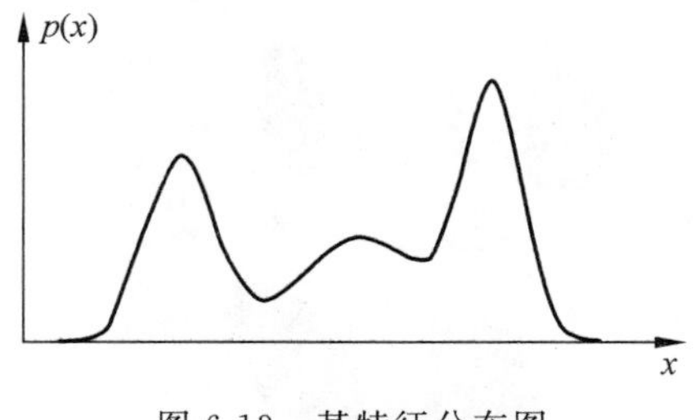

图 6-13 某特征分布图

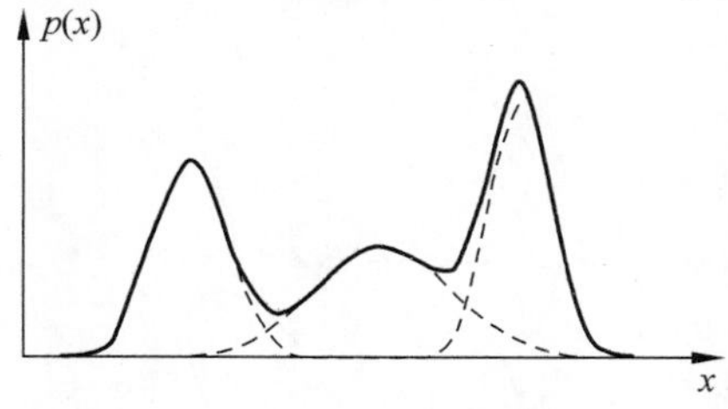

图 6-14 高斯混合模型的简单例子

但是 GMM 模型并不关注语音的时序,它只描述语音特征参数的静态分布。在基于 GMM 的说话人识别系统中,通常从 N 个训练好的说话人模型中挑选出一个最大似然值的模型作为识别结果。

6.3.3 GMM-UBM

GMM 模型需要大量语音数据进行模型训练,而在现实中,由于诸多因素的影响,往往采集不到足够多的音频数据,因而也难以训练出高效的 GMM 模型;另外,噪声干扰等问题也会影响 GMM 模型的稳健性。为了解决这个问题,DA Reynolds 团队提出了通用背景模型(Universal Background Model,UBM)的概念。

GMM-UBM 实际上是一种对 GMM 的改进方法,当无法从目标用户收集到足够的语音但可以从其他地方收集到大量非目标用户的声音时,先用这些非目标用户数据(背景数据)训练出一个 GMM 模型。由于这个模型是从大量身份的混杂数据中训练而成的,因而并不具备表征具体身份的能力,但这种模型可以看作某个具体说话人模型的先验模型,在此基础上使用少量说话人的语音数据,通过自适应算法调整 UBM 的参数,就可以得到目标说话人的模型参数,如图 6-15 所示。

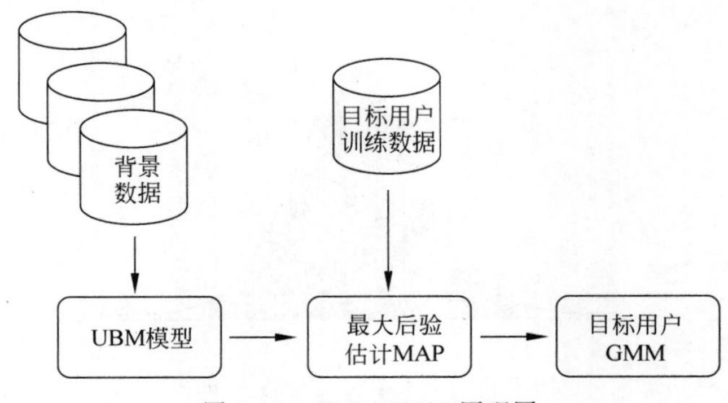

图 6-15　GMM-UBM 原理图

当对参数进行微调时采用最大后验估计(Maximum A Posteriori,MAP)算法。此算法先使用目标说话人的训练数据计算出 UBM 模型的新参数(高斯权重、均值和方差),然后将得到的新参数与 UBM 模型的原参数进行融合,从而得到目标说话人的模型,如图 6-16 所示。

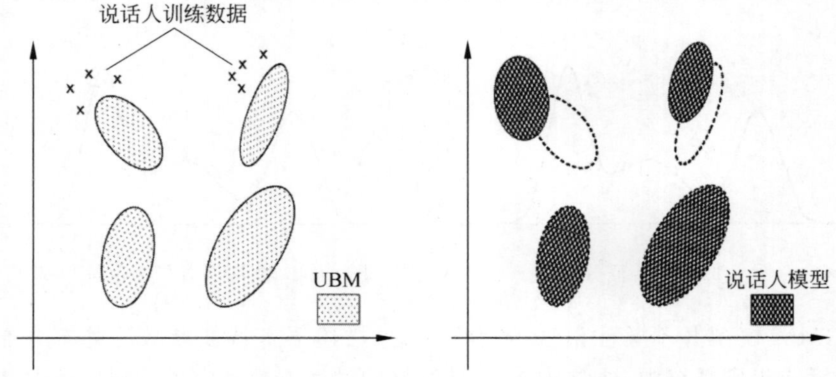

图 6-16　MAP 算法原理图

6.4　隐马尔可夫模型

隐马尔可夫模型(Hidden Markov Model,HMM)是一种结构最简单的动态贝叶斯网的生成模型,也是一种著名的有向图模型,在语音识别中有着广泛的应用。

声学模型构建的是在给定音素序列下输出特定音频特征序列的似然,而在语音识别过程中,需要根据音频特征推理出相应的音素序列,这种根据观察序列来计算状态序列(音素序列)的问题可以用隐马尔可夫模型来解决。

要了解隐马尔可夫模型,需要先从马尔可夫链的基本概念入手。

6.4.1　马尔可夫链

在马尔可夫链中,当前状态只与前一个时刻的状态相关,而与历史状态无关。以日常生活中常见的天气变化为例，假设天气有 3 种情况：晴、多云、下雨。如果今天的天气只与昨天的天气有关，而与前天或更早的天气无关，这就是一个马尔可夫链，其中的关系如图 6-17 所示。

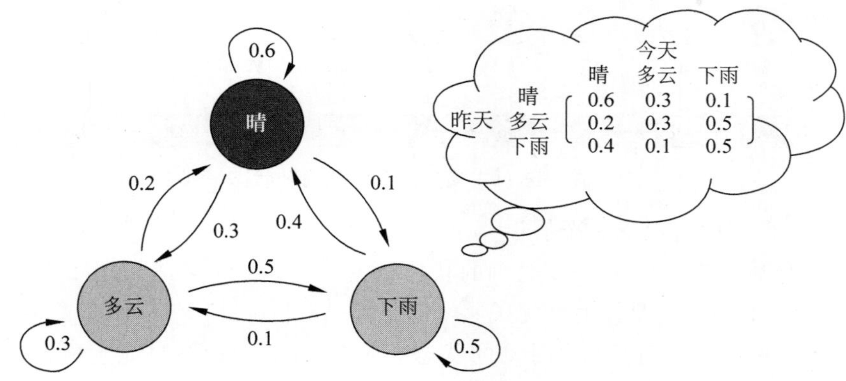

图 6-17　马尔可夫链的例子

根据图 6-17 中数据可知，如果昨天是晴天，则今天是晴、多云、下雨的概率分别为 0.6、0.3、0.1；如果昨天下雨，则今天是晴、多云、下雨的概率分别为 0.4、0.1、0.5。这种从前一时刻的状态转换成当前状况的概率称为转移概率，而马尔可夫链中的转移概率可以用一个矩阵来表示，如图 6-17 中右上角所示。

6.4.2　隐马尔可夫模型

隐马尔可夫模型的情况要比马尔可夫链复杂一些，同样用一个例子说明。

假设有 3 个不同的骰子，第 1 个骰子有 6 个面（常见的立方体的骰子，称为 D6），每个面出现的概率都是 1/6；第 2 个骰子是个正四面体（称为 D4），每个面出现的概率都是 1/4；第 3 个骰子有 8 个面（称为 D8），每个面出现的概率都是 1/8，如图 6-18 所示。

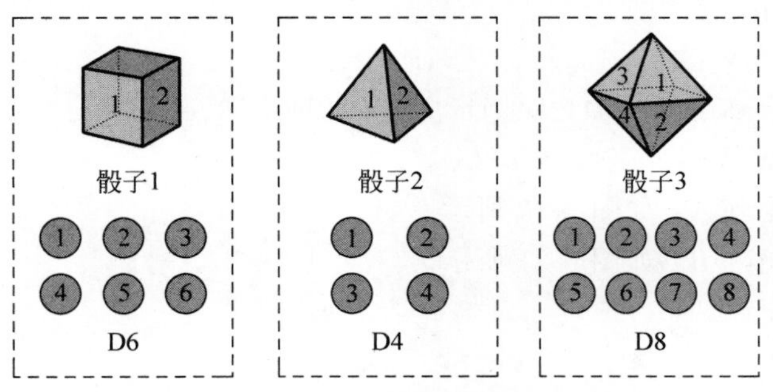

图 6-18　隐马尔可夫模型的例子

现在开始掷骰子，每次从 3 个骰子中随机取一个，取到任一骰子的概率都是 1/3，每掷一次骰子可以得到一个数字（只能看到骰子上的数字，不知道是哪个骰子）。不断重复此过程将会得到一串数字，数字只可能是 1、2、3、4、5、6、7、8 中的一个。假设一共掷了 10 次骰子，得到的数字序列为 1、6、2、5、3、7、2、5、4、1，这串可以观察到的数字称为“观测序列”。除此之外，还有一个隐含的序列，也就是掷出这串数字时所用骰子的序列，具体是：D6、D8、D4、D6、D6、D8、D4、D6、D8、D8，这个隐含的序列称为状态序列，如图 6-19 所示。

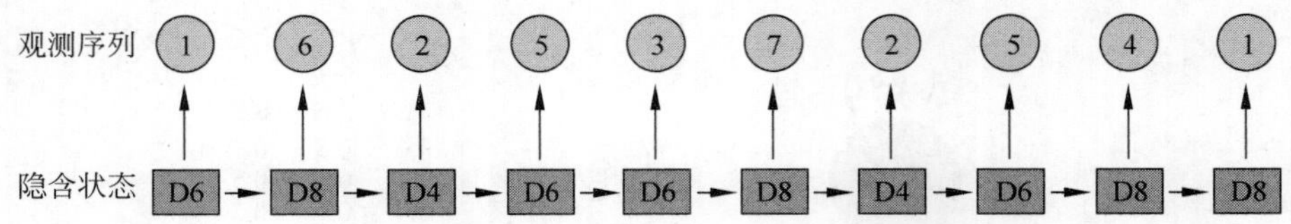

图 6-19　隐马尔可夫模型的观测序列和状态序列

隐马尔可夫模型中有以下 3 个假设。

假设 1：t 时刻的状态只与 $t-1$ 时刻的状态相关。

假设 2：状态的转移与具体时间无关。

假设 3：t 时刻的观测值只与 t 时刻的状态相关（t 时刻的状态只能生成 t 时刻的观测值）。

隐马尔可夫模型可通过下列参数描述：

（1）观测值集合 M。

（2）状态值集合 N。

（3）初始状态概率 π。

（4）状态转置矩阵 $\boldsymbol{A}$。

（5）观察概率矩阵 $\boldsymbol{B}$，也称为发射概率矩阵。

因此，隐马尔可夫模型可表达如下：

$$\lambda=(N,M,\pi,\boldsymbol{A},\boldsymbol{B})$$

或者简写为

$$\lambda=(\pi,\boldsymbol{A},\boldsymbol{B})$$

在骰子的例子中各参数如下。

（1）观测值集合 M：{1、6、3、5、2、7、3、5、2、4}。

（2）状态值集合 N：{D6、D8、D8、D6、D4、D8、D6、D6、D4、D8}。

（3）初始状态概率 π：{1/3，1/3，1/3}。

（4）状态转置矩阵 $\boldsymbol{A}$：如图 6-20 所示。

（5）发射概率矩阵 $\boldsymbol{B}$：如图 6-21 所示。

此次

上次 \ 此次	D6	D4	D8
D6	1/3	1/3	1/3
D4	1/3	1/3	1/3
D8	1/3	1/3	1/3

图 6-20　状态转置矩阵

$$\boldsymbol{B}=\begin{bmatrix} 1/6 & 1/6 & 1/6 & 1/6 & 1/6 & 1/6 & 0 & 0 \\ 1/4 & 1/4 & 1/4 & 1/4 & 0 & 0 & 0 & 0 \\ 1/8 & 1/8 & 1/8 & 1/8 & 1/8 & 1/8 & 1/8 & 1/8 \end{bmatrix}\begin{matrix} \text{D6} \\ \text{D4} \\ \text{D8} \end{matrix}$$

图 6-21　发射概率矩阵

6.4.3　Viterbi 算法

隐马尔可夫模型中涉及以下 3 个基本问题：

(1) 已知模型参数(π,$\boldsymbol{A}$,$\boldsymbol{B}$)与观测数据序列,求这组数据是由该模型生成的概率,即求观测序列的概率。

(2) 已知观测数据序列,求解一个 HMM 模型(π,$\boldsymbol{A}$,$\boldsymbol{B}$),能以最大的概率生成这组观测数。

(3) 已知模型参数(π,$\boldsymbol{A}$,$\boldsymbol{B}$)与观测序列,求最可能的状态序列。

上述 3 个问题被称为概率计算问题、学习问题和预测问题,可以分别用前向后先算法、Baum-Welch 算法和 Viterbi 算法解决。语音识别过程中已知的是音频特征序列,需要据此求解音素序列,对应的上述问题中的第 3 个问题,该问题通常用 Viterbi 算法来解决。

Viterbi 算法是一种动态规划算法,用于寻找最有可能产生事件序列的隐含状态序列,即概率最大的路径(最优路径)。Viterbi 算法需要设置两个变量(数组),其中 P 变量用于记录 t 时刻的状态 i 最可能从上一时刻的状态 j 转移而来时最大的概率值,SN 则是指上述最大概率值时状态的序号值。

如图 6-22 所示,图中方框中节点的状态 i 可以从上一时刻的 1、2、3 状态转移而来,3 种转移的概率各不相同,其中最大的概率是 $P(i)$,最大的概率来自上一时刻的 1 状态,所以 SN(i)=1,图中实线表示最大概率的路径。Viterbi 算法就是按照这种方法递推出最佳路径的,如图中的大箭头方向。

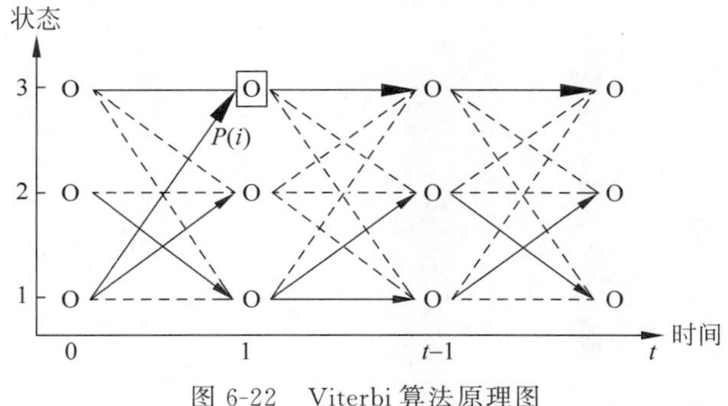

图 6-22　Viterbi 算法原理图

根据上述原理可写出 Viterbi 算法的程序,代码如下:

```
#第 6 章/Viterbi.py

import numpy as np

def prob(model, data):
    M = model["M"]
    return M[:, int(data)]
```

```
#维特比算法
def viterbi(model, observed):
    data = observed                                    #观察序列
    nData = np.shape(data)[0]
    nState = np.shape(model["pi"])[0]

    #记录最大概率和序列号的数组
    P = np.zeros([nData, nState])
    SN = np.zeros([nData, nState])

    #初始化
    P[0] = model["pi"]*model["B"](model, data[0])
    SN[0] = 0
    print("P[ 0 ]:", P[0])

    #递推过程
    for t in range(1, nData):
        for i in range(nState):
            p0 = P[t-1] *model["A"][:, i]              #前一状态到现状态转移概率
            print(p0)
            P[t][i] = np.max(p0)                       #最大概率
            SN[t][i] = np.argmax(p0)

        P[t] = P[t]*model["B"](model, data[t])
        print("P[",t,"]:", P[t])

    #回溯最佳路径
    path = np.zeros(nData)
    path[-1] = np.argmax(P[-1])
    maxP = np.max(P[-1])

    for t in range(nData-2, -1, -1):
        path[t] = SN[t+1][int(path[t+1])]

    return maxP, path

#构建 HMM 模型
model = dict()

#初始概率矩阵
model["pi"] = np.array([1.0/3.0, 1.0/3.0, 1.0/3.0])

#状态转置概率矩阵
model["A"] = np.array([[0.50, 0.25, 0.25],
                       [0.25, 0.50, 0.25],
                       [0.25, 0.25, 0.50],])

#发射概率矩阵
B = np.array([[1/6.0, 1/6.0, 1/6.0, 1/6.0, 1/6.0, 1/6.0, 0, 0],
```

```
            [0.25, 0.25, 0.25, 0.25, 0, 0, 0, 0],
            [0.125, 0.125, 0.125, 0.125, 0.125, 0.125, 0.125, 0.125],])
model["M"] = B
model["B"] = prob


#调用维特比算法
observed = np.array([0,1,0,1]) #观测序列
_, path = viterbi(model, observed)
print("path:", path)
```

程序中用 6.4.2 节中掷骰子的例子进行了测试，不过对其中的转置矩阵进行了调整，调整过的 3 个矩阵如图 6-23 所示。初始状态时 3 个骰子的初始概率都是 1/3，理论上讲后续每取一次骰子时的概率仍然是 1/3，不管上一次的骰子是哪个。为了便于观测，程序中修改了转移概率：如果上一次掷出的是某个骰子，则下一次掷出同一骰子的概率是 0.5，掷出另外两个骰子的概率都是 0.25。

D6	D4	D8
1/3	1/3	1/3

初始概率矩阵

此次

上次	D6	D4	D8
D6	0.50	0.25	0.25
D4	0.25	0.50	0.25
D8	0.25	0.25	0.50

状态转移矩阵

	1	2	3	4	5	6	7	8
D6	1/6	1/6	1/6	1/6	1/6	1/6	0	0
D4	1/4	1/4	1/4	1/4	0	0	0	0
D8	1/8	1/8	1/8	1/8	1/8	1/8	1/8	1/8

发射概率矩阵

图 6-23　调整过的矩阵

上述程序的运行结果如图 6-24 所示，为了便于观察及研究还列出了各阶段的概率值。

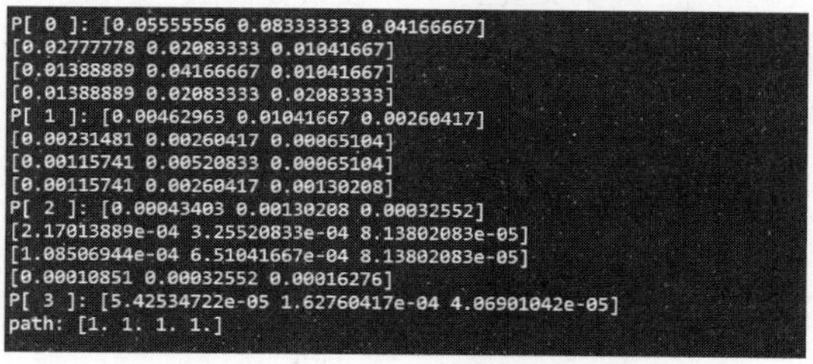

```
P[ 0 ]: [0.05555556 0.08333333 0.04166667]
[0.02777778 0.02083333 0.01041667]
[0.01388889 0.04166667 0.01041667]
[0.01388889 0.02083333 0.02083333]
P[ 1 ]: [0.00462963 0.01041667 0.00260417]
[0.00231481 0.00260417 0.00065104]
[0.00115741 0.00520833 0.00065104]
[0.00115741 0.00260417 0.00130208]
P[ 2 ]: [0.00043403 0.00130208 0.00032552]
[2.17013889e-04 3.25520833e-04 8.13802083e-05]
[1.08506944e-04 6.51041667e-04 8.13802083e-05]
[0.00010851 0.00032552 0.00016276]
P[ 3 ]: [5.42534722e-05 1.62760417e-04 4.06901042e-05]
path: [1. 1. 1. 1.]
```

图 6-24　Viterbi. py 运行结果

第 7 章

语音识别实战

在介绍了语音识别的原理之后，终于可以进入实战环节了，本章使用的语音识别工具是 OpenAI 的 Whisper。Whisper 是 OpenAI 研发并开源的一个自动语音识别(Automatic Speech Recognition，ASR)模型，OpenAI 从网络上收集了 68 万小时的多语言和多任务监督数据对 Whisper 进行了训练。Whisper 的优势是开源免费、支持多语种(包括中文)，根据不同的场景需求有不同模型可供选择，最终的识别效果也相当不错，OpenAI 宣称其在英语语音识别方面的稳健性和准确性已接近人类水平。

与其他开源模型不一样的是，Whisper 有好几种不同大小的模型库。OpenAI 的原始模型格式为. pt 格式。模型越大，要求的配置越高，运算速度也越慢，因此并不推荐使用最大的 large 版。OpenAI 官方给出的各种模型的大小和性能比较见表 7-1，一般情况下，small 版已基本够用，本书也将以 small 版为例进行语音识别。

表 7-1　Whisper 的各种模型大小和性能比较

模型尺寸	文件大小	纯英文模型	多语言模型	需要显存	相对速度
tiny	39MB	tiny. en	tiny	～1GB	～32x
base	74MB	base. en	base	～1GB	～16x
small	244MB	small. en	small	～2GB	～6x
medium	769MB	medium. en	medium	～5GB	～2x
large	1550MB	N/A	large	～10GB	1x

7.1　Whisper 的安装

Whisper 对系统的要求并不太高，用 CPU 或 GPU 运算均可。当然，采用 GPU 运算时速度要快许多。GPU 方式对系统要求较高，因此本章将以 CPU 运行方式为例说明 Whisper 的安装方法。如果需使用 GPU 方式，则可参照其官方介绍。

Whisper 的安装可分为以下几步。

1. 安装 PyTorch

可以尝试用 pip install 方式安装，如果此方式安装失败，则可到国内镜像网站下载相应的 whl 文件，如图 7-1 所示。注意下载的版本需要和 Python 版本及操作系统一致。

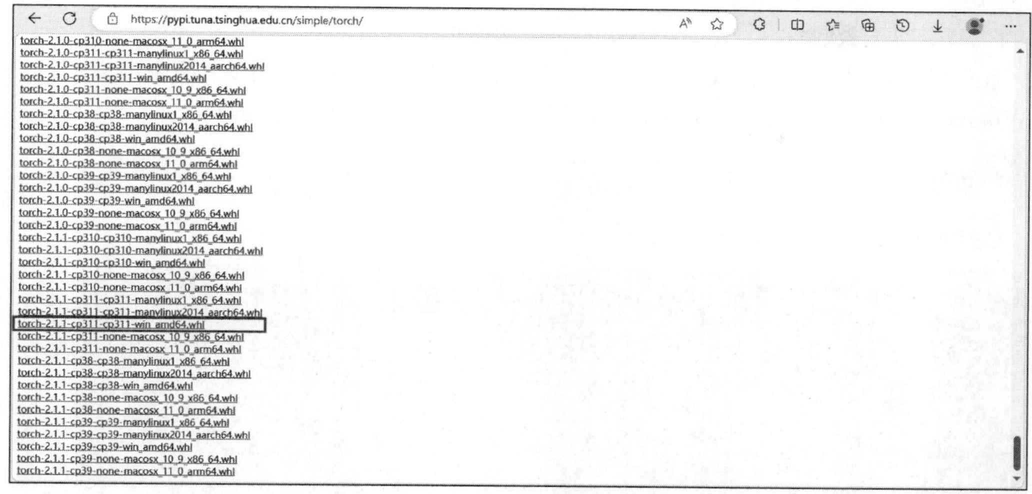

图 7-1 whl 文件下载页面

下载完成后可在 Anaconda Prompt 中用命令行安装，命令行如图 7-2 所示。注意，whl 文件路径需根据实际情况修改。

```
(base) C:\Users\Lemon>pip install d:\temp\torch-2.1.1-cp311-cp311-win_amd64.whl
```

图 7-2 安装 whl 文件的命令行

2. 安装 FFmpeg 并配置环境变量

FFmpeg 的安装及配置见 2.5 节。

3. 安装 Whisper

Whisper 的安装在 Anaconda Prompt 中通过命令行方式安装即可，命令行如下：

```
pip install -U openai-whisper
```

该方式需要联网下载有关文件，如果一切正常，则安装将会自动完成。

安装完成后可在 Python 中通过 import whisper 命令进行测试，如图 7-3 所示。如果没有报错，则说明 Whisper 安装成功。

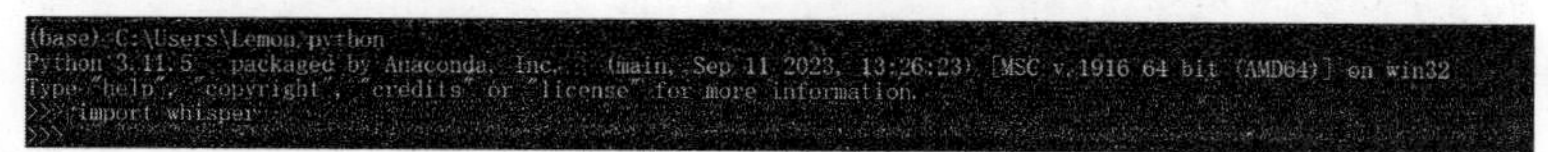

(base) C:\Users\Lemon>python
Python 3.11.5 | packaged by Anaconda, Inc. | (main, Sep 11 2023, 13:26:23) [MSC v.1916 64 bit (AMD64)] on win32
Type "help", "copyright", "credits" or "license" for more information.
>>> import whisper
>>>

图 7-3 测试 Whisper 是否安装成功

7.2 Whisper 的使用

与安装相比，Whisper 的使用要简单许多。Whisper 通常有两种使用方式：命令行方式和 Python 方式。

1. 命令行方式

命令行方式只需在 Anaconda Prompt 中直接键入命令行。Whisper 的调用方式可以通过 Whisper 的帮助命令了解，在 Anaconda Prompt 中输入的命令行如下：

```
whisper -h
```

这样便可显示帮助，如图 7-4 所示。

```
Anaconda Prompt

(base) C:\Users\Lemon>whisper -h
usage: whisper [-h] [--model MODEL] [--model_dir MODEL_DIR] [--device DEVICE] [--output_dir OUTPUT_DIR]
               [--output_format {txt,vtt,srt,tsv,json,all}] [--verbose VERBOSE] [--task {transcribe,translate}]
               [--language {af,am,ar,as,az,ba,be,bg,bn,bo,br,bs,ca,cs,cy,da,de,el,en,es,et,eu,fa,fi,fo,fr,gl,gu,ha,haw,he,hi,hr,ht,hu,hy,id,is,it,ja,jw,ka,kk
,km,kn,ko,la,lb,ln,lo,lt,lv,mg,mi,mk,ml,mn,mr,ms,mt,my,ne,nl,nn,no,oc,pa,pl,ps,pt,ro,ru,sa,sd,si,sk,sl,sn,so,sq,sr,su,sv,sw,ta,te,tg,th,tk,tl,tr,tt,uk,ur,uz,
vi,yi,yo,yue,zh,Afrikaans,Albanian,Amharic,Arabic,Armenian,Assamese,Azerbaijani,Bashkir,Basque,Belarusian,Bengali,Bosnian,Breton,Bulgarian,Burmese,Cantonese,
Castilian,Catalan,Chinese,Croatian,Czech,Danish,Dutch,English,Estonian,Faroese,Finnish,Flemish,French,Galician,Georgian,German,Greek,Gujarati,Haitian,Haitian
 Creole,Hausa,Hawaiian,Hebrew,Hindi,Hungarian,Icelandic,Indonesian,Italian,Japanese,Javanese,Kannada,Kazakh,Khmer,Korean,Lao,Latin,Latvian,Letzeburgesch,Ling
ala,Lithuanian,Luxembourgish,Macedonian,Malagasy,Malay,Malayalam,Maltese,Mandarin,Maori,Marathi,Moldavian,Moldovan,Mongolian,Myanmar,Nepali,Norwegian,Nynorsk
,Occitan,Panjabi,Pashto,Persian,Polish,Portuguese,Punjabi,Pushto,Romanian,Russian,Sanskrit,Serbian,Shona,Sindhi,Sinhala,Sinhalese,Slovak,Slovenian,Somali,Spa
nish,Sundanese,Swahili,Swedish,Tagalog,Tajik,Tamil,Tatar,Telugu,Thai,Tibetan,Turkish,Turkmen,Ukrainian,Urdu,Uzbek,Valencian,Vietnamese,Welsh,Yiddish,Yoruba}]

               [--temperature TEMPERATURE] [--best_of BEST_OF] [--beam_size BEAM_SIZE] [--patience PATIENCE]
               [--length_penalty LENGTH_PENALTY] [--suppress_tokens SUPPRESS_TOKENS] [--initial_prompt INITIAL_PROMPT]
               [--condition_on_previous_text CONDITION_ON_PREVIOUS_TEXT] [--fp16 FP16]
               [--temperature_increment_on_fallback TEMPERATURE_INCREMENT_ON_FALLBACK]
               [--compression_ratio_threshold COMPRESSION_RATIO_THRESHOLD] [--logprob_threshold LOGPROB_THRESHOLD]
               [--no_speech_threshold NO_SPEECH_THRESHOLD] [--word_timestamps WORD_TIMESTAMPS]
               [--prepend_punctuations PREPEND_PUNCTUATIONS] [--append_punctuations APPEND_PUNCTUATIONS]
               [--highlight_words HIGHLIGHT_WORDS] [--max_line_width MAX_LINE_WIDTH] [--max_line_count MAX_LINE_COUNT]
               [--max_words_per_line MAX_WORDS_PER_LINE] [--threads THREADS]
               audio [audio ...]

positional arguments:
  audio                 audio file(s) to transcribe

options:
  -h, --help            show this help message and exit
  --model MODEL         name of the Whisper model to use (default: small)
  --model_dir MODEL_DIR
                        the path to save model files; uses ~/.cache/whisper by default (default: None)
  --device DEVICE       device to use for PyTorch inference (default: cpu)
  --output_dir OUTPUT_DIR, -o OUTPUT_DIR
                        directory to save the outputs (default: .)
  --output_format {txt,vtt,srt,tsv,json,all}, -f {txt,vtt,srt,tsv,json,all}
                        format of the output file; if not specified, all available formats will be produced (default:
                        all)
  --verbose VERBOSE     whether to print out the progress and debug messages (default: True)
  --task {transcribe,translate}
```

图 7-4　Whisper 的帮助

对一个 WAV 文件进行语音识别，命令如下：

```
whisper d:\temp\talk.wav --model small --language Chinese
```

执行后结果如图 7-5 所示。

```
(base) C:\Users\Lemon>whisper d:\temp\talk.wav --model small --language Chinese
C:\Users\Lemon\anaconda3\Lib\site-packages\whisper\transcribe.py:115: UserWarning: FP16 is not supported on CPU;
using FP32 instead
  warnings.warn("FP16 is not supported on CPU; using FP32 instead")
[00:00.000 --> 00:01.400] 各位小伙伴大家好
[00:01.400 --> 00:03.000] 那么明天就是新年了
[00:03.000 --> 00:05.200] 这里先祝大家新年愉快
[00:05.200 --> 00:06.800] 最近事情也比较多
[00:06.800 --> 00:08.200] 所以一直没有做视频
```

图 7-5　命令行语音识别结果

上述命令行是简式，较为清晰明了，其中指明了下列 3 个要素：

(1) 需要识别的音频文件及路径。

(2) 采用的模型为 small。

(3) 识别的语言为 Chinese。

从图 7-5 中可以看出，识别结果较为理想。

模型文件的默认路径为 C:\user\xxx\.cache\whisper(xxx 为 Windows 中的用户名)；

在识别前 Whisper 会到该路径中寻找相应的模型文件，如果未找到，则会自动下载该模型。

2. Python 方式

在 Python 中调用 Whisper 也较为简单，下面是一个简单的例子，代码如下：

```
#第 7 章/whisper.py

import whisper

model = whisper.load_model("small")
result = model.transcribe("talk.wav")
print(result["text"])
```

上述代码运行后识别的内容和通过命令行识别的内容一致。

第 8 章 语音合成

语音合成大致可分为以下三类：

(1) 声音转换(Voice Conversion)。

(2) 文本转语音(Text To Speech，TTS)。

(3) 语音生成(Voice Generation)。

声音转换在 3.4.3 节的变速变调中已有所涉及，而另一种声音转换的方式是通过声码器进行转换，相关内容将在语音生成中介绍。本章将主要介绍文本转语音和语音生成的实现。

8.1 文本转语音

在 Windows 系统中实现文本转语音有多种方法，可以通过微软的 SAPI 实现，也可通过 Pyttsx 或 SpeechLib 库实现，下面逐一介绍实现方法。

8.1.1 使用 SAPI

SAPI 是 Speech Application Programming Interface 的简称，是一个支持多种语言的识别和朗读的语音引擎。

SAPI 的引擎位于 Microsoft Speech SDK 开发包中，其架构如图 8-1 所示。

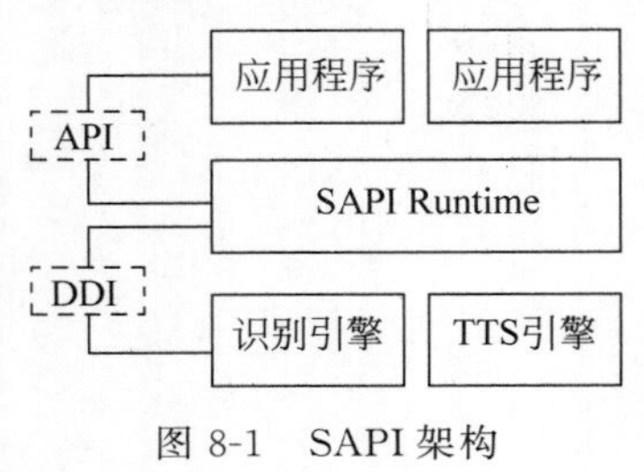

图 8-1　SAPI 架构

SAPI 中的 SpVoice 类是实现文本转语音的核心类，通过 SpVoice 对象调用 TTS 引擎即可实现文本转语音功能。

SpVoice 类的主要属性如下。

(1) voice：表示发音类型，相当于进行朗读的人。

(2) rate：语音朗读速度，取值范围为－10～＋10。数值越大，速度越快。

(3) volume：音量，取值范围为 0～100。数值越大，音量越大。

SpVoice 类的主要方法是将文本信息转换为语音并按指定的参数进行朗读。

下面是一个通过 SAPI 实现文本转语音的例子,代码如下:

```
#第 8 章/tts_SAPI.py

from win32com.client import Dispatch

speaker = Dispatch('SAPI.Spvoice')
vol = speaker.volume
rate = speaker.rate

print('音量: ', vol)
print('速度: ', rate)

speaker.speak('静夜思,李白')

speaker.rate = -5 #调低速度

speaker.speak('床前明月光')
speaker.speak('疑是地上霜')
speaker.speak('举头望明月')
speaker.speak('低头思故乡')
speaker.speak('语音信号处理,so easy')

del speaker
```

程序运行后,先在控制台输出如图 8-2 所示的信息,这是当前的音量和速度,接着将用中文和英文朗读相关文字。由于在标题“静夜思,李白”后调低了朗读速度,因此后面诗句的朗读速度明显比标题慢。

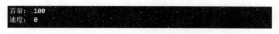

图 8-2　tts_SAPI. py 运行结果

8.1.2　使用 Pyttsx

Pyttsx 是 Python 中一个文本到语音的转换库,可以通过以下命令安装:

```
pip install pyttx3
```

使用 Pyttsx 进行文本转语音的步骤如下。

(1) 初始化语音引擎,代码如下:

```
engine = pyttsx3.init()
```

(2) 设置参数,代码如下:

```
engine.setProperty()
```

(3) 调用语音引擎进行朗读,代码如下:

```
engine.say()
```

(4) 退出语音引擎,代码如下:

```
engine.stop()
```

下面是调用 Pyttsx 进行文本转语音的例子,代码如下:

```
#第 8 章/tts_pyttsx.py

import pyttsx3

#初始化语音引擎并列举可用语音库
engine = pyttsx3.init()
voices = engine.getProperty('voices')
for voice in voices:
   print(voice)

#参数设置并显示
engine.setProperty('voice',voices[0].id)
engine.setProperty('volume', 1)                              #设置音量
engine.setProperty('rate', 200)                              #设置语速

#朗读并修改参数
engine.say('静夜思,李白')
engine.setProperty('rate', 100)                              #设置语速
engine.setProperty('volume', 0.6)                            #设置音量
engine.say('床前明月光')
engine.say('疑是地上霜')
engine.say('举头望明月')
engine.say('低头思故乡')
engine.say('语音信号处理,so easy')
vol = engine.getProperty('volume')
rate = engine.getProperty('rate')
print('音量:', vol)
print('速度:', rate)

#退出
engine.runAndWait()
engine.stop()
```

程序运行后,先是列举了系统中存在的语音库,如图 8-3 所示。系统中共有 2 人的语音库,分别为 Huihui 和 Zira,其中 Huihui 为中文(也可朗读英文),Zira 为英文(不可朗读中文)。由于不同语音库能朗读的语种不同,因此在设置时需要注意,如果设置为 Zira,则所有中文文字将被跳过。

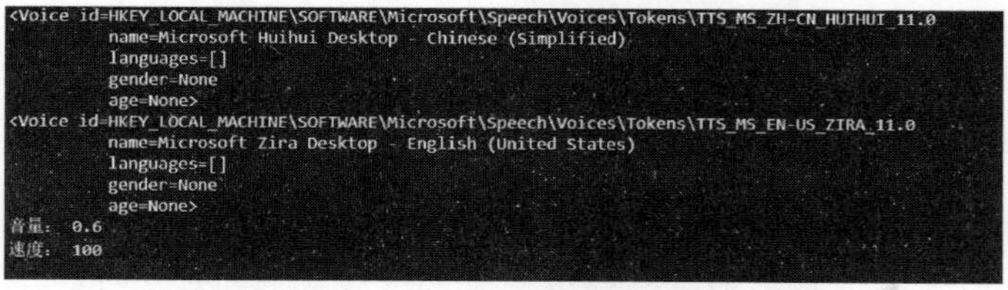

```
<Voice id=HKEY_LOCAL_MACHINE\SOFTWARE\Microsoft\Speech\Voices\Tokens\TTS_MS_ZH-CN_HUIHUI_11.0
          name=Microsoft Huihui Desktop - Chinese (Simplified)
          languages=[]
          gender=None
          age=None>
<Voice id=HKEY_LOCAL_MACHINE\SOFTWARE\Microsoft\Speech\Voices\Tokens\TTS_MS_EN-US_ZIRA_11.0
          name=Microsoft Zira Desktop - English (United States)
          languages=[]
          gender=None
          age=None>
音量: 0.6
速度: 100
```

图 8-3　tts_pyttsx.py 运行结果

8.1.3　使用 SpeechLib

上述两种方法都能够让机器实时朗读一段文字，但是不能将朗读的音频保存为文件。要做到这一点，需要使用 SpeechLib 库，其安装命令如下：

```
pip install comtypes
```

安装好库以后，实际的调用相当简单，代码如下：

```
#第 8 章/tts_speechlib.py

from comtypes.client import CreateObject
from comtypes.gen import SpeechLib

#设置用于输入的文本文件名和用于输出的音频文件名
textfile = 'speech.txt'
wavefile = 'wav/speech.wav'

#初始化引擎并建立输出连接
engine = CreateObject("SAPI.Spvoice")
stream = CreateObject('SAPI.SpFileStream')
stream.Open(wavefile, SpeechLib.SSFMCreateForWrite)
engine.AudioOutputStream = stream

#从文本文件读取文字并生成音频
file = open(textfile, 'r', encoding='utf-8')
text = file.read()
file.close()
engine.speak(text)

stream.close()
```

如果一切正常，则程序运行后将在设定的目录输出一个音频文件 speech.wav，这就是朗读输入文本形成的音频文件。

8.2　语音合成

8.2.1　World 声码器

早期的语音合成技术主要采用的是参数合成的方法，例如 Holmes 的并联共振峰合成器(1973 年)和 Klatt 的串/并联共振峰合成器(1980 年)。这一阶段最具代表性的产品当属美国DEC公司的DECTalk,著名物理学家斯蒂芬·霍金在丧失语言能力后使用的语音合成器就是DECTalk。不过,由于准确提取共振峰参数比较困难,所以这类语音合成器的语音质量还是不够理想。

语音合成中常用的一类工具是声码器。声码器(Vocoder)是声音编码器(Voice Encoder)的缩写,它实际上是一种语音分析合成系统。声码器在20世纪70年代末到80年代初非常流行,不少歌曲和电影中能听到由它合成的声音。

本节将要介绍的是World声码器。World是一个基于C语言的开源语音合成系统,是一种基于声学特征的声码器。

Wolrd声码器提取以下3种声学特征。

(1)基频(F0):基频包含了语音的韵律和结构信息。

(2)频谱包络(Spectrum Envelope),也叫频谱参数(Spectrum Parameter,SP):频谱包络描述的是声音的音色和语音的内容。

(3)非周期信号参数(Aperiodic Parameter,AP):AP描述了白噪声与脉冲序列能量的比例。

8.2.2 World声码器优点

World声码器具有以下优点。

(1)开源:World的算法没有专利且开放给任何人使用。

(2)较佳的音质:World声码器输出的声音质量优于其他传统声码器,声音中有人类自然语言的听感,而传统的声码器输出音质普遍欠佳,而且带有冰冷、生硬的机器音。

(3)处理速度:World的处理速度也高于传统声码器。一些基于神经网络的声码器虽然可以实现高质量的声音合成,但速度却十分低下,而World声码器却能做到两者兼顾。

8.2.3 World的主要模块

World系统包含DIO、CheapTrick、PLATINUM共3个语音分析模块和一个语音合成模块。语音分析模块的结构如图8-4所示,这3个模块的作用如下。

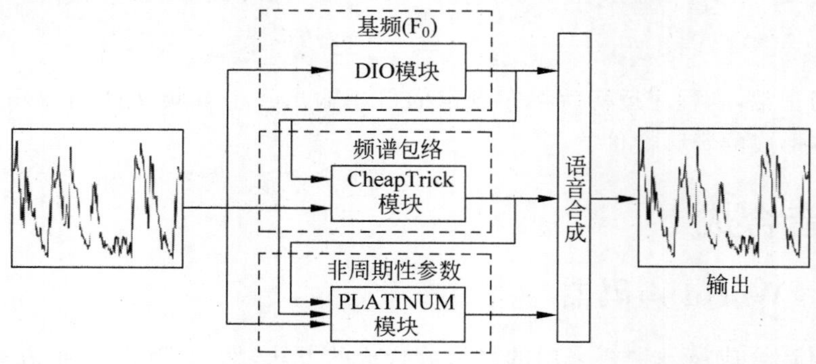

图8-4 World声码器的三大模块

（1）DIO：估计一段波形的 F_0。

（2）CheapTrick：根据波形和 F_0 来计算频谱包络。

（3）PLATINUM：基于波形、F_0 和频谱包络计算非周期性参数。

在 Python 中使用 World 声码器可以通过它的 Python 封装库 PyWorld 实现。PyWorld 的安装可通过以下命令行实现：

```
pip install pyworld
```

PyWorld 中的核心算法为 3 个语音分析算法和一个语音合成算法。

用于估计 F_0 的 harvest()函数的原型如下：

```
pyworld.harvest(x, fs, f0_floor=71.0, f0_ceil=800.0, frame_period=5.0)

【参数说明】
(1) x：输入的波形信号。
(2) fs：输入信号的采样率。
(3) f0_floor：F0 的下限，单位为 Hz，默认值为 71Hz。
(4) f0_ceil：F0 的上限，单位为 Hz，默认值为 800Hz。
(5) frame_period：连续帧之间的周期，单位为毫秒。

【返回值】
(1) f0：估计的 F0 轮廓。
(2) temporal_position：每帧的时间位置。
```

用于估计频谱包络的 cheaptrick()函数的原型如下：

```
pyworld.cheaptrick(x, f0, temporal_positions, fs, q1=-0.15, f0_floor=71.0, fft_
size=None)

【参数说明】
(1) x：输入的波形信号。
(2) f0：输入的 F0 轮廓。
(3) temporal_positions：每帧的时间位置。
(4) fs：输入信号的采样率。
(5) q1：频谱恢复参数，默认值为-0.15，此值一般情况下无须调整。
(6) f0_floor：F0 的下限，单位为 Hz。
(7) fft_size：FFT 的窗长。

【返回值】
spectrogramn：频谱包络。
```

用于估计非周期信号参数的 D4C()函数的原型如下：

```
pyworld.d4c(x, f0, temporal_positions, fs, threshold=0.85, fft_size=None)

【参数说明】
(1) x：输入的波形信号。
```

```
(2) f0：输入的 F0 轮廓。
(3) temporal_positions：每帧的时间位置。
(4) fs：输入信号的采样率。
(5) threshold：基于非周期性的清浊音决策阈值，介于 0~1。
(6) fft_size: FFT 的窗长。

【返回值】
aperiodicity：非周期性(包络)。
```

用于语音合成的 synthesize()函数的原型如下：

```
pyworld.synthesize(f0, spectrogram, aperiodicity, fs, frame_period=5.0)

【参数说明】
(1) f0：输入的 F0 轮廓。
(2) spectrogram：频谱包络。
(2) aperiodicity：非周期性包络。
(3) fs：输入信号的采样率。
(6) frame_period：连续帧之间的周期，单位为毫秒。

【返回值】
y：输出的波形信号。
```

需要注意的是，在进行语音合成时使用的频谱参数并非 cheaptrick()函数估算出的频谱包络，而是要在其基础上进行处理后才能使用，其间涉及另外两个函数。

用于对频谱包络进行降维的 code_spectral_envelope()函数的原型如下：

```
pyworld.code_spectral_envelope(spectrogram, fs, number_of_dimensions)

【参数说明】
(1) spectrogram。
(2) fs：采样率。
(3) number_of_dimensions：编码频谱包络的维度数。

【返回值】
coded_spectral_envelopen：编码的频谱包络。
```

用于将编码的频谱包络恢复完整维度的 decode_spectral_envelope()函数的原型如下：

```
pyworld.decode_spectral_envelope(coded_spectral_envelope, fs, fft_size)

【参数说明】
(1) coded_spectral_envelope。
(2) fs：采样率。
(3) fft_size:对应于完整维度的频谱包络的 FFT 窗长。

【返回值】
Spectrogram：频谱包络。
```

8.2.4 语音合成实战

在了解了上述函数的来龙去脉后，利用 PyWorld 进行语音合成就相当简单了。下面是一个语音合成的例子，用到了上述所有函数，代码如下：

```
#第 8 章/voice_synth.py

import librosa
import pyworld
import numpy as np
import matplotlib.pyplot as plt
import soundfile as sf

#加载音频
path = "wav/shengrikuaile.wav"
x, fs = librosa.load(path, sr=16000)
x = x.astype(np.double) #数据类型转换

#参数设置
frame_period = 5.0
hop_length = int(fs * frame_period * 0.001)
fftlen = pyworld.get_cheaptrick_fft_size(fs)

#特征提取
period = 5.0
dim = 128
f0, t = pyworld.harvest(x, fs, frame_period=period)
sp = pyworld.cheaptrick(x, f0, t, fs)
ap = pyworld.d4c(x, f0, t, fs)

coded = pyworld.code_spectral_envelope(sp, fs, dim)
spec = pyworld.decode_spectral_envelope(coded, fs, fftlen)

print(f0.shape)
print(sp.shape)
print(ap.shape)

#修改参数再合成
female = pyworld.synthesize(f0*2, spec, ap, fs, frame_period)
robot_f0 = np.ones_like(f0) *100
robot = pyworld.synthesize(robot_f0, sp, ap, fs)
sf.write('wav/female.wav', female, fs)
sf.write('wav/robot.wav', robot, fs)

#绘制原始波形图和合成的波形图
plt.figure(figsize=(14, 4))
librosa.display.waveshow(x, sr=fs)
plt.figure(figsize=(14, 4))
```

```
librosa.display.waveshow(female, sr=fs)
plt.figure(figsize=(14, 4))
librosa.display.waveshow(robot, sr=fs)

#绘制 F0
plt.figure(figsize=(14, 4))
plt.plot(t, f0, linewidth=2, label="F0")
plt.xlabel("Time")
plt.ylabel("Frequency")
plt.legend(fontsize=18)
plt.show()
```

程序运行后将生成两个合成语音,一个是女性化的声音 female,另一个是仿机器人的声音 robot,使用的参数可参考上述代码。此外,程序还输出了 4 幅图,依次为原语音、两个合成语音的波形图及原音频的基音频率轮廓,如图 8-5 所示。

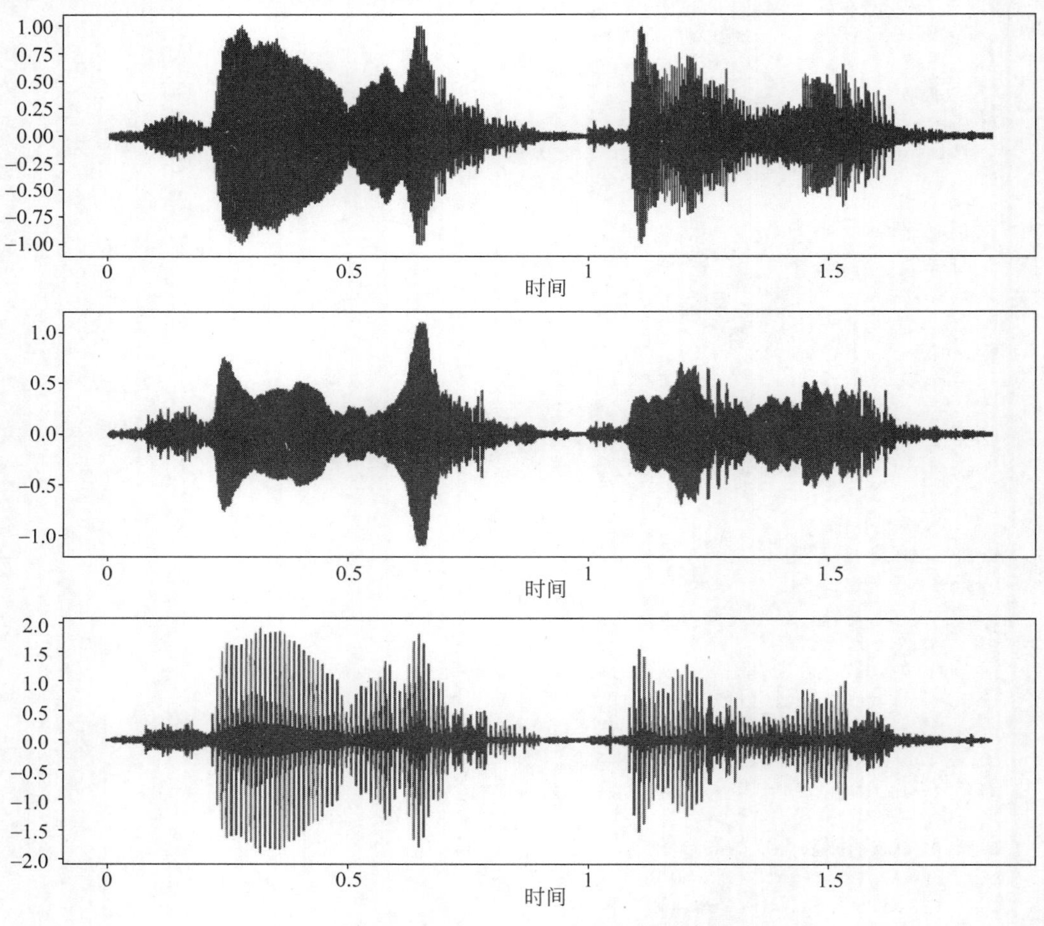

图 8-5　voice_synth.py 运行结果

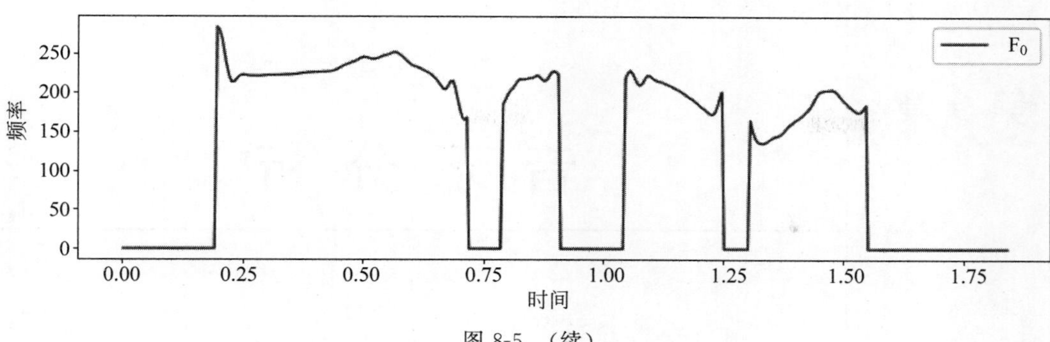

图 8-5 （续）

第 9 章

音乐分析

人类通过语言交流，也通过音乐表达思想和情感，例如欢乐、悲伤、痛苦、愤怒等情绪。音乐通常由旋律、节奏、和声等元素组成，旋律中的音符随着时间而跳动，每个音符都由音高和时值两个元素构成，如图 9-1 所示。音高决定了音符自身频率的高低，也决定了音符之间的音高关系（音程），而时值则是指音符的持续时间，时长越长的音符时值就越大。

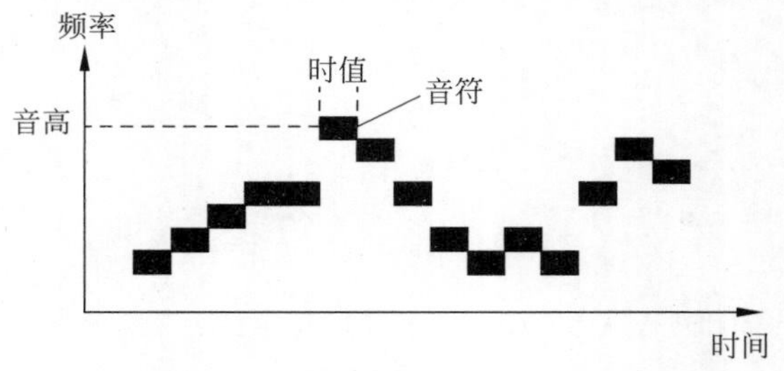

图 9-1　旋律中的音符

在对音乐进行分析之前，先对涉及的相关概念做一个简单的介绍。

9.1　常用音乐术语

1. 音名

音乐中所使用的全部乐音的总和叫作乐音体系。在乐音体系中，每个乐音都有其固定名称，这就是音名（Pitch Name）。目前国际上通用的音名用字母 C、D、E、F、G、A、B 来表示，如图 9-2 所示。

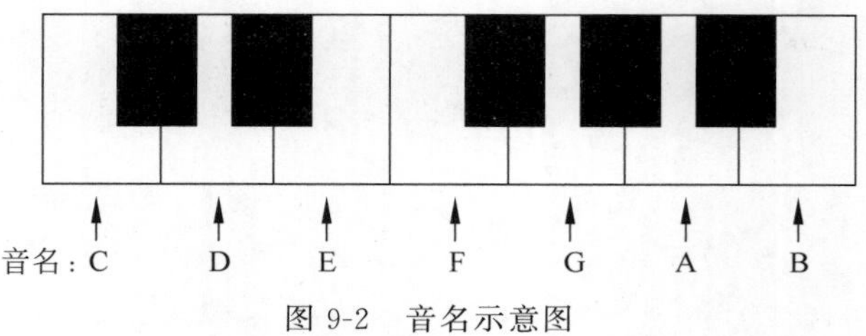

图 9-2　音名示意图

这7个音级称为基本音级(或自然音级)，它们在钢琴键盘上都是白键，而且位置是固定不变的。

2. 音程

两个音的音高间距离叫作音程，音程可以用度表示，例如简谱中的1～5、2～6是五度关系，度的计算要包括第1个音。

钢琴上相邻两个键(包括黑键)之间差半音，两个半音等于一个全音。各种音程(度)与全音或半音的关系见表9-1。

表9-1　音程与全音半音的关系

音　程	全音个数	半音个数
同度	0	0
小二度	0.5	1
大二度	1	2
小三度	1.5	3
大三度	2	4
纯四度	2.5	5
增四度	3	6
纯五度	3.5	7
小六度	4	8
大六度	4.5	9
小七度	5	10
大七度	5.5	11
八度	6	12

3. 八度

在音乐中，相邻的音组中相同音名的两个音，包括变化音级，称为八度(Octave)。

例如简谱中的1、2、3、4、5、6、7、1(音名为C、D、E、F、G、A、B、C)就是一个八度，其中后一个1的频率是前一个1的两倍。

4. 十二平均律

一个八度音程按等比数列均分为十二份，称为十二平均律。十二平均律中相邻两个音的频率比为$2^{1/12} \approx 1.05946309$。

键盘乐器上一组有12个音，即一个八度内的12个音，它们的音名如图9-3所示，其中升半音用符号♯表示，降半音用符号♭表示。

5. 中央C

中央C的频率是261.63Hz，与中央C位于同一个八度的A音是国际标准音，被人为规定为440Hz。在科学音调记号法(Scientific Pitch Notation)中，中央C被标记为C4。

钢琴键盘上中央C开始的这一音组称为小字一组，也是轴心组。小字一组往右依次为小字二组、小字三组、小字四组、小字五组；小字一组往左依次称为小字组、大字组、大字一组、大字二组，如图9-4所示。

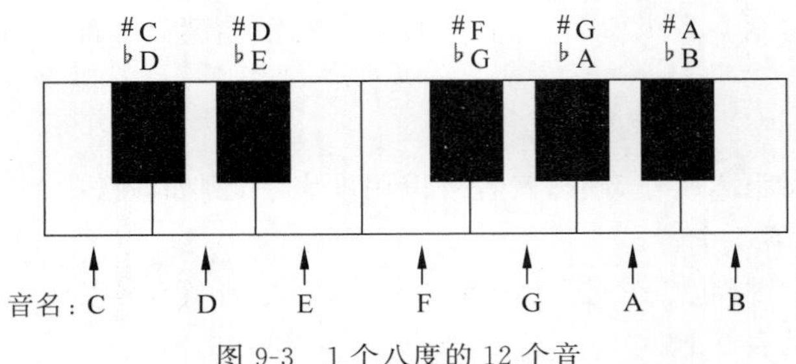

图 9-3　1个八度的12个音

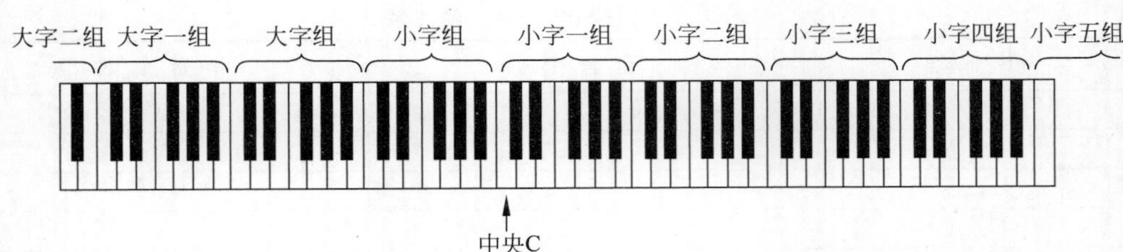

图 9-4　中央C及分组

6. 调式

若干高低不同的乐音围绕某一具有稳定感的中心音(主音),按照一定关系组织起来所构成的体系称为调式。通常把调式的主音作为起点和终点,其他各音按音高的顺序依次排列成音阶的形式称为调式音阶。

目前世界上应用最广泛的调式是大小调式。大调中主音和三度音之间是大三度关系,小调中主音和三度音是小三度关系。所谓大三度,是指两个音之间隔了两个全音的音程关系。例如,C到E之间就构成了大三度,因为C到D是一个全音,D到E也是一个全音。小三度则是指两个音之间隔了一个全音和一个半音的音程关系。例如,D到F之间就构成了小三度,因为D到E是一个全音,E到F是一个半音。

大调中一个八度内的8个音符之间的音阶关系是“全-全-半-全-全-全-半”,小调中的音阶关系则是“全-半-全-全-半-全-全”。

例如,以C(简谱中的1)为主音的1-2-3-4-5-6-7-1的组合就叫作C大调音阶,如图9-5所示,以A(简谱中的6)为主音的6-7-1-2-3-4-5-6的组合就叫作A小调音阶。

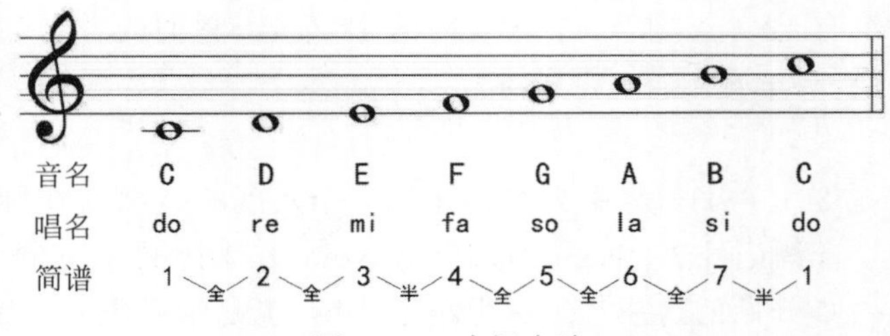

图 9-5　C大调音阶

大调给人庄重大气的感觉,因而国歌、进行曲基本是大调；小调则给人委婉细腻的感受，还常常带有一点忧伤，许多感情色彩浓厚的浪漫音乐都是小调。

调性（Tonality）是调的主音和调式类别的总称，例如 C 大调是一个调性，主音是 C，调式是大调。

9.2 音乐分析常用指标

在对语音信号进行分析时，常用的指标包括过零率、自相关函数、梅尔倒谱系数等，而在对乐音进行分析时还需要另外一些特征指标，如频带能量比、频谱特征、恒 Q 变换等。这些指标常用作乐音分析，当然也能用作语音及其他声音信号的分析。

9.2.1 频带能量比

频带能量比（Band Energy Ratio，BER）是指在整个频谱范围内不同频段的能量之比，它的计算公式如图 9-6 所示。

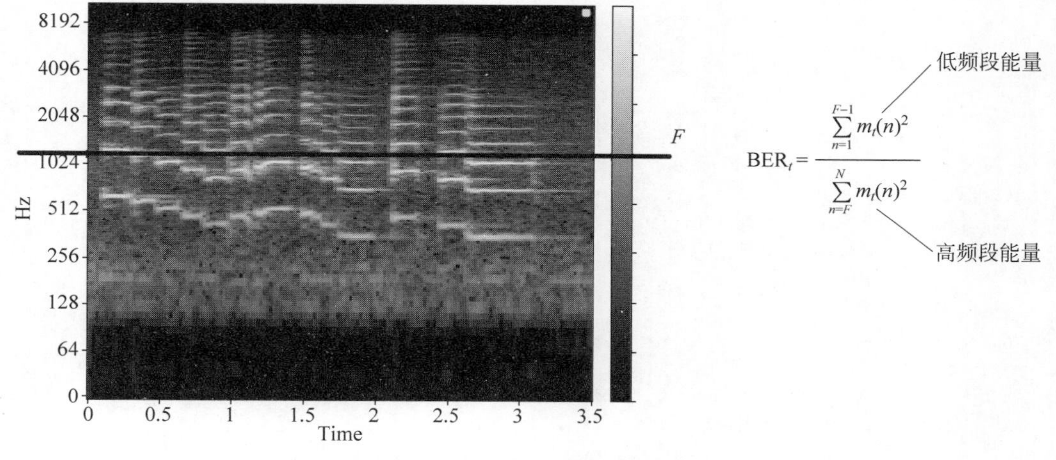

图 9-6 频带能量比的计算公式

频带能量比可以用来衡量低频占据多大优势，不过高与低并没有绝对的标准，因此在计算时需要定义一个临界频率 F，如图 9-6 所示。

频带能量比在音频信号处理中有着广泛的应用，主要包括以下几种。

（1）音频编码：频带能量比可以用来描述声音的特征，压缩音频数据。

（2）音频分类：频带能量比可作为一种特征来区分不同类型的音频信号，例如语音、音乐、环境声等。

（3）声音识别：用于语音识别和说话人识别。

（4）声音增强：通过分析音频信号在不同频段的能量分布对信号进行增强。

Librosa 中没有设置计算频带能量比的函数，不过其计算并不复杂，可自己编写。下面是一个频带能量比的例子，代码如下：

```
#第 9 章/band_energy_ratio.py


import numpy as np
import librosa
import librosa.display
import matplotlib.pyplot as plt

#计算频带能量比的子函数
def cal_BER(stft, freq, sr):
    #stft 为 stft 函数返回值,freq 为临界频率,sr 为采样率
    num = sr / 2 / stft.shape[0]
    bins = int(np.floor(freq / num))
    p = np.abs(stft)**2
    p = p.T
    BER = []

    for f in p:
        sum_low = np.sum(f[:bins])
        sum_high = np.sum(f[bins:])
        BER.append(sum_low / sum_high)

    return np.array(BER)

#读取音频文件
classic, sr = librosa.load('wav/piano.wav', sr=22050)
rock, _ = librosa.load('wav/rock.wav', sr=22050)

#短时傅里叶变换
n_fft = 2048
hop_length = 512
X1 = librosa.stft(classic, n_fft=n_fft, hop_length=hop_length)
X2 = librosa.stft(rock, n_fft=n_fft, hop_length=hop_length)

#计算频带能量比
critical_freq = 2000                                  #临界频率
ber1 = cal_BER(X1, critical_freq, sr)                 #钢琴曲
ber2 = cal_BER(X2, critical_freq, sr)                 #摇滚乐
frames = range(len(ber1))
t = librosa.frames_to_time(frames, hop_length=hop_length)

#绘制 BER 图
plt.figure()
plt.plot(t, ber1, 'b:', label='classic')              #钢琴曲为点线
plt.plot(t, ber2, color='red', label='rock')          #摇滚乐为实线
plt.legend()
plt.show()
```

程序选用了两段乐曲,其中乐曲 1 为柔和的钢琴曲,乐曲 2 则为火爆的摇滚乐,绘制出

的频带能量比曲线如图 9-7 所示。两首乐曲不但听起来差异巨大，频带能量比的图形也有着显著的区别。

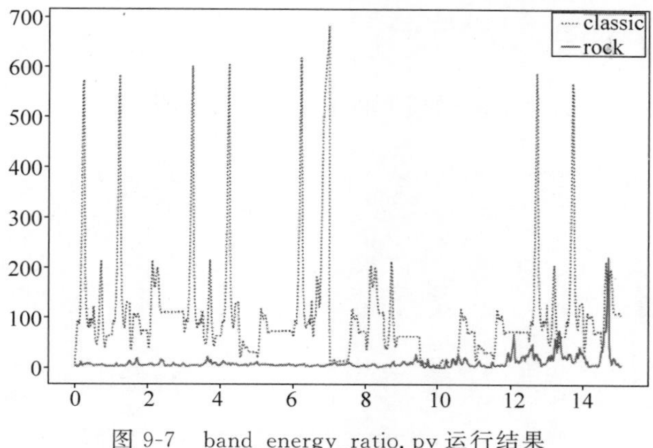

图 9-7 band_energy_ratio.py 运行结果

9.2.2 频谱特征

常用的频谱特征如下：

(1) 频谱质心(Spectral Centroid)。

(2) 频谱带宽(Spectral Bandwidth)。

(3) 频谱衰减/滚降(Spectral Rolloff)。

(4) 频谱对比度(Spectral Contrast)。

(5) 频谱平坦度(Spectral Flatness)。

频谱质心是指频率成分的重心，是在一定频率范围内通过能量加权平均计算出来的频率。频谱质心是描述音色属性的重要参数，一般来讲，阴暗、低沉的声音有较多的低频成分，频谱质心相对较低，而明亮、欢快的声音则大多集中在高频，频谱质心相对较高。

Librosa 中有提取频谱质心的函数，其原型如下：

```
librosa.feature. spectral_centroid(*, y=None, sr=22050, S=None, n_fft=2048, hop_length =512, freq=None, win_length=None, window="hann", center=True, pad_mode="constant") -> np.ndarray
```

【参数说明】

(1) y：音频时间序列。
(2) sr：y 的采样率。
(3) S：语谱图幅值。
(4) n_fft：快速傅里叶变换的序列长度。
(5) hop_length：帧移。
(6) freq：语谱图 bins 的中心频率。
(7) win_length：窗长；如果未指定，则 win_length=n_fft。
(8) window：指定的窗函数，默认为汉宁窗。
(9) center：是否中心对齐。

```
(10) pad_mode：填充模式，默认用 0 填充。

【返回值】
centroid：质心频率。
```

下面用一个简单的例子说明频谱质心的提取过程，代码如下：

```
#第 9 章/spectral_centroid.py

import librosa
import matplotlib.pyplot as plt

#读取音频文件
oboe, sr = librosa.load('wav/ByOboe.wav')
guitar, _ = librosa.load('wav/ByGuitar.wav')
violin, _ = librosa.load('wav/ByViolin.wav')

#提取频谱质心
n_fft = 1024
hop_length = 512
sc1 = librosa.feature.spectral_centroid(y=oboe,
          sr=sr, n_fft=n_fft, hop_length=hop_length)[0]
sc2 = librosa.feature.spectral_centroid(y=guitar,
          sr=sr, n_fft=n_fft, hop_length=hop_length)[0]
sc3 = librosa.feature.spectral_centroid(y=violin,
          sr=sr, n_fft=n_fft, hop_length=hop_length)[0]

#绘制频谱质心图
frames = range(len(sc1)) #3 个音频长度相同
t = librosa.frames_to_time(frames, hop_length=hop_length)

plt.figure(figsize=(20,10))
plt.plot(t, sc1, '-.', color='b', label='oboe')
plt.plot(t, sc2, '-', color='g', label='guitar')
plt.plot(t, sc3, '--', color='r', label='violin')
plt.title('Spectral Centroid')
plt.legend()
plt.show()
```

程序中对 3 种不同乐器演奏的同一首乐曲分别提取了频谱质心，并绘制出如图 9-8 所示的频谱质心图，不同乐器的音色差异显而易见。

与频谱质心类似，频谱带宽也能在一定程度上反映音色的不同，例如钢琴的频谱带宽较宽，而小提琴的频谱带宽则相对较窄。另外，频谱带宽还能反映音乐的风格，如古典乐的频谱带宽通常较窄，而爵士乐和流行音乐则相对较宽。

Librosa 中计算频谱带宽的函数原型如下：

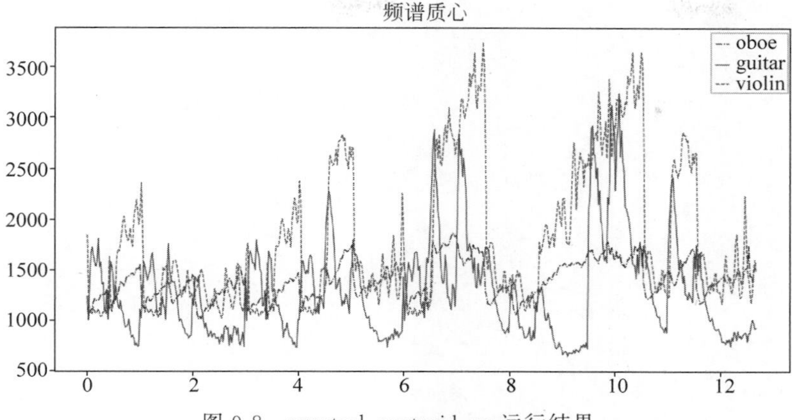

图 9-8　spectral_centroid.py 运行结果

```
librosa.feature.spectral_bandwidth(*, y=None, sr=22050, S=None, n_fft=2048, hop
_length=512, win_length=None, window="hann", center=True, pad_mode ="constant",
freq=None, centroid=None, norm =True, p=2) -> np.ndarray
```

【参数说明】

(1) y：音频时间序列。
(2) sr：y 的采样率。
(3) S：语谱图幅值。
(4) n_fft：FFT 的序列长度。
(5) hop_length：帧移。
(6) win_length：窗长；如果未指定，则 win_length=n_fft。
(7) window：指定的窗函数，默认为汉宁窗。
(8) center：是否中心对齐。
(9) pad_mode：填充模式，默认用 0 填充。
(10) freq：频谱 bins 的中心频率。
(11) centroid：预先计算的频谱质心。
(12) norm：是否对每帧频谱能量归一化。
(13) p：从频谱质心计算偏离值的指数幂。

【返回值】

bandwidth：每帧的频率带宽。

下面仍用频谱质心示例中的 3 个音频文件计算频谱带宽，代码如下：

```
#第 9 章/spectral_bandwidth.py

import librosa
import matplotlib.pyplot as plt

#读取音频文件
oboe, sr = librosa.load('wav/ByOboe.wav')
guitar, _ = librosa.load('wav/ByGuitar.wav')
violin, _ = librosa.load('wav/ByViolin.wav')
```

```
#提取频谱带宽
n_fft = 1024
hop_length = 512
bandwidth1 = librosa.feature.spectral_bandwidth(y=oboe,
          sr=sr, n_fft=n_fft, hop_length=hop_length)[0]
bandwidth2 = librosa.feature.spectral_bandwidth(y=guitar,
          sr=sr, n_fft=n_fft, hop_length=hop_length)[0]
bandwidth3 = librosa.feature.spectral_bandwidth(y=violin,
          sr=sr, n_fft=n_fft, hop_length=hop_length)[0]

#绘制频谱带宽图
frames = range(len(bandwidth1))
t = librosa.frames_to_time(frames, hop_length=hop_length)

plt.figure(figsize=(20,10))
plt.plot(t, bandwidth1, '-.', color='b', label='oboe')
plt.plot(t, bandwidth2, '-', color='g', label='guitar')
plt.plot(t, bandwidth3, '--', color='r', label='violin')
plt.title('Spectral Bandwidth')
plt.legend()
plt.show()
```

程序的运行结果如图 9-9 所示,3 种乐器的频谱带宽也有着明显的不同。

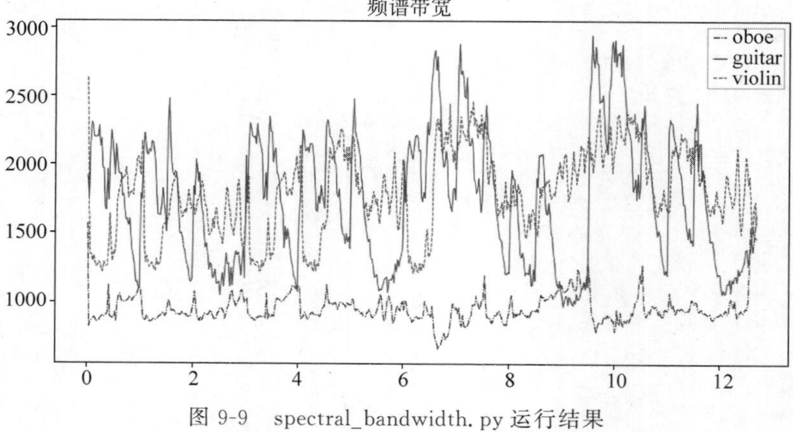

图 9-9 spectral_bandwidth. py 运行结果

除了频谱质心和频谱带宽以外,常用的频谱特征还有频谱衰减/滚降、频谱对比度和频谱平坦度。它们的函数原型分别如下:

```
librosa.feature.spectral_rolloff(*, y=None, sr=22050, S=None, n_fft=2048, hop_
length =512, win_length=None, window="hann", center=True, pad_mode ="constant",
freq=None, roll_percent=0.85) -> np.ndarray
```

```
librosa.feature.spectral_contrast(*, y=None, sr=22050, S=None, n_fft =2048, hop
_length=512, win_length=None, window="hann", center=True, pad_mode="constant",
freq=None, fmin=200.0, n_bands=6, quantile=0.02, linear=False) -> np.ndarray
```

```
librosa.feature.spectral_flatness(*, y=None, S=None, n_fft =2048, hop_length =
512, win_length=None, window="hann", center=True, pad_mode="constant", amin=1e-
10, power=2.0) -> np.ndarray
```

这些函数的参数与频谱质心大致相同,这里就不详细介绍了。

9.2.3 恒Q变换

在音乐中,一个八度音程按同样的比例被均分为十二份,即十二平均律。十二平均律对应着钢琴中一个八度上的12个半音,相邻的半音之间的频率比为 $2^{1/12}$,而高八度音的频率是低八度音的两倍。可见,在乐音体系中声音都是以指数形式分布的,而傅里叶变换得到的频谱则是线性分布的,两者无法一一对应。为了解决这个问题,在对乐音进行分析时一般采用一种具有相同指数分布规律的时频变换算法:恒Q变换(Constant Q Transform,CQT)。

恒Q变换指中心频率按指数规律分布、滤波带宽不同但中心频率与带宽比为常量Q的滤波器组。与傅里叶变换不同,恒Q变换频谱的横轴频率不是线性的,而是基于 $\log_2()$ 的对数分布,并且可以根据谱线频率的不同改变滤波窗长度,以获得更好的性能。由于CQT与音阶频率的分布相同,所以通过计算音乐信号的CQT谱,可以直接得到音乐信号在各音符频率处的振幅值。

恒Q变换在乐音处理中较为常见,Librosa中设有恒Q变换的函数,其原型如下:

```
librosa.cqt(y, *, sr=22050, hop_length=512, fmin=None, n_bins=84, bins_per_
octave=12, tuning=0.0, filter_scale=1, norm=1, sparsity=0.01, window="hann",
scale=True, pad_mode="constant", res_type="soxr_hq", dtype=None) -> np.ndarray
```

【参数说明】
(1) y:音频时间序列。
(2) sr:y的采样率。
(3) hop_length:连续的CQT列之间的样本数。
(4) fmin:最小频率;默认音高为C1,约为32.70Hz。
(5) n_bins:频率的bins数,自fmin起。
(6) bins_per_octave:每八度的bins数。
(7) tuning:微调偏移量。
(8) filter_scale:滤波器尺度因子。
(9) norm:归一化函数中的norm值。
(10) sparsity:稀疏度,[0, 1)范围内的浮点数。
(11) window:窗函数。
(12) scale:是否缩放,布尔型。
(13) pad_mode:填充模式。
(14) res_type:下采样时的重采样模式。
(15) dtype:输出数组的(复数)数据类型。

【返回值】
CQT:每个频率的恒Q值。

下面用一个简单的例子说明该函数的用法,代码如下:

```
#第 9 章/cqt.py

import librosa
import numpy as np
import matplotlib.pyplot as plt

#读取音频文件并进行恒 Q 变换
y, sr =librosa.load('wav/ByPiano.wav')
C = np.abs(librosa.cqt(y, sr=sr))
S = librosa.amplitude_to_db(C, ref=np.max)

#绘制图像
plt.figure()
img = librosa.display.specshow(S, sr=sr, x_axis='time', y_axis='cqt_note')
plt.title('Constant-Q power spectrum')
plt.colorbar(img, format="%+2.0f dB")
```

该程序的输入文件是一首钢琴曲，程序运行后输出了如图 9-10 所示的图像。图中特别亮的横杠是能量特别强的地方，相当于该处的音高，如果和该曲的五线谱比较一下，则可以发现两者有着惊人的相似之处。

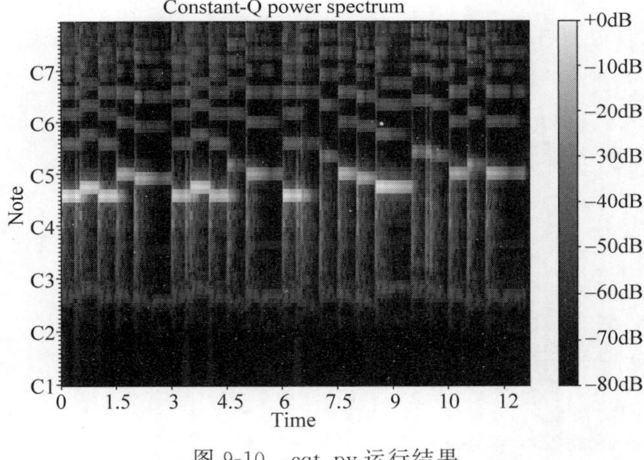

图 9-10　cqt.py 运行结果

9.3　声音的包络

用音频软件打开一个声音文件后将显示其波形图。如果将波形图持续不断地缩小，直到各个峰值都粘连在一起，则此时的图形就是音频的音量包络。

声音的包络(Envelope)是指声音的总体形状。目前最常见的包络模型是 ASDR 包络，它将声音分为起音(Attack)、衰减(Decay)、延迟(Sustain)和释音(Release)4 个阶段，如图 9-11 所示，这 4 个单词的首字母连起来就是 ADSR。

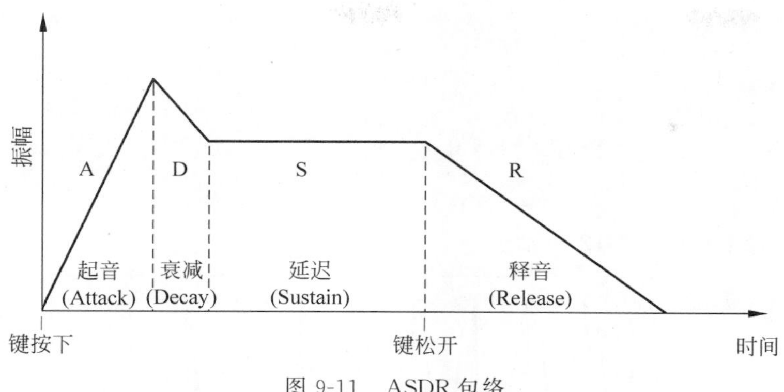

图 9-11　ASDR 包络

1. 起音

声音从零开始上升到音量最大这一阶段称为起音。敲击型乐器，如钢琴，起音段非常短；打击乐器，如鼓，起音段甚至几乎为 0，而小提琴这类弦乐器，当琴弦被温柔地拉响时，起音阶段可长达数秒。

2. 衰减

某些乐器，当音量达到最大后会下落至一个稳态值，这阶段称为衰减。

3. 延迟

如果在弹奏电子琴时持续按住一个琴键，则经过起音和衰减阶段后，音量会进入一个较为稳定的状态，这就是延迟。延迟一般适用于管乐器和弦乐器。

4. 释音

从音源停止振动后保存的能量被释放，声音仍能持续一段时间，这就是释音阶段。钢琴在不踩踏板时释音很短，踩踏板时则释音很长。

音频信号的包络可以用 Hilbert 变换产生，代码如下：

```
#第 9 章/envelope.py

import numpy as np
import matplotlib.pyplot as plt
import scipy.signal as signal

#生成信号
seconds = 2.0
fs = 400.0
num = int(fs * seconds)
t = np.arange(num) / fs

x = signal.chirp(t, 10.0, t[-1], 35.0)
x *= (1.0 + 0.6 * np.sin(2*np.pi * 5.0*t))

#用 Hilbert 变换生成包络
h = signal.hilbert(x)
```

```
envelope = np.abs(h)

#绘制波形图和包络
plt.plot(t, x, label='signal')
plt.plot(t, envelope, label='envelope')
plt.show()
```

程序的运行结果如图 9-12 所示。

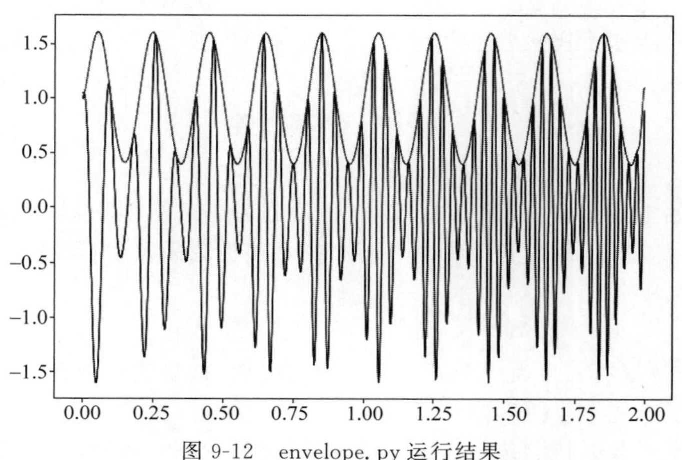

图 9-12 envelope.py 运行结果

每种乐器的音色各有不同,其 ADSR 也千差万别。例如,钢琴的起音相当短,鼓的起音近似为 0;长笛的起音和释音都较短,小提琴的起音和释音都很长等。

9.4 节拍检测

将一系列音符按照一定方式排列起来就组成了旋律,而节拍又为旋律提供了节奏框架,使旋律得以展开和发展。在对音乐进行分析处理时,节拍检测是一个相当基础的操作,为此,Librosa 中专门提供了用于节拍检测的 librosa.beat.beat_track()函数。

据 Librosa 的文档介绍,该函数采用的是动态规划算法,源自 Daniel P. W. Ellis 的一篇名为 *Beat Tracking by Dynamic Programming* 的论文,该算法可以分为以下 3 步:

(1) 测量起点强度(Onset Strength)。

(2) 根据起点相关性估计节奏。

(3) 选取与估计节奏大致一致的起点强度的峰值。

起点(Onset)一般是指能量(或音高、音色)发生改变的那一刻,起点检测(Onset Detection)是音乐信号处理中非常重要的一环,节拍(Beat)和速度(Tempo)的检测都会依赖于它。

Librosa 中用于检测起点强度的函数原型如下:

```
librosa.onset.onset_strength(*, y=None, sr =22050, S=None, lag=1, max_size =1,
ref=None, detrend =False, center =True, feature=None, aggregate=None, **kwargs)
-> np.ndarray

【参数说明】
(1) y：音频时间序列。
(2) sr：y 的采样率。
(3) S：预先计算的(对数能量)谱。
(4) lag：时延。
(5) max_size：本地最大滤波器的尺寸，如果设为 1，则可关闭滤波器。
(6) ref：预先计算的参考频谱，与 S 的 shape 相同。
(7) detrend：是否过滤起点强度以去除直流分量。
(8) center：将起点函数移动 n_fft//(2*hop_length)帧。
(9) feature：计算时序特征的函数。
(10) aggregate：在不同频率 bins 合并起点的聚集函数。

【返回值】
onset_envelope：包含起点强度包络的向量。
```

下面举例说明如何计算音乐的起点强度包络，代码如下：

```
#第 9 章/onset.py

import librosa
import matplotlib.pyplot as plt
import numpy as np

#读取音频文件并进行短时傅里叶变换
y, sr = librosa.load('wav/trumpet.wav')
S = np.abs(librosa.stft(y))
t = librosa.times_like(S)
db = librosa.amplitude_to_db(S, ref=np.max)

#绘制频谱图
fig, ax = plt.subplots(nrows=2, sharex=True)
librosa.display.specshow(db, x_axis='time', y_axis='log', ax=ax[0])
ax[0].set(title='Spectrogram')
ax[0].label_outer()

#计算起点强度并绘图
env = librosa.onset.onset_strength(y=y, sr=sr)
ax[1].plot(t, 2 + env / env.max(), alpha=0.8, label='Mean')
```

程序中采用了一段小号演奏的乐曲，运行后将输出如图 9-13 所示的频谱图和起点强度包络，注意起点强度中各峰值处与频谱图中的对应关系。

在起点强度的基础上就能对音乐的节拍做出估计，Librosa 中的节拍检测函数的原型如下：

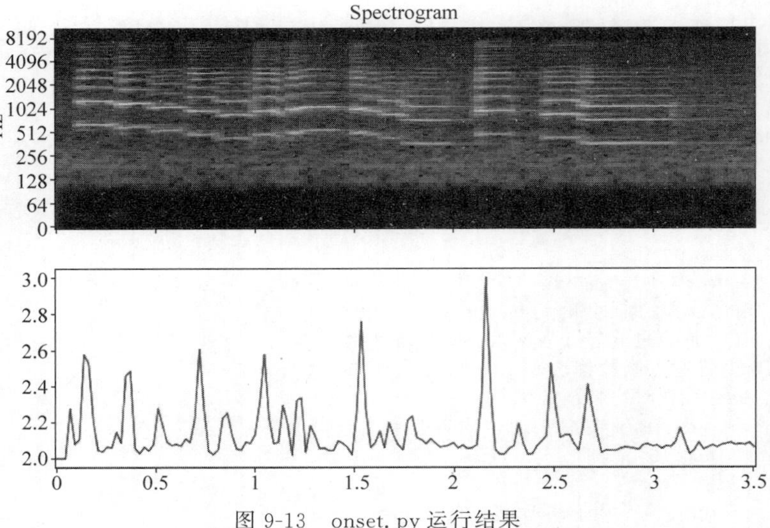

图 9-13　onset.py 运行结果

```
librosa.beat.beat_track(*, y=None, sr=22050, onset_envelope=None, hop_length =
512, start_bpm=120.0, tightness=100, trim=True, bpm=None, prior=None, units="
frames") -> Tuple[float, np.ndarray]
```

【参数说明】

(1) y：音频时间序列。
(2) sr：y 的采样率。
(3) onset_envelope：预先计算的起始强度包络。
(4) hop_length：连续的 onset_envelope 值之间的音频样本数。
(5) start_bpm：节奏的预估值(单位为 BPM)。
(6) tightness：围绕节奏的节拍分布紧密度。
(7) trim：是否修剪起始强度较弱的首尾节拍。
(8) bpm：如果提供了此值，则以此值作为节奏值而非根据起点估计。
(9) prior：对节奏的优先分布，如果提供了此值，则将忽略 start_bpm 的值。
(10) units：检测到的节拍事件的编码单位，默认值为"帧"。

【返回值】

(1) tempo：估计的全局节奏，单位为 BPM。
(2) beats：估计的节拍事件发生的位置，单位由 units 指定。

下面用一个例子说明节拍检测的方法，代码如下：

```
#第 9 章/beat_track.py

import librosa
import numpy as np
import matplotlib.pyplot as plt

#读取音频文件
```

```
y, sr = librosa.load('wav/beat.wav')

#绘制梅尔频谱图
fig, ax = plt.subplots(nrows=2, sharex=True)
env = librosa.onset.onset_strength(y=y, sr=sr, aggregate=np.median)
t = librosa.times_like(env, sr=sr)
mel = librosa.feature.melspectrogram(y=y, sr=sr)
db = librosa.power_to_db(mel, ref=np.max)
librosa.display.specshow(db, x_axis='time', y_axis='mel', ax=ax[0])
ax[0].set(title='Mel Spectrogram')

#节拍检测并绘制节拍图
ax[1].set(title='Beats')
tempo, beats = librosa.beat.beat_track(sr=sr, onset_envelope=env)
norm = librosa.util.normalize(env)
ax[1].plot(t, norm, label='Onset Strength')
ax[1].vlines(t[beats], 0, 1, color='r', linestyle='dotted',
          label='Beats')
ax[1].legend()
```

程序中使用的音频是用几种乐器打出的节奏，程序的运行结果如图 9-14 所示。图中用点线标出了识别出的节奏点，共 8 处，注意并非所有起点强度的峰值都会被识别为节奏点。

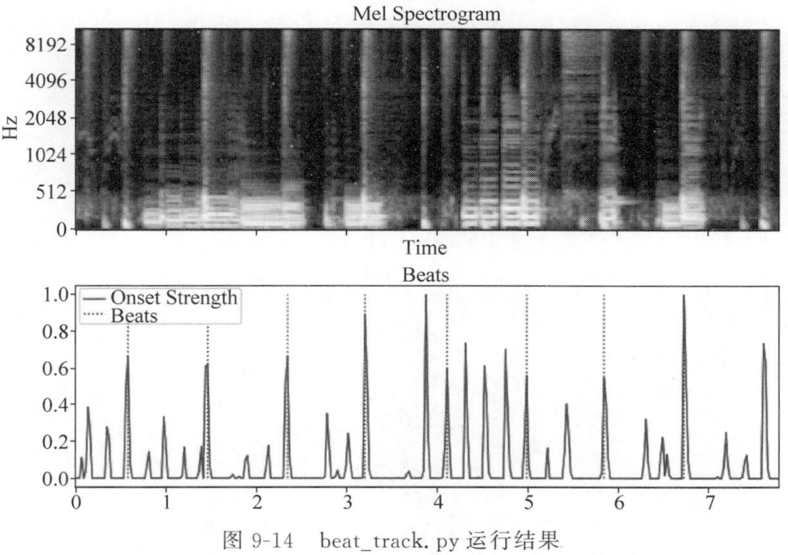

图 9-14 beat_track.py 运行结果

9.5 音高识别

一首乐曲是否动听，很大程度上取决于音高是否准确，而从音频信号中识别出音符的音高则有着不小的难度，不过 Python 中的 Parselmouth 库却做到了。实际上，Parselmouth

就是 Praat 的 Python 库。

安装 Parselmouth 库只需在 Anaconda Prompt 中输入如下命令行：

```
pip install praat-parselmouth
```

如果要获取乐曲的音高，则只需调用 to_pitch()函数。

下面的程序将对一段乐曲进行音高检测并将音高绘制出来，代码如下：

```
#第 9 章/draw_pitch.py

import parselmouth
import numpy as np
import matplotlib.pyplot as plt

def drawpitch(pitch):
    val = pitch.selected_array['frequency']
    val[val == 0] = np.nan
    plt.plot(pitch.xs(), val, 'ro', markersize=3)
    plt.grid(True)
    plt.ylim(0, pitch.ceiling)
    plt.ylabel("freqency (Hz) ")

#读取音频文件并获取音高
snd = parselmouth.Sound("wav/impro.wav")
pitch = snd.to_pitch()

#绘图
plt.figure(figsize=(15,8))
plt.twinx()

#绘制音阶的基准线
for i in range(-10,0):
    freq= 440 * (2 ** (i/12))
    plt.axline((0, freq), (1, freq), lw=1)

#绘制乐音的音高
drawpitch(pitch)
plt.xlim([snd.xmin, snd.xmax])
plt.ylim(200, 440)
plt.show()
```

程序的运行结果如图 9-15 所示，程序识别的音高与音阶的基准线高度吻合，这也说明乐曲演奏的音很准。如果有参考的乐谱，则此方法可以识别演唱(演奏)是否跑调，甚至可以判别是否存在假唱。

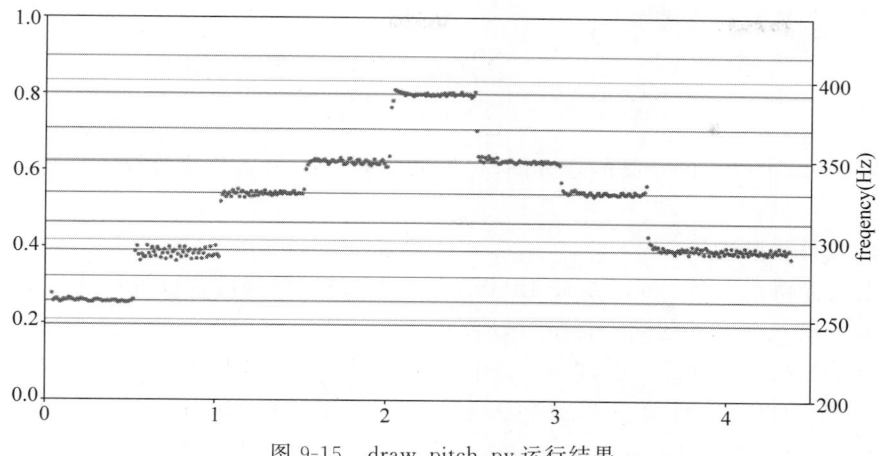

图 9-15 draw_pitch.py 运行结果

9.6 调性分析

有时需要根据乐曲分析出它的调性，而这需要有相当的乐理知识。那么，能否让计算机自动进行判断呢？实际上，确实有不少人对此进行了研究并总结出一些调性分析的算法。

Music21 库就提供了对调性进行估计的 analyze()函数。Music21 是一个功能强大的计算音乐学分析工具包，对它的详细介绍将放在第 10 章，此处仅介绍其中的调性估计函数，其原型如下：

```
stream.analyze(method: str, **keywords)

【参数说明】
method：调用的分析方法，可选参数如下。
◆'ambitus'：分析音域。
◆'key'：分析调性。
```

调用上述函数可以很简单地估计乐曲的调性，下面是一个简单的例子，代码如下：

```
from music21 import converter

stream = converter.parse('wav/test.mid')
estimate_key = stream.analyze('key')
print(estimate_key)
```

上述代码运行后将输出 test.mid 文件的调性：C major。Music21 的文档指出，在参数为'key'时，analyze()函数采用了 Krumhansl Schmuckler 算法进行调性分析。

Krumhansl-Schmuckler 算法实际上是用皮尔逊相关系数（Pearson Correlation Coefficient）来确定最佳的调性。计算皮尔逊相关系数根据两个序列计算出一个介于－1.0～＋1.0 的值，如果该值接近于 0，则表示匹配很差，如果该值接近于 1，则表示匹配良好。

皮尔逊相关系数的公式如下：

$$R(x,y)=\frac{\sum(x_n-\bar{x})(y_n-\bar{y})}{\sqrt{\sum(x_n-\bar{x})^2(y_n-\bar{y})^2}} \tag{9-1}$$

其中，x 是从乐谱中提取的音高的直方图，y 是某个调试中十二音阶的权重列表，$\bar{x}$ 和 $\bar{y}$ 是每个输入的平均值。

算法的具体步骤如下：

(1) 生成音高直方图。此处统计 12 个音阶的总时长(根据设置也可只统计起音次数而不是时长)，不同八度之间的同一音阶可以合并。

(2) 选择一种调性特征权重，根据(1)中的统计值与此特征权重(共 24 个权重值，12 个音阶分大小调共 24 个)计算皮尔逊相关系数，可选权重有 Krumhansl-Kessler、Aarden-Essen、Simple、Bellman-Budge、Temperley-Kostka-Payne，其中默认值为 Krumhansl-Kessler 特征权重，权重值见表 9-2。

表 9-2 Krumhansl-Kessler 特征权重表

SN	调性	权重	SN	调性	权重
1)	C	6.35	13)	c	6.33
2)	C#	2.23	14)	c#	2.68
3)	D	3.48	15)	d	3.52
4)	D#	2.33	16)	d#	5.38
5)	E	4.38	17)	e	2.6
6)	F	4.09	18)	f	3.53
7)	F#	2.52	19)	f#	2.54
8)	G	5.19	20)	g	4.75
9)	G#	2.39	21)	g#	3.98
10)	A	3.66	22)	a	2.69
11)	A#	2.29	23)	a#	3.34
12)	B	2.88	24)	b	3.17

(3) 每种调性计算出一个相关系数，其中绝对值最大的调性即为估计出的调性。

当然，上述算法得出的调性只是一个估计值，并不一定准确。由于各种权重值对不同音高的重视程度不同，所以其结果也具有一定的倾向性，如默认的 Krumhansl-Kessler 权重就强烈倾向于将属音(Dominant key)判断成主音。

第 10 章

MIDI 文件编程

乐器数字接口(Musical Instrument Digital Interface,MIDI)用音符的数字控制信号来记录音乐,因而它的体积非常小。MIDI 是"计算机能理解的乐谱",是编曲界最广泛运用的音频格式。

10.1 MIDI 文件格式剖析

10.1.1 HC 和 TC

与 WAV 文件类似,MIDI 文件也是由 Chunk 组成的。MIDI 中的 Chunk 分为 Header Chunk(以下简称 HC)和 Track Chunk(以下简称 TC)两种,HC 中保存了 MIDI 文件的一些重要信息,TC 中则保存了一系列的 MIDI 事件。HC 和 TC 分别以标识符"MThd"或"MTrk"开头,后跟 4 字节的 length 字段,表示后面还有多少字节的内容。在 WAV 文件中表示 Chunk 大小的 4 字节是以 Little-endian 方式排列的,在解读时需要将其倒置,而 MIDI 文件中的 length 字段则无须如此。

下面以一个 MIDI 文件为例进行说明,该文件(开头部分)的十六进制形式如图 10-1 所示,图中用方框标出了 MThd 或 MTrk 这两个标识符。

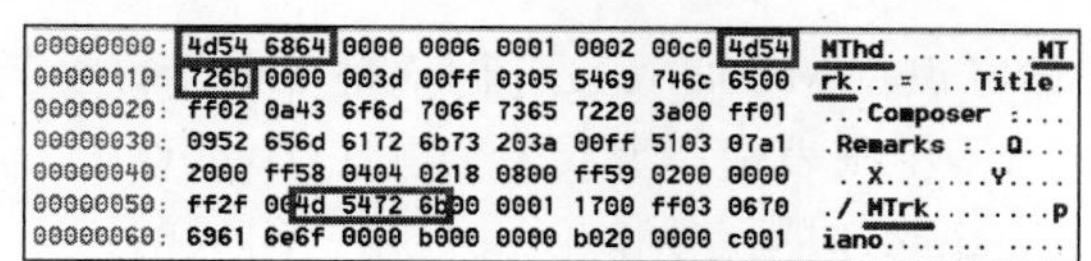

图 10-1 一个 MIDI 文件的十六进制形式

从官方文档可知,HC 的结构如下:

```
<Header Chunk> = <chunk type> <length> <format> <ntrks> <division>
```

事实上,HC 中的 length 字段永远是 0000 0006,即后面有 6 字节的信息,因此 HC 总长是固定的 14 字节。这 6 字节又可分为 format、ntrks 和 division 3 部分,每部分 2 字节,其中 format 仅有 3 种可能的取值,具体如下:

```
0：单音轨
1：多音轨,同步
2：多音轨,不同步
```

其后的 ntrks 表示该 MIDI 文件中的音轨数,即有多少个 MTrk 开头的 Chunk。此数字中包括一个全局的音轨,其中有歌曲的附加信息(如标题、版权)、歌曲速度等内容。

最后的 division 表示指定的基本时间格式类型,又可分为以下两种：

```
格式 1：直接记录了每个四分音符的长度是多少个 tick。
格式 2：基于 SMPTE 格式,定义属于何种 SMPTE 标准及一帧有多少个 tick。
```

格式 1 和格式 2 的区别在于最高位,最高位为 0 代表格式 1,最高位为 1 代表格式 2。

这里涉及 beat(拍子)和 tick 这两个概念。MIDI 中一个拍子是指一个四分音符,tick 则是 MIDI 文件中最小的时间单位,上述格式 1 的数值就是用来表示一个拍子可以分成多少份的。

了解了上述内容后,就可以对上述文件中的 HC 进行解读了,具体见表 10-1。

表 10-1 MIDI 文件中 HC 部分解读

偏移地址	字节数	Hex	字段内容	具体含义
00H	4	4D 54 68 64	"MThd"	MIDI 文件标志
04H	4	00 00 00 06	length=6	后有 6 字节数据
08H	2	00 01	format=1	格式为多音轨且同步
0aH	2	00 02	ntrks=2	共有两个音轨,包括 1 个全局音轨
0cH	2	00 C0	division=192	1 个四分音符=192 个 tick

10.1.2 时间差

TC 的结构与 HC 不同,具体如下：

```
<Track Chunk> = <chunk type> <length> <Mtrk event>+
```

其中,chunk type 即 TC 的标识符 MTrk,length 同样是 4 字节的数字,表明(此音轨)后面还有多少字节；< MTrk event >+则表示一个或多个事件(Event)。

Mtrk event 是由 delta-time(时间差)和 event(事件)组成的：

```
<Mtrk event> = <delta-time> <event>
```

所谓时间差,指的是前一个事件到该事件的时间数。如果音轨第 1 个事件发生在开头,或者两个事件同时发生,则将时间差设为 0。

时间差使用可变长度的形式存储数据,单位为 tick,其每字节仅有 7 个有效位,最高位若非零,则表示后面还有下一字节,但最多只能是 4 字节,以此种方式记录数字的字节称为动态字节。下面用实例说明,假设某个 delta-time 由“82 c0 03”3 字节组成,这代表多少个 tick 呢？具体解析见表 10-2。

表 10-2 delta-time 的计算实例

Hex	二 进 制	标 志 位	有 效 数 字
82	1 0000010	1	2
c0	1 1000000	1	64
03	0 0000011	0	3

前 2 字节的最高位都是 1,说明后面还有字节,第 3 字节的最高位为 0,说明已经是最后一字节了。提取 3 字节的后 7 位,分别代表数字 2、64 和 3。于是“82 c0 03”代表的数字是 2×128×128+64×128+3=40963。

10.1.3 事件

在理解了动态字节的概念后,再来看一个更为复杂的概念:事件。事件可以分为 MIDI 事件(MIDI Event)、系统事件(Sysex Event)和元事件(Meta-Event)3 类。

1. 元事件

元事件是指以 FF 开头的事件,常用元事件的格式及含义见表 10-3。

表 10-3 MIDI 文件中的元事件举例

元事件格式	元事件含义
FF 00 02 ssss	音序号
FF 01 len text	文字事件
FF 02 len text	版权信息
FF 03 len text	音轨名
FF 04 len text	乐器名称
FF 05 len text	歌词
FF 06 len text	标记
FF 07 len text	开始点
FF 2F 00	音轨结束标志
FF 51 03 tttttt	速度(1 个四分音符的微秒数)
FF 58 04 nn dd cc bb	节拍
FF 59 02 sf mi	调号
FF 7F len data	音序特定信息

上述元事件通常出现在全局轨中,根据上述定义可对第 1 个音轨的数据进行解读(该文件中某些信息并不完整),见表 10-4。

表 10-4 MIDI 文件一个音轨数据解读

偏移地址	字节数	Hex	具体含义或内容
0eH	4	4D 54 72 6B	"MTrk";此为全局轨
12H	4	00 00 00 3D	length=61
16H	3	00 FF 03	音轨名
19H	1	05	length=5

续表

偏移地址	字节数	Hex	具体含义或内容
1aH	5	54 69 74 6C 65	"Title"
1fH	3	00 FF 02	版权信息
22H	1	0A	length＝10
23H	10	43 6F 6D 70 6F 73 65 72 20 3A	"Composer :"
2dH	3	00 FF 01	文字事件
30H	1	09	length＝9
31H	9	52 65 6D 61 72 6B 73 20 3A	"Remarks :"
3aH	3	00 FF 51	速度
3dH	1	03	length＝3
3eH	3	07 A1 20	07a120H＝500000，1 个四分音符为 50 万微秒，即 0.5s
41H	3	00 FF 58	节拍
44H	1	04	length＝4
45H	4	04 02 18 08	4/4 拍
49H	3	00 FF 59	调号
4cH	1	02	length＝2
4dH	2	00 00	
4fH	4	00 FF 2F 00	音轨结束标志

2. MIDI 事件

MIDI 事件中最常见的是以下两类：

```
9n xx yy: 按下音符(开始发音)
8n xx yy: 松开音符(停止发音)
```

其中，n 代表第 n 个通道；xx 是音符的代号；yy 代表力度。

MIDI 中的音符共 128 种，编号为 0～127，其中中央 C 的编号是 60，所有音符代号见表 10-5。

表 10-5　MIDI 音符表

音符	八度区间(据《科学音调记号法》)										
	−1	0	1	2	3	4	5	6	7	8	9
C	0	12	24	36	48	60	72	84	96	108	120
#C	1	13	25	37	49	61	73	85	97	109	121
D	2	14	26	38	50	62	74	86	98	110	122
#D	3	15	27	39	51	63	75	87	99	111	123
E	4	16	28	40	52	64	76	88	100	112	124
F	5	17	29	41	53	65	77	89	101	113	125
#F	6	18	30	42	54	66	78	90	102	114	126
G	7	19	31	43	55	67	79	91	103	115	127

续表

音符	八度区间(据《科学音调记号法》)										
	−1	0	1	2	3	4	5	6	7	8	9
♯G	8	20	32	44	56	68	80	92	104	116	
A	9	21	33	45	57	69	81	93	105	117	
♯A	10	22	34	46	58	70	82	94	106	118	
B	11	23	35	47	59	71	83	95	107	119	

9n 和 8n 前还应有时间差,下面举例说明(以十六进制表示):

```
00 90 43 40: 第 0 通道发 So 音,时间差为 0,力度为 64(注意 43、40 都是十六进制)
81 10 80 43 40: 第 0 通道停止发音,时间差为 144tick,力度为 64
(81 10 按动态字节解读为 144)
```

另一种常见的 MIDI 事件是用于设定乐器音色的事件,格式如下:

```
Cn xx: 其中 n 代表第 n 个通道; xx 是音色值。
```

MIDI 中适用的音色共 128 种,General MIDI System Level1(通用 MIDI 标准系统第一级)中将其分成 16 个乐器组,见表 10-6,每组中又有 8 种音色。

表 10-6 MIDI 中的 16 个乐器组

音色值	乐器组	音色值	乐器组
0～7	钢琴	64～71	簧管
8～15	色彩打击乐器	72～79	笛
16～23	风琴	80～87	合成主音
24～31	吉他	88～95	合成音色
32～39	贝司	96～103	合成效果
40～47	弦乐	104～111	民间乐器
48～55	合奏/合唱	112～119	打击乐器
56～63	铜管	120～127	声音效果

3. 系统事件

系统事件是指与系统码相关的事件。系统码是用来调整 MIDI 设备内部参数设置的指令,必须以 0xF0 开始,以 0xF7(结束标志)结束。

10.2 用 Mido 操作 MIDI

Python 中有不少库能操作 MIDI 文件,如 Python-midi、Pretty_midi、Music21、Mido 等,本节介绍如何用 Mido 库读取 MIDI 文件。

下面的程序用 Mido 库读取 MIDI 文件,然后列出 Header Chunk 中所有信息及所有音轨中的 note_on 和 note_off 事件,代码如下:

```
#第 10 章/mido_readmidi.py

import mido

#读取 MIDI 文件
mid = mido.MidiFile('wav/test.mid')
tracks = mid.tracks
num = len(tracks)

#输出 Header Chunk 的所有信息
print('Header:')
track = tracks[0]
for msg in track:
   print(msg)
print()

#输出所有 note_on 和 note_off 事件
for n in range(1, num):
   print('Track', n, ':')
   track = tracks[n]
   for msg in track:
      t = msg.type
      if t[0:4] == 'note':
         print(msg)
   print()
```

程序运行后将输出如图所示 10-2 的结果,该 MIDI 文件仅有两个 Chunk:1 个 Header Chunk 和 1 个 Track Chunk,Track Chunk 中仅列出了涉及发音的 MIDI 事件,其他事件被过滤了。

```
Header:
MetaMessage('set_tempo', tempo=500000, time=0)
MetaMessage('time_signature', numerator=4, denominator=4, clocks_per_click=24,
notated_32nd_notes_per_beat=8, time=0)
MetaMessage('end_of_track', time=10080)

Track 1 :
note_on channel=0 note=60 velocity=90 time=0
note_off channel=0 note=60 velocity=0 time=10080
note_on channel=0 note=67 velocity=90 time=30240
note_off channel=0 note=67 velocity=0 time=10080
note_on channel=0 note=65 velocity=90 time=0
note_on channel=0 note=65 velocity=90 time=0
note_off channel=0 note=65 velocity=0 time=10080
note_off channel=0 note=65 velocity=0 time=0
note_on channel=0 note=64 velocity=90 time=0
note_on channel=0 note=64 velocity=90 time=0
note_off channel=0 note=64 velocity=0 time=10080
note_off channel=0 note=64 velocity=0 time=0
note_on channel=0 note=62 velocity=90 time=0
note_on channel=0 note=62 velocity=90 time=0
note_off channel=0 note=62 velocity=0 time=10080
note_off channel=0 note=62 velocity=0 time=0
```

图 10-2　mido_readmidi. py 运行结果

10.3　用 Music21 编曲

10.3.1　Music21 简介

在 Mido 库中自然也可以编写 MIDI 音乐,不过相比之下 Music21 的功能更强一些。Music21 是一个功能强大的计算音乐学分析工具包,它不但能处理 MIDI 文件,还能处理

MusicXML、abc 格式的音乐文件。此外，Music21 还能和 MuseScore、Finale、Sibelius 等软件交互，将编写的 MIDI 音乐在乐谱中显示并播放，这对于计算机音乐爱好者来讲无疑是一个福音。Music21 是一个基于 BSD 许可证的开源工具包，具体可参照其官方网站。

10.3.2　Music21 的安装及配置

在 Anaconda 中安装 Music21 相当简单，只要在 Anaconda Prompt 中输入如下命令行即可：

```
pip install music21
```

为了看到 MIDI 音乐的五线谱，可以安装免费制谱软件 MuseScore，其官网提供了最新版本以供下载。如果需通过 Python 程序直接打开 MuseScore 显示五线谱，则需要进行简单设置。

首先，在 Spyder 中输入下面两行代码：

```
from music21 import *
configure.run()
```

执行上述代码，系统会查找是否已安装 MuseScore 等软件，如果找到了，则将输出如图 10-3 所示的问题，此处选择 1 即可。接下来，配置程序还会列出几个简单的问题，只需回答 Yes 或 No。如果配置程序提示未找到 XML 阅读器，则将提示下载相关软件。

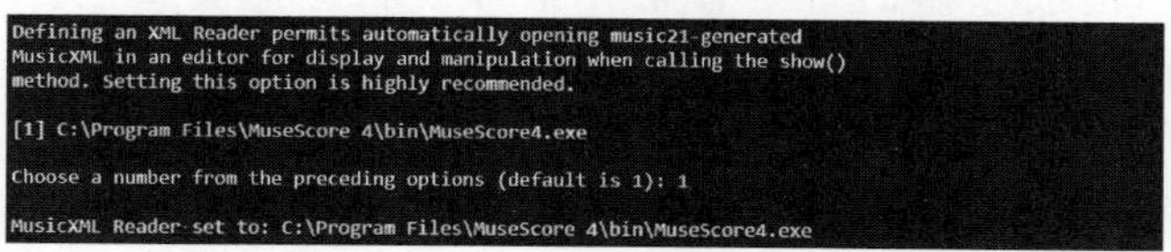

图 10-3　Music21 配置时的提问

配置中常见的错误是明明已经安装了 MuseScore 软件，却提示找不到 XML 阅读器，而这多半是由于安装路径引起的，因此，为了避免不必要的麻烦，最好将 MuseScore 安装在其默认路径下。

配置完成后，可用一个简单的方法检测安装配置是否无误。在 Spyder 中输入的代码如下：

```
from music21 import *

stream = corpus.parse('bach/bwv66.6.xml')
stream.show()
```

执行此代码，如果一切正常，则程序将自动打开 MuseScore 并展示选中曲子的五线谱，如图 10-4 所示。在 Music21 中有大量 XML 格式的曲谱，用 corpus. parse()函数即可加载，该函数返回一个 stream 对象，用此对象的 show()方法即可打开 MuseScore。在 MuseScore

中除了可以看到曲谱外，还能进行播放等操作，十分方便。

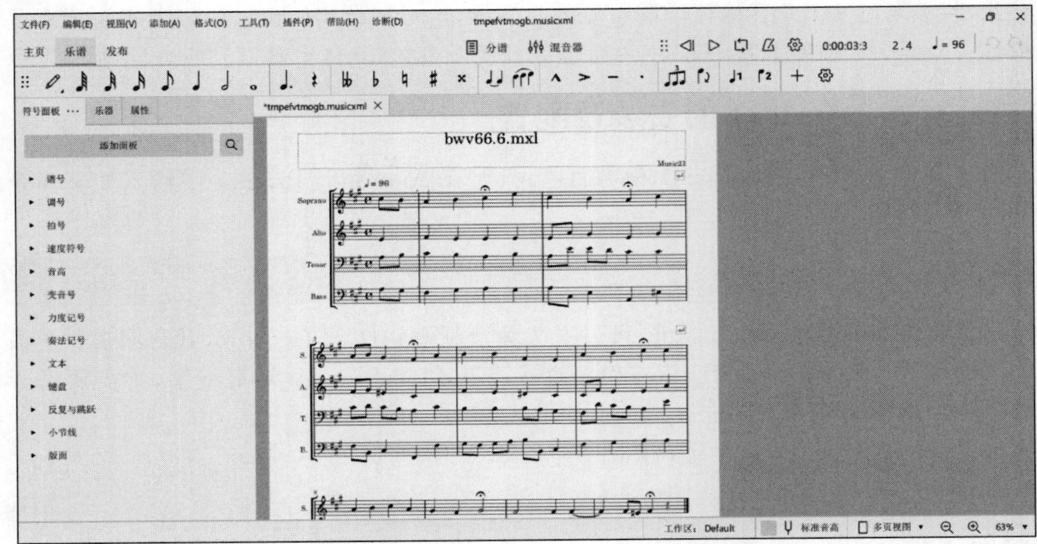

图 10-4　Music21 在 MuseScore 中显示的五线谱

10.3.3　Music21 的层级结构

在 Music21 中，构成乐谱的每个音乐元素都有相应的类型，其中主要层次有乐谱(Score)、声部(Part)、节(Measure)、音符(Note)等。

1. 音符

音符是音乐中最基本的单位，在 Music21 中 note 是最重要的一个类，可以用下面的方法定义一个音符：

```
f = note.Note("C4")
```

采用这种方法的前提是 Music21 库是采用下面的方法导入的：

```
from music21 import *
```

如果不希望污染命名空间，则可以用另一种方法导入并定义音符，代码如下：

```
import music21

f = music21.note.Note("C4")
```

为简洁起见，本节中默认采用前一种方法，即用 note.Note()函数来定义音符。

Music21 中音符具有以下主要属性。

(1) name：音名。

(2) step：音阶(A、B、C、D、E、F、G)。

（3）octave：属于哪个八度。

（4）duration：时值对象。

（5）pitch：音高对象。

从下面的例子中可以了解这些属性的用法，代码如下：

```
#第 10 章/music21_note.py

from music21 import *

f = note.Note("A4")
print(f.name)                    #音名
print(f.step)                    #音阶
print(f.octave)                  #八度
print(f.duration)                #时值对象
print(f.duration.type)           #时值类型
print(f.pitch)                   #音高对象
print(f.pitch.frequency)         #频率
```

程序的运行结果如图 10-5 所示。

```
A
A
4
<music21.duration.Duration 1.0>
quarter
A4
440.0
```

图 10-5　music21_note. py 运行结果

代码中指定的音符为 A4，与中央 C 位于同一八度上，其频率为 440Hz，该音符的时值为四分音符，即全音符时值的四分之一。Music21 中的时值类型有以下几种。

（1）全音符：whole。

（2）二分音符：half。

（3）四分音符：quarter。

（4）八分音符：eighth。

（5）十六分音符：16th。

（6）三十二分音符：32nd。

（7）六十四分音符：64th。

在 Music21 中，比八分音符更短的时值用数字开头，如 16th、32nd 等。

有些音需要在自然音级的基础上升半音或降半音，例如 F$^{\#}$、B$^{\flat}$，在 Music21 中，升降符号的表示如下。

（1）升半音：用"＃"表示，代码如下：

```
n = note.Note("F#4")
```

（2）降半音：用"－"表示，代码如下：

```
n = note.Note("B-2")
```

另一种表示音符的方法是用数字,代码如下:

```
n = note.Note(60)
```

上述音符代表 C4。

2. 节、声部和乐谱

在 Music21 中,涉及节(Measure)、声部(Part)或者乐谱(Score)的操作都会用到 Stream 对象。事实上,Measure、Part、Score 都是 Stream 的子类,而 Stream 则是一种容器,类似 Python 中的列表(List)。

创建一个 Stream 对象,可以从头创建或者通过加载文件创建,以下是两种主要方式。

(1) 通过其构造函数创建,代码如下:

```
stream1 = stream.Stream()
```

(2) 从语料库加载一个文件,代码如下:

```
stream = corpus.parse('bach/bwv66.6.xml')
```

在此基础上,可以创建完整的乐谱,下面的例子从音符开始逐步创建了节、声部和乐谱,代码如下:

```
#第 10 章/music21_score.py

from music21 import *

#音符
n1 = note.Note('C4')
n2 = note.Note('D4')
n3 = note.Note('E4')
n4 = note.Note('F4')
n5 = note.Note('G4')

#节 0
m0 = stream.Measure(number=0)
m0.append(n1)
m0.append(n2)
m0.append(n3)
m0.append(n4)

#节 1
m1 = stream.Measure(number=1)
m1.append(n5)
m1.append(n4)
m1.append(n3)
m1.append(n2)

#声部 1
```

```
part1 = stream.Part()
part1.append(m0)
part1.append(m1)

#乐谱
score = stream.Score()
score.append(metadata.Metadata())
score.metadata.title = 'example' #标题
score.append(part1)
score.show()
```

程序运行后，将在 MuseScore 中展示如图 10-6 所示的乐谱。

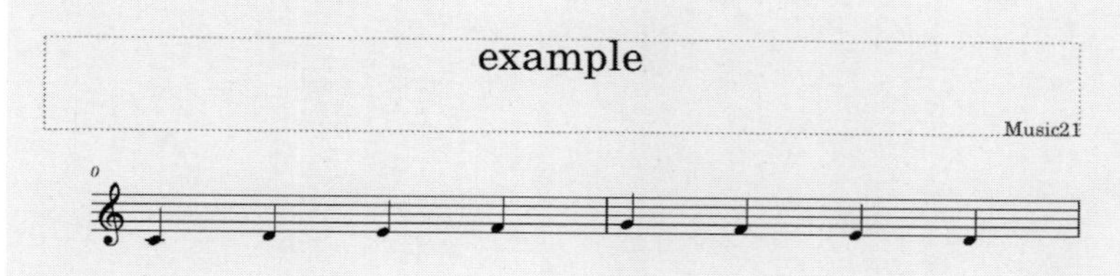

图 10-6　music21_score. py 运行结果

3．和弦

在 Music21 中，另一个重要元素是和弦（Chord）。和弦在 Music21 中自成一类：music21. chord. Chord 类。

和弦可以通过下面的方式初始化，代码如下：

```
cMinor = chord.Chord(["C4","G4","E-5"])
```

也可以从头创建，代码如下：

```
cMinor = chord.Chord()
cMinor.add(note.Note("C4"))
cMinor.add(note.Note("G4"))
cMinor.add(note.Note("E-5"))
```

与音符一样，和弦也可以在五线谱上显示，代码如下：

```
cMinor = chord.Chord(["C4","G4","E-5"])
cMinor.show()
```

上述代码运行后将在 MuseScore 中显示如图 10-7 所示的和弦。

Music21 的功能还有很多，限于篇幅此处不再一一介绍，有兴趣的读者可以参考其官网上的文档，其中的用户指南（User's Guide）非常详尽，掌握了其中的内容可以处理任何复杂的乐谱。

图 10-7　MuseScore 中显示的和弦

第 11 章 深度学习基础

本书第 6 章介绍了传统的语音识别技术。在深度学习技术被采用之前，以隐马尔可夫模型为代表的传统模型是语音识别技术的主流，但是这些建立在似然性和概率基础之上的方法具有较大的局限性。例如，由于不同性别、不同年龄的人发音不同，语音信息的提取相当复杂，传统识别方法中的预处理模型也难以适应这些不同的场景。

经过研究人员多年的努力，深度学习于 2009 年首次被应用到语音识别任务，并实现了超过 20%的性能提升(与传统的 GMM-HMM 相比)。此后，基于深度神经网络的声学模型逐渐替代了传统模型，成为语音识别声学建模的主流模型。

当然，深度学习技术的应用并不限于语音识别，一些新技术新领域也如雨后春笋般不断涌现，例如，基于声音样本合成讲话的声音克隆技术，用 AI 生成歌声的虚拟歌手，以及将人声从伴奏中分离出来的人声分离技术等。

许多人对深度学习的认知始于媒体对 AlphaGo 战胜李世石的报道。2016 年，AlphaGo 以 4∶1 轻松击败韩国职业围棋选手李世石，在媒体报道中多次提及了深度学习一词，这使深度学习这一概念广为人知。不过，这样的联系也使深度学习一词给人高深莫测的感觉。实际上，深度学习并没有那么神秘，本章将从最基础的神经元开始介绍，并引入 Pytorch 这个深度学习框架对声音进行分类。在此基础上，第 12 章将介绍一些常用的神经网络及其应用。

11.1 神经网络基础

11.1.1 神经元

人脑可以看作一个生物神经网络，由众多的神经元连接而成。当神经元兴奋时会向相连的神经元发送化学物质，从而改变这些神经元内的电位；如果神经元的电位超过了一个阈值，它就会被激活，向其他神经元发送化学物质。

受生物神经元的启发，人工神经元接收来自其他神经元或外部源的输入，每个输入都有一个相关的权值 w，它是根据该输入对当前神经元的重要性来确定的，对该输入加权并与其他输入求和后，经过一个激活函数 f，计算得到该神经元的输出，如图 11-1 所示。

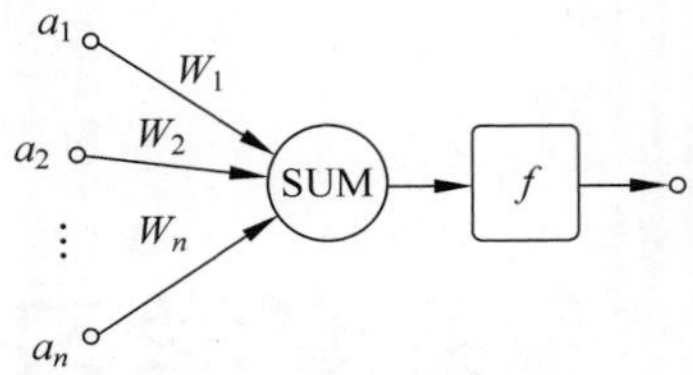

图 11-1　神经网络的神经元

11.1.2　激活函数

在生物神经元中，电信号必须大于某个阈值时神经元才会被激活，从而引起后续的传递。人工神经网络中也引入了激活函数的概念。激活函数的本质是向神经网络中引入非线性因素，通过激活函数，神经网络就可以拟合各种曲线。如果不用激活函数，每层输出都是上层输入的线性函数，则无论神经网络有多少层，输出仍然都是线性的。

最为常见的激活函数有 Sigmoid 函数、tanh 函数和 ReLU 函数 3 种。Sigmoid 函数的表达式如下，其取值范围为 0～1。

$$\mathrm{Sig}(x)=(1+\mathrm{e}^{-x})^{-1} \tag{11-1}$$

当 $x=0$ 时，函数值为 0.5；随着 x 逐渐增加，函数值将迅速升高并逼近 1；当 x 减小时，函数值将迅速减小并逼近 0，如图 11-2 所示。

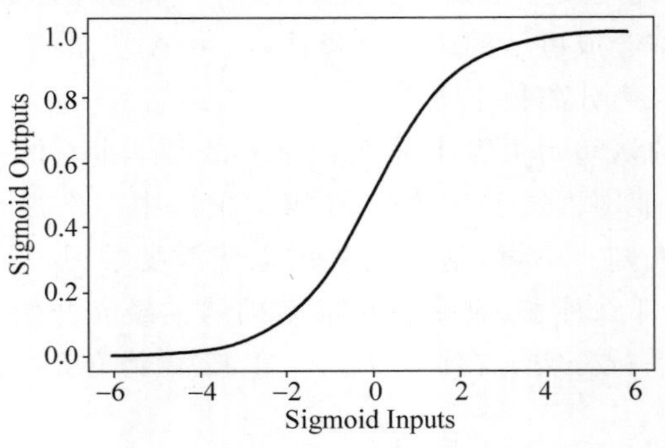

图 11-2　Sigmoid 函数

tanh 函数与 Sigmoid 函数类似，但取值范围为−1～1，如图 11-3 所示。事实上，tanh 函数可以表示为 2 倍的 Sigmoid 函数减去 1，其公式如下：

$$f(x)=\frac{\mathrm{e}^{x}-\mathrm{e}^{-x}}{\mathrm{e}^{x}+\mathrm{e}^{-x}} \tag{11-2}$$

与 Sigmoid 函数和 tanh 函数相比，ReLU 函数更为简单，如图 11-4 所示。ReLU 函数的意义在于：随着 x 趋向于无穷大，其输出也趋向于无穷大，此过程中其导数恒为 1，不会发生梯度消失或梯度爆炸的情况，这个特性对深度学习模型的训练和收敛都很有帮助。

此外，ReLU 函数的计算也比 Sigmoid、tanh 函数要简单得多，因而运算速度更快。

基于上述特点，ReLU 函数在深度学习中得到了广泛应用。

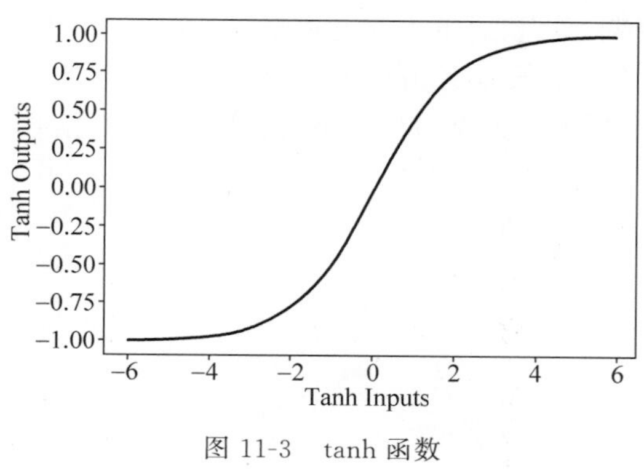

图 11-3 tanh 函数

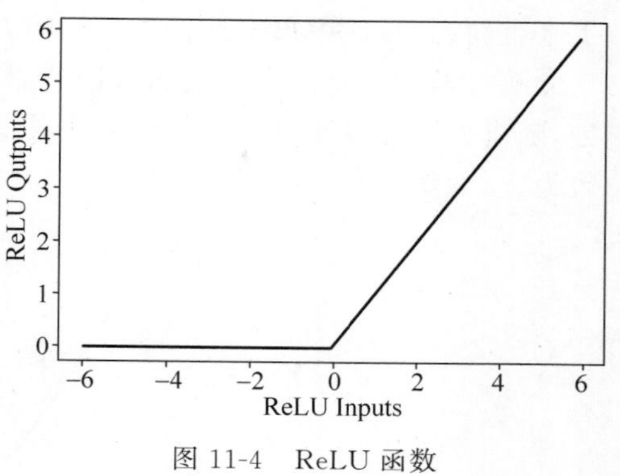

图 11-4 ReLU 函数

11.1.3 前馈神经网络

在了解了神经网络的一些基础概念之后，让我们来看一种具体的神经网络：前馈神经网络。前馈神经网络也叫全连接神经网络、多层感知器(Multilayer Perceptron，MLP)，如图 11-5 所示。

前馈神经网络中的神经元分为 3 类：输入层、隐藏层和输出层，其中输入层和输出层都只有 1 层，隐藏层则可以是多层。前馈神经网络中相邻两层之间的神经元全部是两两连接的，层内则无连接，整个网络中无反馈，信号从输入层向输出层单向传播，可用一个有向无环图表示。

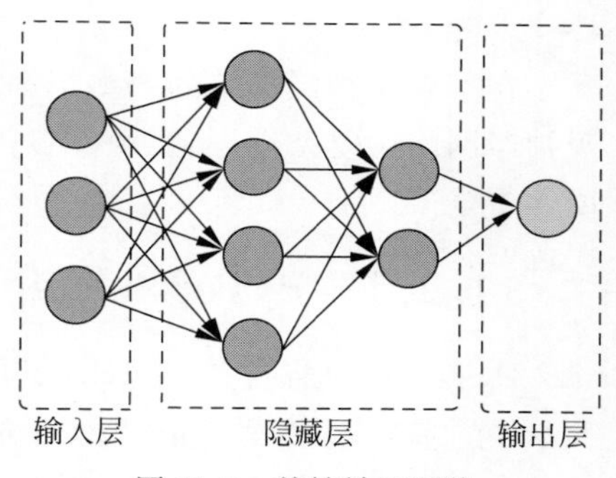

图 11-5 前馈神经网络

BP(Back Propagation)神经网络则是一种特殊的多层前馈神经网络，它的学习过程由信息的正向传播和误差的反向传播两个过程组成。

当正向传播时，输入层的神经元接收来自外界的输入信息，经过各个隐藏层的处理后，最后从输出层传出。当实际输出与期望的输出不相符时，就会进入反向传播阶段。误差通过输出层按照误差梯度下降的方式修正各层的权重值，然后逐层反向传送至隐藏层和输入层。

这种信号的正向传播与误差的反向传播是一个周而复始的过程，这就是神经网络的训练过程。训练过程一般要持续到输出误差减小到预先设置的阈值以下或者达到预先设定的训练次数为止。

11.1.4 梯度下降法

在反向传播的过程中，权重的更新需要用到梯度下降算法。梯度下降法可以用下山的过程进行类比。假设现在处于山顶，那么以最快的速度下山的方式就是找到当前位置最陡峭的方向向下走，但是一直沿着一个方向走显然是到不了山底的，因此每走一小段就需要停下来重新判断,然后再次选择最陡峭的方向继续往下走,如此下去就能很快下到山底。

随机梯度下降法与下山的过程类似。下山过程中最陡峭的方向就是梯度下降最快的地方,随机梯度下降法就是不停地寻找某个节点上下降幅度最大的趋势进行迭代,直到数据收敛为止,如图 11-6 所示。

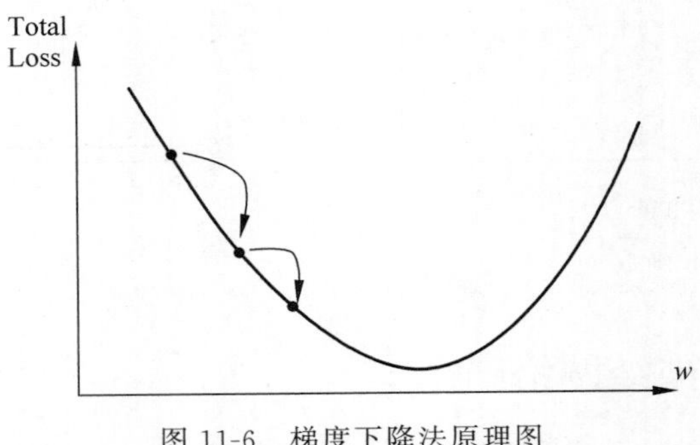

图 11-6 梯度下降法原理图

11.2 PyTorch 基础

在了解了神经网络的一些基本概念后,我们将通过一个例子加深对它的理解。不过,由于神经网络的复杂性,其实现一般需要选择一个深度学习框架,本书选用的是 PyTorch 深度学习框架。

11.2.1 PyTorch 简介

PyTorch 的前身是 Torch,是用 Lua 语言写的机器学习框架。2016 年,Facebook 在 Torch 的基础上开发了 PyTorch 最初的版本 0.1.1 版,这样,作为机器学习主流语言的 Python 成为深度学习框架 PyTorch 的前端语言,为其后续的迅速发展奠定了基础。

2018 年 12 月,PyTorch 1.0 版正式推出。1.0 版改进了即时编译器(Just-in-time Compiler),同时还提供了 Torch Hub,一个预训练模型的集合。2023 年 3 月,PyTorch 2.0 正式版推出。

值得一提的是,2022 年 9 月,PyTorch 和 Linux 基金会双双在其官网宣布,PyTorch 已经正式加入 Linux 基金会。Linux 基金会称:"像 PyTorch 这样有可能成为关键技术基础平台的项目,保持中立对它更有益处。"

11.2.2 PyTorch 的主要模块

随着功能的强化,PyTorch 下的模块也越来越多,主要模块有 torch、torch. Tensor、torch. nn、torch. optim、torch. autograd、torch. cuda、torch. distributed、torch. jit、torch. hub、torch. multiprocessing 等,下面介绍一些最为基础和常用的模块。

1. torch 模块

torch 模块包括多维张量的数据结构并定义了张量间的数学运算。此外，该模块还有一些高效序列化张量的工具，例如生成全 0 张量的 torch.zeros()函数，将 NumPy 数组转换为张量的 torch.from_numpy()函数等。

2. torch.Tensor 模块

Tensor(张量)是 PyTorch 中最基础的数据结构，torch.Tensor 模块定义了 PyTorch 中的张量类型。张量本质上是一个多维矩阵，其中含有众多的元素，而这些元素具有单一的数据类型。张量的数据类型可以是整数类型、布尔类型、浮点类型，还可以是复数类型。

3. torch.nn 模块

该模块是 PyTorch 的核心模块，nn 代表了神经网络(Neural Network)。

该模块中的 nn.Module 类是所有自定义神经网络模型的基类。当需要创建一个深度学习模型时，通常会继承这个类，然后在其中定义模型的结构并重写 forward()方法。

该模块还定义了各种类型的层组件，例如全连接层 nn.Linear、卷积层 nn.Conv1d 和 nn.Conv2d、池化层 nn.MaxPool1d 和 nn.MaxPool2d 等。

此外，torch.nn 模块还定义了一些损失函数，如均方误差损失函数 torch.nn.MSELoss()、交叉熵损失函数 torch.nn.CrossEntropyLoss()等。

该模块中的 torch.nn.functional 模块(通常简写为 F)，包含了许多可以直接作用于张量上的函数。

总而言之，torch.nn 模块包含了很多重要内容，它为构建和训练神经网络提供了丰富的类库。

4. torch.optim 模块

该模块实现了一系列优化器算法，例如前面介绍过的随机梯度下降(SGD)算法，其相应的函数是 torch.optim.SGD()函数。

5. torch.autograd 模块

该模块是 PyTorch 的自动微分算法模块，定义了一系列的自动微分函数。

6. torch.cuda 模块

该模块定义了与 CUDA 运算相关的一系列函数。在深度学习领域中，使用图形处理单元(GPU)来加速度计算是非常常见的。作为一种流行的深度学习框架，PyTorch 自然支持在 GPU 上进行计算，torch.cuda 模块提供了一些常用的函数，用于管理 GPU 设备和在 GPU 上执行操作。

11.2.3 PyTorch 的安装

PyTorch 支持 Windows、Linux、macOS 等操作系统，下面以 Windows 系统为例介绍其安装过程。

在 Anaconda 下，PyTorch 的安装相当简单，但是需要注意的是 PyTorch 有 CPU 版和 GPU 版之分。如果只是安装 CPU 版的 PyTorch，则只需在 Anaconda Prompt 中输入如下命令行：

```
pip install torch
```

安装完成后，可以进入 Python 环境查看安装的版本，代码如下：

```
import torch
print(torch.__version__)
```

执行后将输出安装的 PyTorch 版本，如图 11-7 所示。

```
(base) C:\Users\Lemon>python
Python 3.11.5 | packaged by Anaconda, Inc. | (main, Sep 11 2023, 13:26:23)
Type "help", "copyright", "credits" or "license" for more information.
>>> import torch
>>> print(torch.__version__)
2.2.0+cpu
>>>
```

图 11-7 查看 PyTorch 版本

图 11-7 中显示安装的 PyTorch 是 2.2.0 的 CPU 版本。如果要安装 GPU(CUDA)版本，则需要根据 CUDA 版本下载相应的 PyTorch 版本。

11.2.4 张量

PyTorch 中最基本的运算单位叫作张量(Tensor)。张量对于 PyTorch 的重要性，相当于 ndarray 对于 NumPy 的重要性，或者 Mat(矩阵)对于 OpenCV 的重要性。事实上，可以把张量看作一个广义的矩阵，只不过一般意义上的矩阵通常是二维的，而张量可以是多维的，如图 11-8 所示。

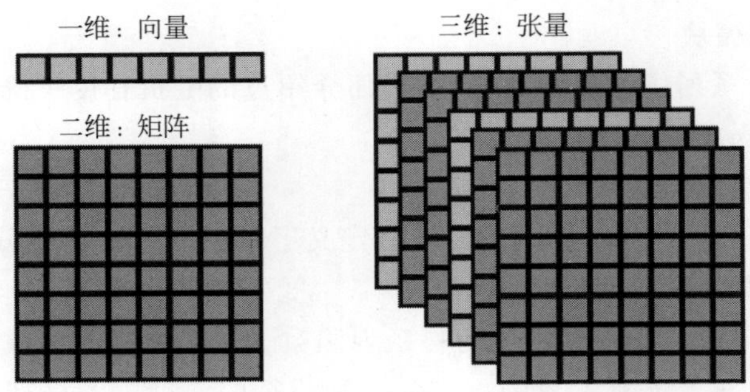

图 11-8 向量、矩阵与张量

在 PyTorch 中创建一个张量有多种方法，下面介绍几种最常用的创建方法。

1. 简单类型的张量

有时需要创建全是 0 或全是 1 的张量，这可以通过 torch 模块中的内置函数快速实现。创建全是 0 的张量的代码如下：

```
import torch
t1 = torch.zeros(2, 2, 3)
print(t1)
```

上述代码的运行结果如图 11-9 所示。

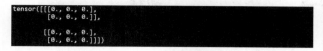

图 11-9　创建全 0 张量结果

如需创建全是 1 的张量，代码如下：

```
t2 = torch.ones(2, 2, 3)
```

输出结果如图 11-10 所示。

```
tensor([[[1., 1., 1.],
         [1., 1., 1.]],

        [[1., 1., 1.],
         [1., 1., 1.]]])
```

图 11-10　创建全 1 张量结果

要了解张量的维度，同样可以用 shape 属性实现，例如输出 t1 的 shape 的代码如下：

```
print(t1.shape)
```

输出结果如图 11-11 所示。

```
torch.Size([2, 2, 3])
```

图 11-11　查看张量 shape 结果

2. 从头创建张量

如果张量不是全 0 或全 1 的张量，则可以通过下面的方式从头创建一个张量，代码如下：

```
#第 11 章/tensor.py

import torch
t1 = torch.tensor([1,2,3])
print(t1)
print(t1.shape)

t2 = torch.tensor([[1,2,3],
                   [2,2,3],
                   [3,2,3]])
print(t2)
print(t2.shape)
```

输出结果如图 11-12 所示。

上述的创建方式是简式的，而完整的创建方式需要加上 requires_grad 参数，requires_grad 是 Tensor 的一个属性，用于说明当前量是否需要在计算中保留对应的梯度信息。

下面用一个完整的方式创建张量，代码如下：

tensor([1, 2, 3])
torch.Size([3])
tensor([[1, 2, 3],
        [2, 2, 3],
        [3, 2, 3]])
torch.Size([3, 3])

图 11-12 tensor. py 运行结果

```
t1 = torch.tensor(0.5, requires_grad=True)
t2 = torch.randn(3, 3, requires_grad=True)
print(t1)
print(t2)
```

输出结果如图 11-13 所示,requires_grad 的作用将在后续章节介绍。

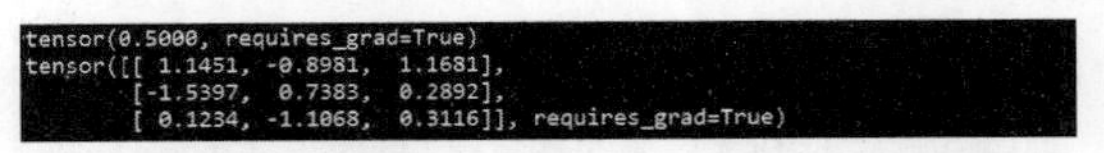
tensor(0.5000, requires_grad=True)
tensor([[1.1451, -0.8981, 1.1681],
        [-1.5397, 0.7383, 0.2892],
        [0.1234, -1.1068, 0.3116]], requires_grad=True)

图 11-13 加上 requires_grad 参数时的运行结果

3. NumPy 数组转换为张量

有时,数据存储在 NumPy 数组中,此时可以将 NumPy 数组直接转换为张量。自然,将张量转换成 NumPy 数组也是可以的。

下面是一个 NumPy 数组与张量之间互相转换的例子,代码如下:

```
#第 11 章/tensor_numpy.py

import numpy as np
import torch

#NumPy 生成随机数组
n1 = np.random.randn(2,3)
print(n1)
print()

#NumPy 数组转换成张量
t = torch.from_numpy(n1)
print(t)
print()

#张量转换成 NumPy 数组
n2 = t.NumPy()
print(n2)
```

输出的结果如图 11-14 所示。

4. GPU 上的张量

在大多数情况下,PyTorch 需要在 GPU 上运算才能体现出它的性能。有的程序虽然在 CPU 上也能运行,但是二者需要的时间可能相差数十倍甚至更多。为了实现 GPU 上的高速运算,就需要把张量也放在 GPU 上。当然,要在 GPU 上进行运算,前提条件是硬件中有 GPU,可以用下面的方式确认 GPU 是否已经安装并可以正常运行,代码如下:

```
[[ 0.47354645 -0.97470363 -0.28983147]
 [ 1.11468923  0.07106915  0.53461243]]

tensor([[ 0.4735, -0.9747, -0.2898],
        [ 1.1147,  0.0711,  0.5346]], dtype=torch.float64)

[[ 0.47354645 -0.97470363 -0.28983147]
 [ 1.11468923  0.07106915  0.53461243]]
```

图 11-14 tensor_numpy.py 运行结果

```
print(torch.cuda.is_available())
```

如果返回的结果是 True,则表明 GPU 可以正常使用。

11.2.5 计算图

计算图(Computational Graph)是一种描述和记录张量运算过程的图,PyTorch 中的计算图如图 11-15 所示,其中方框内带有 Backward 的词都表示一种运算,例如 MultBackward 代表乘法,LogBackward 代表取 log 等,Backward 是指在后向传播过程中的计算,具体将在自动求导机制中介绍。

深度学习框架构建计算图大致有两种策略:静态图和动态图。前者以 TensorFlow1 为代表,后者以 PyTorch 为代表。

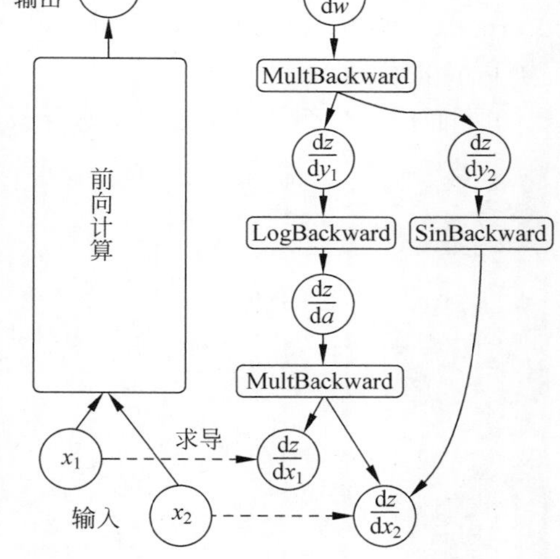

图 11-15 PyTorch 中的计算图

静态图技术先定义整个计算图,然后将数据送入计算图中进行计算,最后输出计算结果。由于在计算时计算图已经存在,这使在计算前对其进行编译优化成为可能。此外,由于计算图在构建好之后不再改变,而不用在每次计算时重新构建,因此静态图相对来讲效率较高,但是,这样的设计也使静态图不够灵活。静态图在构建时只能检查一些静态的参数,而很多问题只有到了具体执行阶段才能发现,因此静态图需要在开发调试阶段不断地修改图的构造及相关代码,这样会大大降低开发效率。

动态图技术则是在运行时动态地构建计算图并执行计算,这种方式能够实时得到中间结果,更便于调试。此外,以动态图方式实现条件控制语句十分方便,可以直接使用 Python 等前端语言书写,而在静态图中,则需要使用特定的方式书写,既不方便也增加了学习成本。

正是因为采用了动态图技术,在 PyTorch 中构建计算图就像写普通的 Python 代码一样简单,这也许就是 PyTorch 近年来大受欢迎的原因吧。或许是感受到了 PyTorch 带来的压力,TensorFlow2 中也引进了动态图技术。

11.2.6 自动求导机制

PyTorch 采用了动态图技术,因而计算图的搭建和运算是同时进行的。

张量具有以下主要属性,这些属性都与自动求导机制有关。

(1) requires_grad：该张量是否连接在计算图上。

(2) data：张量的数据。

(3) grad：张量的梯度值。

(4) grad_fn：计算梯度的函数。

(5) is_leaf：是否是叶节点。

在介绍张量时,曾经提到过张量的 requires_grad 参数。这个参数与计算图和自动求导机制有关。当将 requires_grad 设为 True 时,表示这个张量将被加入计算图中。

在较早的 PyTorch 版本中,存在一个 Variable(变量)的概念,这个 Variable 通常用来表示模型的输入、权重、中间变量及梯度。那时,Variable 和张量是不同的两个概念,Variable 可以包装一个张量,使其具有自动求导的能力。当对 Variable 进行操作时,PyTorch 会构建一个计算图以用于计算后向传播梯度。后来,随着 PyTorch 的进化,Variable 与张量合二为一了。也可以这样理解：早期的 Variable 就是现在 requires_grad 设为 True 的张量。

下面用一个例子来验证自动求导机制,代码如下：

```
#第 11 章/backward.py

import torch

#创建一个 2×3 的张量 x
x = torch.randn(2, 3, requires_grad=True)
print('x:')
print(x)

#计算 x 所有分量的平方和
y = x.pow(2).sum()
print('y:')
print(y)

#反向传播
y.backward()
print('x.grad:')
print(x.grad)

#x 和 y 的一些属性
print(x.data)
print('x.is_leaf:', x.is_leaf)
print('y.is_leaf:', y.is_leaf)
print('x.grad_fn:', x.grad_fn)
print('y.grad_fn:', y.grad_fn)
```

该程序的输出结果如图 11-16 所示。

```
x:
tensor([[-1.1722,  0.5531, -1.0057],
        [-0.1391, -0.5255, -0.8789]], requires_grad=True)
y:
tensor(3.7593, grad_fn=<SumBackward0>)
x.grad:
tensor([[-2.3445,  1.1062, -2.0113],
        [-0.2781, -1.0510, -1.7578]])
tensor([[-1.1722,  0.5531, -1.0057],
        [-0.1391, -0.5255, -0.8789]])
x.is_leaf: True
y.is_leaf: False
x.grad_fn: None
y.grad_fn: <SumBackward0 object at 0x0000023F757D4F40>
```

图 11-16　backward. py 运行结果

上面的例子应该不难理解。假设函数表达式为 $f(x)=x^2$，那么它的导数 $f'(x)=2x$。如果仔细观察张量 x. grad 中每个分量的值，则可以发现它们都是 x 中对应分量的两倍。程序中实现自动求导功能的是 backward()函数，调用这个函数就能计算图中所有变量的梯度(求导)，梯度值存储在相应张量的 grad 属性中。需要注意的是，每次在调用 backward()函数时都应将之前的梯度值清零，否则梯度会一直累加下去。

清零只需一行代码，例如将张量 $\boldsymbol{x}$ 中的梯度值清零的代码如下：

```
x.grad.zero_()
```

输出结果还显示了 $\boldsymbol{x}$ 和 $\boldsymbol{y}$ 的一些属性。显而易见，张量 $\boldsymbol{x}$ 是叶节点，而张量 $\boldsymbol{y}$ 不是。叶节点的 grad_fn 通常为 None，只有结果节点的 grad_fn 才有效。

11.2.7　损失函数

优化深度学习模型的过程就是通过优化模型的权重让损失函数尽可能小的过程。损失函数是用来量化模型预测和真实标签之间差异的函数，它和优化算法有着密切的联系。

机器学习中最常见的两类预测问题是回归问题和分类问题，同样，损失函数也可分为用于回归的损失函数和用于分类的损失函数。

回归问题最常用的损失函数是均方损失函数(Mean Squared Error，MSE)，其计算公式如下：

$$\mathrm{MSE}=\frac{1}{n}\sum_{i=1}^{m}w_i(y_p-y_t)^2 \tag{11-3}$$

其中，y_p 为预测值，y_t 为训练集中的值。

分类问题又可以细分为二分类问题和多分类问题。分类问题一般采用交叉熵损失函数，其计算公式如下。

二分类：

$$E=-[y\log(p)+(1-y)\log(1-p)] \tag{11-4}$$

其中，y 是样本的真实标记(1 或 0)，p 为预测概率。

多分类：

$$E = -\sum_{i=1}^{n} y_i \log(p_i) \tag{11-5}$$

其中,y_i 是第 i 个类别的真实标记(独热编码),p_i 是第 i 个类别的预测概率。

独热编码(One-Hot Encoding)是一种常用的特征编码方法,主要用于将离散特征转换为连续特征,它将每个离散特征的取值映射为一个二进制向量,其中只有一个元素为1,其余元素都为0,这个元素的位置表示该取值在所有取值中的位置,如图11-17所示。

例如,假设把颜色分成红、橙、黄、绿、蓝、靛、紫7种,这些颜色的独热编码如图11-18所示。

特征值	独热编码		
A	1	0	0
B	0	1	0
C	0	0	1

图11-17 独热编码示意图

	1	2	3	4	5	6	7
红	1	0	0	0	0	0	0
橙	0	1	0	0	0	0	0
黄	0	0	1	0	0	0	0
绿	0	0	0	1	0	0	0
蓝	0	0	0	0	1	0	0
靛	0	0	0	0	0	1	0
紫	0	0	0	0	0	0	1

图11-18 七种颜色的独热编码

独热编码在机器学习中很常用,因为它更便于机器学习算法处理。不过独热编码也有其问题,例如维度爆炸的问题。所谓维度爆炸是指由分类数量过多引起的存储空间和计算复杂度的问题。在上述例子中用一个7×7的矩阵表示一个7分类的问题,可以想象当需要进行分类的数量是1万或者10万时事情将变得多么复杂。当然,此处我们不必担心这个问题,届时自然会有相应的解决方法。

	预测值	标签值	
	0.1	0	
Softmax ⇨	0.2	0	⇦ One-Hot
	0.7	1	

Loss=-(0*log(0.1)+0*log(0.2)+1*log(0.7))=0.35

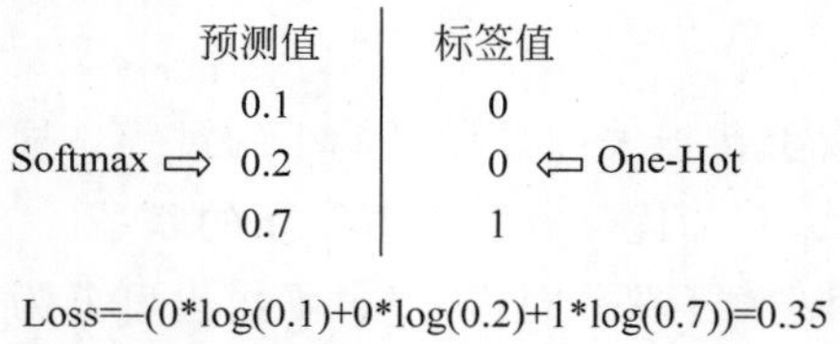

图11-19 交叉熵计算例

在多分类问题中,神经网络最后一层一般通过Softmax函数产生各个类别的概率值,而标签数据一般是独热编码,其交叉熵的计算如图11-19所示。

11.2.8 优化器

在介绍反向传播时,曾提到用梯度下降算法更新权重,这其实是一种优化算法。深度学习的目标是通过不断改变网络参数寻找最优解的过程,所谓优化器,就是指用什么算法去优化网络模型的参数。

梯度下降法无疑是最常见的一种优化算法了。由于训练过程是相对于所有训练数据进行的,因此理论上讲每次优化把所有的样本计算一遍最容易得到最优解,但是在实际操作中,样本的数量往往非常大,这种方法会导致迭代速度非常慢。

因此,在实际应用中采用的是小批量随机(Minibatch Stochastic)的方法,通常简称为随机梯度下降法(Stochastic Gradient Descent,SGD)。这种做法一般先将样本打乱,然后随机抽出一小批进行训练,求出损失函数,并按梯度更新一次,然后抽取一组,再更新。在样本量很大的情况下，这种方法可能不用训练完所有的样本就能获得一个损失值可以接受的模型了。

在 SGD 中，每次抽取的样本数量称为批量大小（Batch Size）。批量大小一般没有硬性规定，可以是 10、20 或者 100。不过在使用 GPU 时，用 2 的 n 次方作为批量大小速度更快一些。另外，为了取得较好的优化效果，批量大小最好取得大一些，当然要在硬件许可的情况下。

11.3　案例：声音的分类

在介绍了这么多理论之后，让我们用深度学习解决一个实际问题：声音的分类。

11.3.1　数据集介绍

本案例采用的是 UrbanSound8K 数据集，该数据集是一个城市环境音效的公共数据集，共包含 8732 个音频片段，所有音频被分成空调声、汽车扬声器声、儿童玩耍声、狗叫声、钻头声等共 10 类。该数据集可到 https://urbansounddataset.weebly.com/urbansound8k.html 下载，这是它的官方网址。

该数据集解压后都保存在一个名为 UrbanSound8K 的文件夹下，其下又有 audio 和 metadata 两个子目录。audio 目录下又分为 fold1～fold10 共 10 个子文件夹，其中每个子文件夹下都有数百个音频文件，例如 fold5 下的部分文件如图 11-20 所示。

图 11-20　fold5 下的部分文件

需要注意的是，每个 fold 下的音频文件并没有分好类，因此可能上一个音频是汽车扬声器声而下一个则是狗叫声。不过，为了方便使用者，该数据集中有一个汇总文件 UrbanSound8K.csv，放在 metadata 目录下，该文件打开后大致如图 11-21 所示。

在使用数据集中的音频文件时，只需关心 CSV 文件中的第 A、第 F、第 G 和第 H 列，其中 A 列是文件名，F 列是该文件存放的目录，fold＝5 表示该文件存放在名为 fold5 的目录下，第 G 和第 H 列则是该音频的分类，例如狗叫声的 classId 为 3，汽车扬声器声则为 1 等。

这张表中的 classId 相当于数据集的标签，在训练过程中只需和此标签对照。

11.3.2　预处理

在对数据集有了初步了解之后，将进入数据的预处理阶段。为了便于在训练过程中进

	A	B	C	D	E	F	G	H
1	slice_file_name	fsID	start	end	salience	fold	classID	class
2	100032-3-0-0.wav	100032	0	0.317551	1	5	3	dog_bark
3	100263-2-0-117.wav	100263	58.5	62.5	1	5	2	children_playing
4	100263-2-0-121.wav	100263	60.5	64.5	1	5	2	children_playing
5	100263-2-0-126.wav	100263	63	67	1	5	2	children_playing
6	100263-2-0-137.wav	100263	68.5	72.5	1	5	2	children_playing
7	100263-2-0-143.wav	100263	71.5	75.5	1	5	2	children_playing
8	100263-2-0-161.wav	100263	80.5	84.5	1	5	2	children_playing
9	100263-2-0-3.wav	100263	1.5	5.5	1	5	2	children_playing
10	100263-2-0-36.wav	100263	18	22	1	5	2	children_playing
11	100648-1-0-0.wav	100648	4.823402	5.471927	2	10	1	car_horn
12	100648-1-1-0.wav	100648	8.998279	10.052132	2	10	1	car_horn
13	100648-1-2-0.wav	100648	16.699509	17.104837	2	10	1	car_horn
14	100648-1-3-0.wav	100648	17.631764	19.253075	2	10	1	car_horn
15	100648-1-4-0.wav	100648	25.332994	27.197502	2	10	1	car_horn
16	100652-3-0-0.wav	100652	0	4	1	2	3	dog_bark
17	100652-3-0-1.wav	100652	0.5	4.5	1	2	3	dog_bark
18	100652-3-0-2.wav	100652	1	5	1	2	3	dog_bark
19	100652-3-0-3.wav	100652	1.5	5.5	1	2	3	dog_bark
20	100795-3-0-0.wav	100795	0.19179	4.19179	1	10	3	dog_bark

图 11-21　汇总文件内容

行统一处理，需要对数据集中的音频文件的采样率进行统一，而这可以通过 Librosa 中的 load()函数轻松做到。在本案例中考虑提取所有音频文件的 mfcc 特征并据此进行学习。由于每个音频文件长短不一，为了保持每个样本输入特征的一致性而使用了 np.mean()函数进行了统一处理，详见代码中的 get_mfcc()函数。

本案例是个多分类问题，因此激活函数采用 Softmax 函数，为了计算损失函数，需要将标签转换成独热编码，详见 onehot()函数。

本案例预处理阶段的代码如下：

```
#第 11 章/prepare_data.py

import os
import numpy as np
import librosa
import pandas
import pickle

sr = 22050                                      #采样率
audiopath = "D:/Download/UrbanSound8K/audio"
metafile = "D:/Download/UrbanSound8K/metadata/UrbanSound8K.csv"

#读取 meta 文件
csv = pandas.read_csv(metafile)
num = len(csv)                                  #声音数据条数

#生成简易的独热编码
def onehot(num):
    code = [0.0, 0.0, 0.0, 0.0, 0.0, 0.0, 0.0, 0.0, 0.0, 0.0]
    code[num] = 1.0
    return code

#提取 mfcc 特征
def get_mfcc(path, sr, index):
    y, sr = librosa.load(path, sr=sr)
```

```
    mfccs = librosa.feature.mfcc(y=y, sr=sr, n_mfcc=40, n_fft=1024)
    return np.mean(mfccs.T, axis=0)

#生成 mfcc 和 label 数据
mfcc = []
label = []
for index in range(num):
    folder = f"fold{csv.iloc[index, 5]}" #从第 6 列取出 fold 编号
    filename = csv.iloc[index, 0]
    path = os.path.join(audiopath, folder, filename)
    m = get_mfcc(path, sr, index)
    mfcc.append(m)
    code = onehot(csv.iloc[index, 6]) #从第 7 列取出标签(类别编号)
    label.append(code)

#保存为文件供训练用
f = open("mfcc.pkl", 'wb')
pickle.dump(mfcc, f)
f = open("label.pkl", 'wb')
pickle.dump(label, f)
print('done')
```

为了读取 CSV 文件，程序调用了 Pandas 库中的相应函数，提取的 mfcc 特征和处理过的标签最后保存在硬盘上，这样能够加快后期训练的速度。

11.3.3 数据载入类

在构建和训练模型的过程中，需要频繁地加载和调用各种数据集，为此，PyTorch 中专门设立了 DataLoader 这个类。

加载一个数据集的典型代码如下：

```
loader = torch.utils.data.DataLoader(dataset, batch_size=10)
```

在上述代码中 dataset 是一个数据集，它属于 PyTorch 中的 torch.utils.data.Dataset 类。在 PyTorch 中，一般需要为数据集构建一个类，并重写其中的__init__()、__getitem__()和__len__()函数。

在本案例中将专门构建一个名为 UrbanDataset 的 Dataset 类，其代码如下：

```
#第 11 章/train.py(部分)

import torch
from torch.utils.data import Dataset, DataLoader

class UrbanDataset(Dataset):
    def __init__(self, mfcc, label, device):
        self.mfcc = torch.tensor(mfcc)
```

```
        self.label = torch.tensor(label)
        if device == 'cuda':
            self.mfcc = self.mfcc.to('cuda')
            self.label = self.label.to('cuda')

    def __getitem__(self, index):
        return self.mfcc[index], self.label[index]

    def __len__(self):
        return len(self.mfcc)
```

接下来，可以对此类进行初始化，并用 DataLoader 进行加载，代码如下：

```
dataset = UrbanDataset(mfcc, label, device)
train_loader = DataLoader(dataset, batch_size=10)
```

在上述代码中 mfcc 和 label 参数就是前期预处理过程中生成的 mfcc 特征和 label 标签。

11.3.4 构建网络

接下来需要构建一个神经网络模型，同样需要构建一个类，此类需要继承自 torch.nn.Module 类，该类是所有神经网络模块的基类。在自定义的模型中需要重写__init__()和 forward()函数，整个模型的框架如下：

```
#神经网络模型框架示例

import torch.nn as nn
import torch.nn.functional as F

#自定义模型
class Model(nn.Module):
    def __init__(self, …):        #初始化函数
        super().__init__()        #在对子类进行赋值前必须调用父类的__init__()函数
        …                         #根据传入的参数来定义子模块

    def forward(self, …):         #前向传播函数

        ret = …                   #根据传入的张量和子模块计算返回张量
        return ret
```

在本案例中将采用最简单的网络架构：全连接层，详见 11.3.5 节“训练模型”中的相关代码。

11.3.5 训练模型

现在，“万事俱备，只欠东风”。下一步是模型的训练阶段，需要综合运用前面介绍的各

种知识。为了便于理解，代码中将一轮训练的过程写成了 one_epoch()函数，考虑到训练的效率，最好使用 GPU 进行训练，在这种情况下需要把张量转换成 CUDA 类型。接下来就进入训练循环，该部分的代码较为模式化，除了损失函数部分外基本可以套用。

训练完成后，一般需要用 torch.save()函数保存训练好的模型。原因是显而易见的：训练过程极其费时，即使是用 GPU 训练也经常以小时计，将训练好的模型保存下来相当于保存劳动成果，这样在后续进行预测评估时直接调用保存好的模型即可。由于本案例采用的模型较为简单，因此训练过程并不会很长，不过养成保存模型的习惯还是必要的。

整个训练过程的代码如下：

```
#第 11 章/train.py

import os
import sys
import torch
import torch.nn as nn
import torch.nn.functional as F
from torch.utils.data import Dataset, DataLoader
import pickle


#构建数据集
class UrbanDataset(Dataset):
    def __init__(self, mfcc, label, device):
        self.mfcc = torch.tensor(mfcc)
        self.label = torch.tensor(label)
        if device == 'cuda':
           self.mfcc = self.mfcc.to('cuda')
           self.label = self.label.to('cuda')

    def __getitem__(self, index):
        return self.mfcc[index], self.label[index]

    def __len__(self):
        return len(self.mfcc)

#神经网络模型
class Net (nn.Module):

    #初始化函数
    def __init__(self):
        super(Net, self).__init__()
        self.fc1 = nn.Linear(40, 64)            #全连接层
        self.fc2 = nn.Linear(64, 20)            #全连接层
        self.fc3 = nn.Linear(20, 10)            #全连接层

    #前向计算函数
```

```
    def forward(self, mfcc):
        out = F.relu(self.fc1(mfcc))
        out = F.relu(self.fc2(out))
        out = F.relu(self.fc3(out))
        out = F.softmax(out, dim=1)
        return out

#一轮训练过程
def one_epoch(model, data_loader, criterion, optimizer):

    losses = 0
    for x, data in enumerate(data_loader):
        mfcc, label = data                       #获取特征和标签数据
        predict = model(mfcc)                    #前馈过程,计算预测值
        loss = criterion(predict, label)         #误差计算
        losses += loss.item()                    #累计误差值
        optimizer.zero_grad()                    #梯度清零
        loss.backward()                          #反向传播
        optimizer.step()                         #对网络进行优化

    return losses


if __name__ == '__main__':

    feature_file = 'mfcc.pkl'                    #预处理阶段保存的特征文件
    label_file = 'label.pkl'                     #预处理阶段保存的标签文件

    #检测是否有 Cuda
    if torch.cuda.is_available():
        device = 'cuda'
        print('Training on GPU ...')
    else:
        device = 'cpu'
        print('Training on CPU ...')

    #检查是否存在预处理文件
    if (os.path.isfile(feature_file) and os.path.isfile(label_file)):
        print('Loading pkl files')

        #读取 mfcc 和标签文件
        f = open('mfcc.pkl', 'rb')
        mfcc = pickle.load(f)
        f = open('label.pkl', 'rb')
        label = pickle.load(f)
    else:
        print('Preprocessed files does not exist, please check!')
        sys.exit()

    #加载数据集
```

```
dataset = UrbanDataset(mfcc, label, device)
train_loader = DataLoader(dataset, batch_size=10)

#训练并保存训练好的模型
model = Net()                    #模型实例化,将自动调用__init__()函数
criterion = nn.MSELoss()         #定义损失函数
optimizer = torch.optim.Adam(model.parameters())           #定义优化器
if device == 'cuda':             #如果有 CUDA,则进行转换
   model = model.cuda()
   criterion = criterion.cuda()

#训练过程
epochs = 100
for epoch in range(epochs):
   losses = one_epoch(model, train_loader, criterion, optimizer)
   print('epoch:', epoch+1, losses)

#保存训练好的模型
torch.save(model, 'model0.pth')

print('OK')
```

为了便于了解训练的进展情况,一般会在训练过程中输出训练的一些数值,例如损失函数的计算值或自定义的准确率等。在上述代码中将训练循环设定为 100 轮,其间输出的信息如图 11-22 和图 11-23 所示。

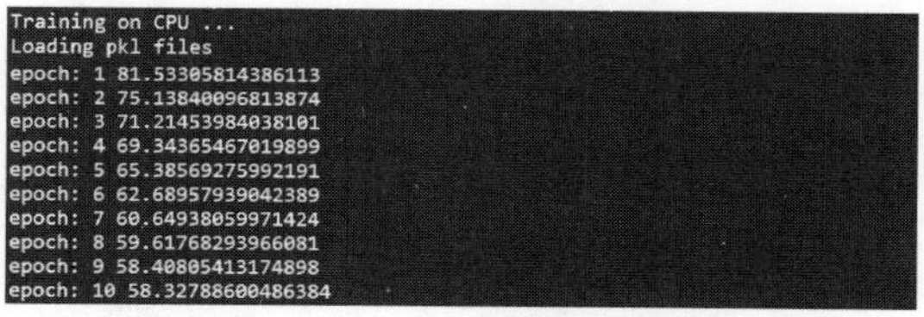

```
Training on CPU ...
Loading pkl files
epoch: 1 81.53305814386113
epoch: 2 75.13840096813874
epoch: 3 71.21453984038101
epoch: 4 69.34365467019899
epoch: 5 65.38569275992191
epoch: 6 62.68957939042389
epoch: 7 60.64938059971424
epoch: 8 59.61768293966081
epoch: 9 58.40805413174898
epoch: 10 58.32788600486384
```

图 11-22 train.py 运行结果(开始部分)

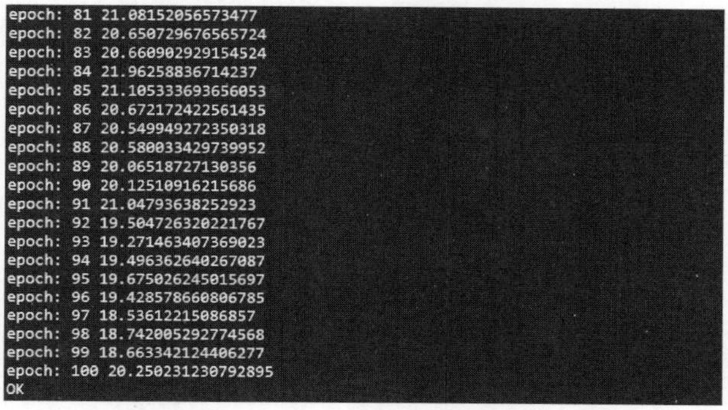

```
epoch: 81 21.08152056573477
epoch: 82 20.650729676565724
epoch: 83 20.660902929154524
epoch: 84 21.96258836714237
epoch: 85 21.105333693656053
epoch: 86 20.672172422561435
epoch: 87 20.549949272350318
epoch: 88 20.580033429739952
epoch: 89 20.06518727130356
epoch: 90 20.12510916215686
epoch: 91 21.04793638252923
epoch: 92 19.504726320221767
epoch: 93 19.271463407369023
epoch: 94 19.496362640267087
epoch: 95 19.675026245015697
epoch: 96 19.428578660806785
epoch: 97 18.53612215086857
epoch: 98 18.742005292774568
epoch: 99 18.663342124406277
epoch: 100 20.250231230792895
OK
```

图 11-23 train.py 运行结果(最后部分)

可以看出,在训练过程中,累计损失处于不断收敛的过程,不过在最后20轮数值的变化已经很小了。

11.3.6 预测与验证

模型的训练不是最终的目的,训练模型是为了能让模型发挥效用,即能够进行预测。本案例的预测和验证较为简单,仅仅抽取了100个样本对其进行预测,然后将预测结果与标签值进行比较。如果预测错误,则将输出错误样本的编号、预测值和目标值。最后统计预测的准确率。

该部分的代码如下:

```
#第 11 章/infer.py

import os
import sys
import torch
import pickle
from train import UrbanDataset, Net

#10 种声音
mapping = ['air_conditioner',                    #空调声
           'car_horn',                           #汽车扬声器声
           'children_playing',                   #儿童玩耍声
           'dog_bark',                           #狗叫声
           'drilling',                           #钻头声
           'engine_idling',                      #发动机怠速声
           'gun_shot',                           #枪声
           'jackhammer',                         #风动凿岩机声
           'siren',                              #警笛声
           'street_music']                       #街市音乐

#根据模型进行预测
def predict(model, index, mfcc, label, mapping):
    #model.eval()
    with torch.no_grad():
        output = model(mfcc)
        predict_Id = output[0].argmax(0)    #预测的类别编号
        predicted = mapping[predict_Id]     #预测的类别名称
        Id = label.argmax(0)                #实际的类别编号
        actual = mapping[Id]                #实际的类别名称
    if predict_Id == Id:
        match = 1                           #预测与实际相符
    else:
        match = 0                           #预测与实际不符
        print('No.', index, '; 预测: ', predicted, '; 实际: ', actual)
    return match
```

```
if __name__ == '__main__':

    feature_file = 'mfcc.pkl' #预处理阶段保存的特征文件
    label_file = 'label.pkl'  #预处理阶段保存的标签文件
    model_file = 'model0.pth' #训练阶段保存的模型文件

    #检测是否有 CUDA
    if torch.cuda.is_available():
        device = 'cuda'
    else:
        device = 'cpu'

    #检查是否存在预处理文件
    if (os.path.isfile(feature_file) and os.path.isfile(label_file)
        and os.path.isfile(model_file)) :
        #读取 mfcc 和标签文件
        f = open('mfcc.pkl', 'rb')
        mfcc = pickle.load(f)
        f = open('label.pkl', 'rb')
        label = pickle.load(f)
    else:
        print('Preprocessed files does not exist, please check!')
        sys.exit()

    #加载数据集和训练好的模型
    dataset = UrbanDataset(mfcc, label, device)
    model = torch.load(model_file)

    #预测 200 条并输出结果
    total = 200                    #预测条数
    correct = 0                    #正确条数
    print('预测错误清单：')
    for i in range(total):
       mfcc, label = dataset[i][0], dataset[i][1]
       mfcc.unsqueeze_(0)
       correct += predict(model, i, mfcc, label, mapping)
    print('测试条数：', total, '; 正确条数：', correct)
```

程序的运行结果如图 11-24 所示。在测试的 200 条数据中，正确的有 195 条，错误的有 5 条，效果还是不错的。不过总体上来讲，由于案例采用的是最简单的网络，因此普适性并不强。

```
预测错误清单：
No. 9 ; 预测： street_music ; 实际： car_horn
No. 11 ; 预测： drilling ; 实际： car_horn
No. 103 ; 预测： children_playing ; 实际： dog_bark
No. 106 ; 预测： air_conditioner ; 实际： gun_shot
No. 181 ; 预测： air_conditioner ; 实际： jackhammer
测试条数： 200 ; 正确条数： 195
```

图 11-24　infer.py 运行结果

训练的效果取决于多种因素,首先是数据集的质量。所谓 Garbage in,garbage out,在深度学习领域尤为如此。另外一个重要因素是采用的模型是否恰当。这也很好理解,模型只是一种工具,没有万能的模型,合适的才是最好的。

以上通过一个简单的案例说明了如何用神经网络对声音进行分类。在上述案例中采用的是最简单的全连接网络,而为了解决更复杂的问题,需要采用另外一些神经网络,如卷积神经网络、循环神经网络等。

第 12 章 常用神经网络

12.1 卷积神经网络

卷积神经网络(Convolutional Neural Network,CNN)也是一种前馈神经网络,其结构一般如图 12-1 所示。

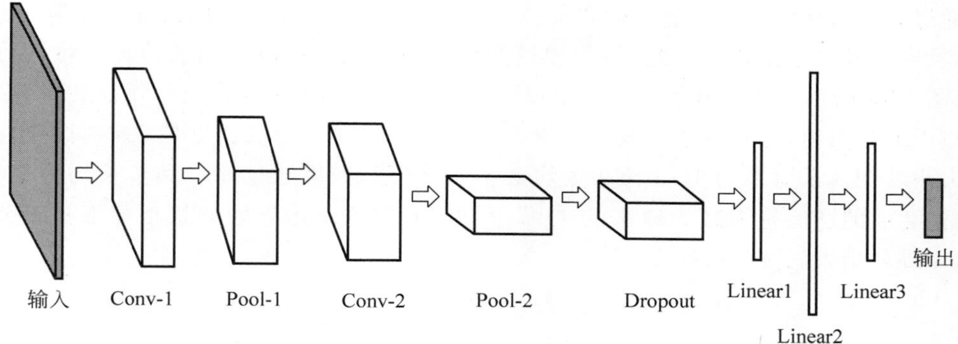

图 12-1 卷积神经网络

12.1.1 卷积运算

在涉及卷积神经网络时,不可避免地要提到卷积核与卷积计算。卷积计算在图像处理领域非常常见,下面是一个实际的例子。假设现在需要提取一张图像的边缘,一种简单的方法是采用一个卷积核与原图像进行卷积运算,运算过程如图 12-2 所示。卷积运算能够提取图像的某种特征,不同的卷积核能提取不同的特征,有的用于边缘提取,有的用于锐化,有的用于模糊等。

图 12-2 中的卷积核其实是一个很小的矩阵,具体如下:

$$\begin{bmatrix} 0 & 1 & 0 \\ 1 & -4 & 1 \\ 0 & 1 & 0 \end{bmatrix}$$

图 12-2　卷积运算过程

图中的原始图像是一个大型矩阵，分辨率为 4000×3000，相比之下，卷积核则小得多，只有 3×3 大小。

12.1.2　池化

通过卷积获得的特征向量一般非常多，动辄以百万计，对如此多的特征进行学习不但耗时，而且容易发生过拟合。为此，卷积神经网络会通过池化层对中间的特征向量进行降采样，如图 12-3 所示。图中显示的是一个最大池化（Max Pooling）的过程，每次在 2×2 的池化窗口中取最大值，将其降采样成一像素。如果池化过程中的步长也是 2×2，则池化后的图像大小就变成了原来的 1/4（长和宽均减半）。同理，如果池化窗口和步长均为 3×3 大小，则池化后的图像将缩减为原来的 1/9。可见，通过池化运算能够忽略掉细枝末节的信息，从而提取出大尺度的特征。

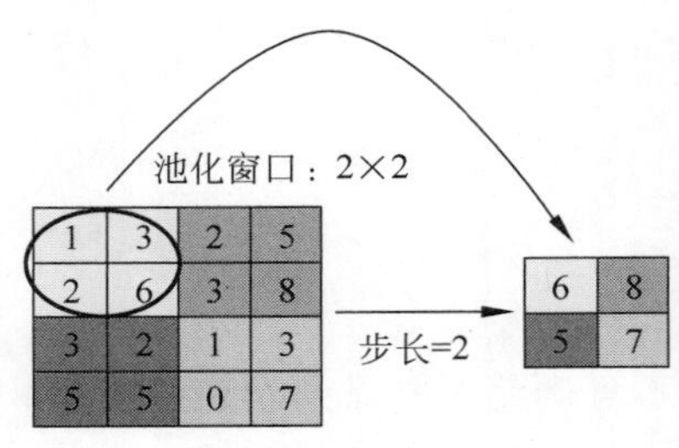

图 12-3　最大池化示意图

12.1.3　卷积神经网络的结构

卷积网络一般是由卷积层、池化层、全连接层交叉堆叠而成，如图 12-4 所示。

卷积神经网络在计算机视觉方面获得了巨大成功，不少知名的网络模型采用的是卷积神经网络，例如 LeNet-5 和 AlexNet。LeNet-5 是一个简单而基本的神经网络，其模型共有

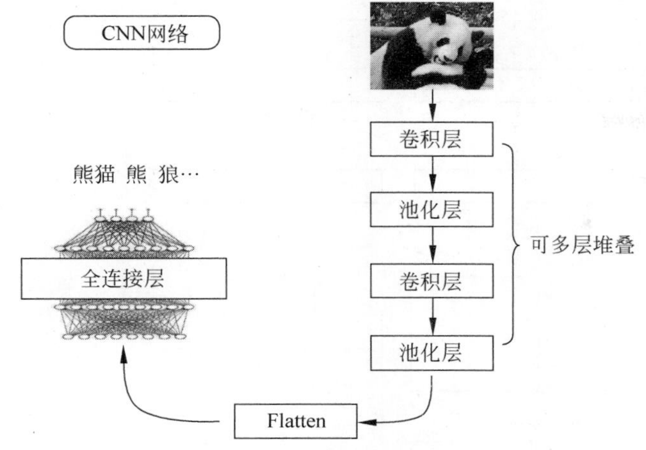

图 12-4　卷积网络结构图

7 层,如图 12-5 所示。基于 LeNet-5 的手写数字识别系统在 20 世纪 90 年代被美国银行用来识别支票上的手写数字。

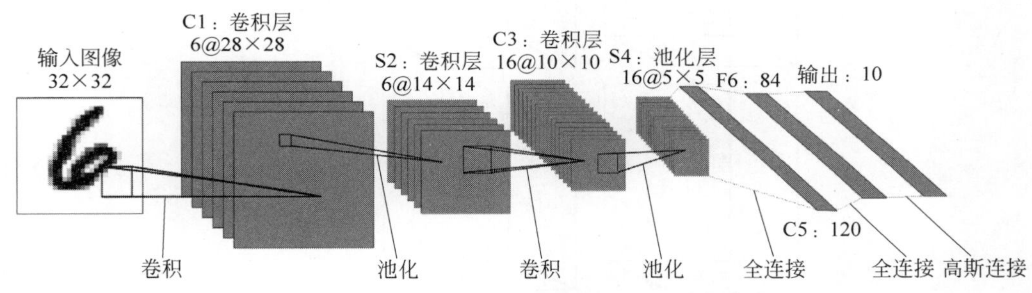

图 12-5　LeNet-5 模型结构

AlexNet 是 Alex Krizhevsky 等于 2012 年提出的一个深层卷积神经网络,当年夺得了 ImageNet 图片分类大赛的冠军,并且准确率远超第二名,其模型结构如图 12-6 所示。

AlexNet 中有几个创新点。首先,它采用 ReLU 作为激活函数,效果比 Sigmoid 函数更好,其次,它引入了 DropOut 层。所谓 DropOut 就是指在神经网络中随机删除一些神经元以防止神经网络的过拟合。此外,AlexNet 之前的 CNN 普遍采用平均池化,而 AlexNet 则使用了最大池化,避免了平均池化的模糊效果。

AlexNet 的输入为 224×224 的三通道彩色图像,其中共经过 5 次卷积,卷积核大小分别为 11×11、5×5、3×3、3×3 和 3×3,见图 12-6 中的标注,最后输出 1000 个分类的向量。

在 AlexNet 之后,更深的 CNN 模型被陆续提出。2014 年,谷歌研发出 20 层的 VGG 模型。同年,DeepFace 横空出世,通过集成多种先进的人脸识别模型,DeepFace 将人脸识别准确率提高到 97%,一举超越了人类的水平。

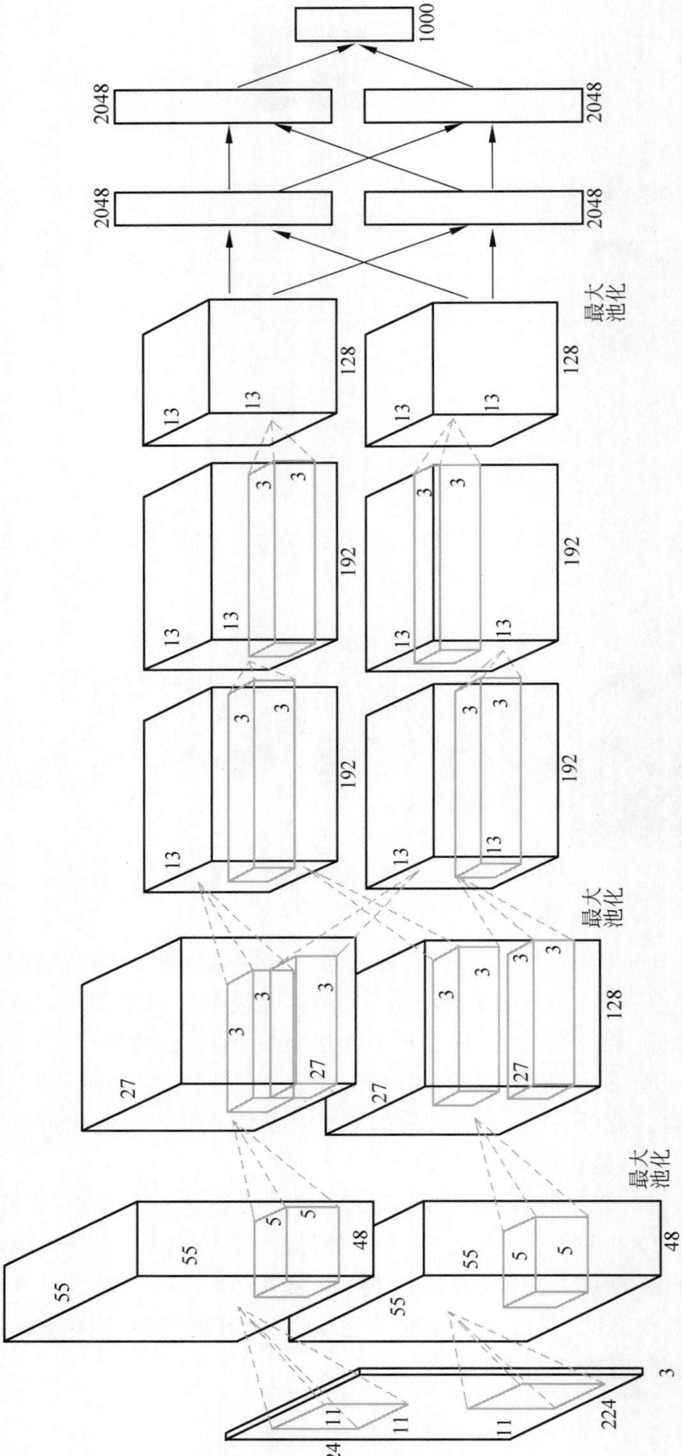

图 12-6　AlexNet 网络结构

12.2　循环神经网络

在生活中，存在着大量的序列数据，例如文本或者语音。与其他数据不同的是，序列数据是讲究顺序的，前面的数据与后面的数据有着一定的联系，不能随意颠倒。例如"兴趣是最好的老师"这句话，如果将顺序变成"最好的兴趣是老师"或"兴趣老师是最好的"或"老师是最好的兴趣"，其含义都与原意大相径庭。音频数据也一样，如果将一段语音或者一段音乐改变顺序再播放给人听，听者肯定是丈二和尚摸不着头脑的。

大量的场景需要将一种序列数据转换成另一种序列数据。例如，翻译将一种语言的文本序列转换成另外一种语言的文本序列，摘要提取则将一段较长的文本转换成同一语言的简洁文本，语音识别则是将音频序列转换成文本序列。那么，处理这样的序列数据用什么神经网络比较好呢？答案是：循环神经网络。

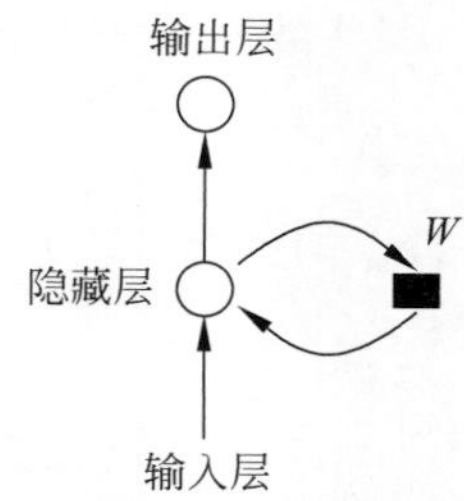

图 12-7　循环神经网络的基本结构

循环神经网络(Recurrent Neural Network，RNN)使用带自反馈的神经元，能够处理任意长度的时序数据。循环神经网络的基本结构如图 12-7 所示。同其他神经网络一样，循环神经网络中有输入层、隐藏层和输出层，但是循环神经网络中还有一个自循环 W，这是其他神经网络没有的。

12.2.1　RNN

循环神经网络的核心部分是一个有向图，其中以链式相连的部分称为 RNN 单元(RNN Cell)，RNN 单元每次接收两个输入，即当前步的输入 X_i 及上一步的隐含状态 h_{i-1}，并给出两个输出：当前步的隐含状态 h_i 和当前步的输出 Y_i，如图 12-8 所示，图中的每个方框都是一个 RNN 单元。

RNN 单元的内部构造如图 12-9 所示，其中 W 代表权重(Weight)，b 代表偏置(Bias)，激活函数为 tanh 函数，每个 RNN 单元都共享权重参数 W_{ih}、b_{ih}、W_{hh}、b_{hh}。

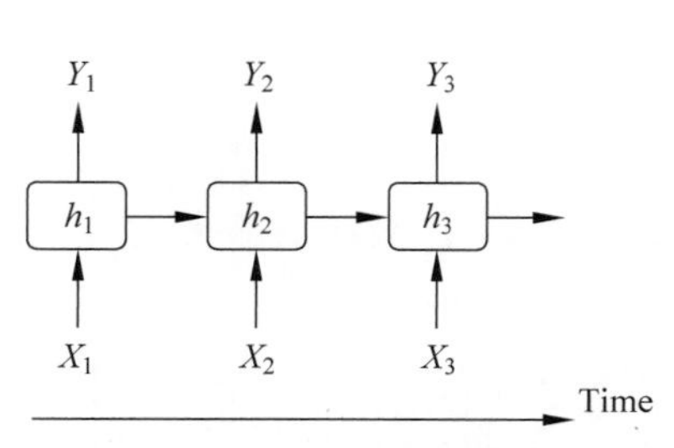

图 12-8　RNN 单元原理图

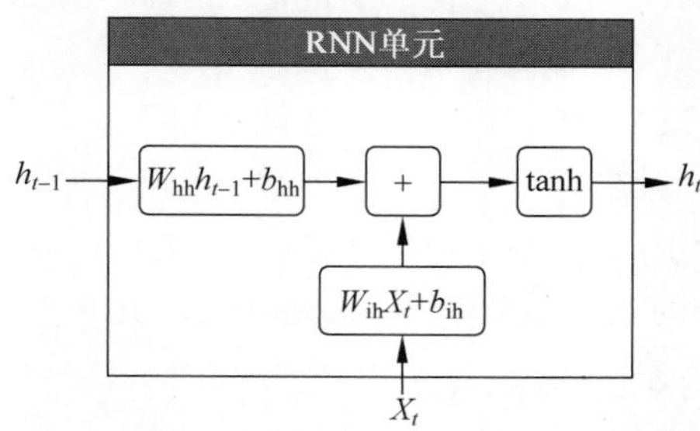

图 12-9　RNN 单元的内部构造

RNN 能够有效地处理序列数据，参数共享的机制使需要学习的参数大大减少，但是普通RNN也有一些缺点，例如梯度消失和梯度爆炸问题。此外，RNN还受限于短期记忆问题，当一个序列足够长时，它很难把信息从较早的时间步传输到后面的时间步。为了解决RNN的缺点问题，研究人员提出了多种改进方案，如LSTM（长短时记忆）网络和GRU（门控循环单元）。

12.2.2 LSTM

长短时记忆（Long Short Time Memory，LSTM）网络是为了克服RNN的短时记忆问题而提出的解决方案，它通过引入门控机制来调节信息流，决定哪些数据是需要保留的数据，哪些数据是需要遗忘的数据，如图12-10所示。

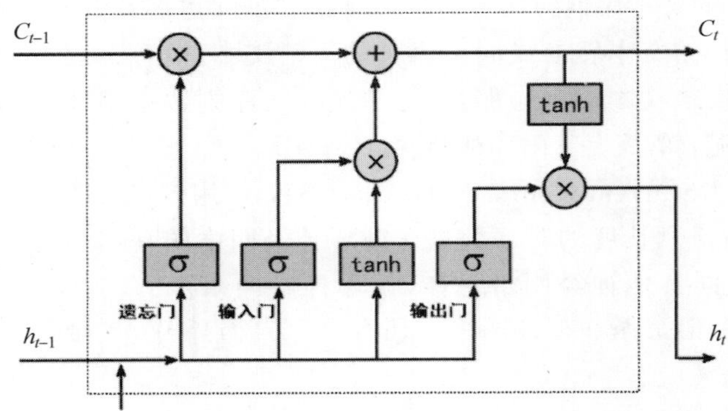

图12-10 LSTM的门控机制

那么，LSTM又是如何通过门来控制信息流的呢？LSTM的核心结构包括记忆细胞（Memory Cell）和3扇门，分别是输入门（Input Gate）、遗忘门（Forget Gate）和输出门（Output Gate），它们的关系如图12-11所示。

下面用一个实际例子来说明，如图12-12所示。图中上方的横向线条称为细胞状态（Cell State），代表长期记忆（Long Term Memory），t时刻的细胞状态用C_t表示，细胞状态中没有可以直接修改的权重（Weight）和偏置（Biases）。下方的横向线条称为隐藏状态（Hidden State），代表短期记忆（Short Term Memory），直接与权重连接，可修改，t时刻的隐藏状态用h_t表示。

LSTM中3扇门的运行机制如下。

1. 遗忘门

设上一时刻的长期记忆$C(t-1)=2$，短时记忆$h(t-1)=1$，当前的输入$X(t)=1$。遗忘门处的激活函数为Sigmoid函数，其计算过程如下：

```
f(t)=Sigmoid(1*2.7+1*1.63+1.62)
    =Sigmoid(5.95)
    =0.997
```

经计算得到的Sigmoid值为0.997，乘以长期记忆2后值约为1.99，几乎未变，如图12-12

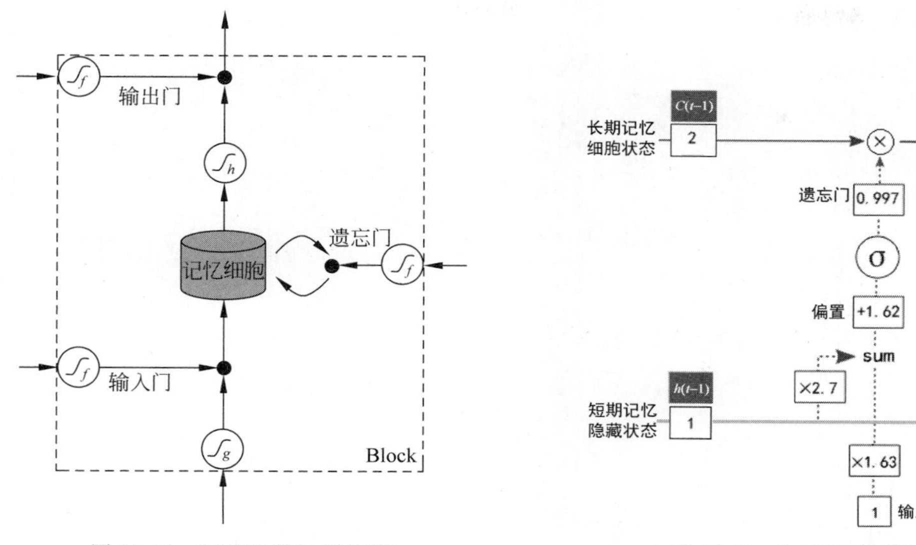

图 12-11 LSTM 的记忆细胞　　　　图 12-12 LSTM 实例图

所示。如果输入为－10,则计算后 Sigmoid 值为 0,乘以长期记忆后值为 0,这意味着长期记忆完全被遗忘。此处的 Sigmoid 值决定了长期记忆被记住的比例,因此被称为遗忘门。

2. 输入门

此处的计算分两部分,如图 12-13 所示。

首先计算更新信号 $g(t)$,此处将采用 tanh 函数作为激励函数,计算过程如下:

```
g(t)=tanh(1*1.41+1*0.94+(-0.32))
    =tanh(2.03)
    =0.97
```

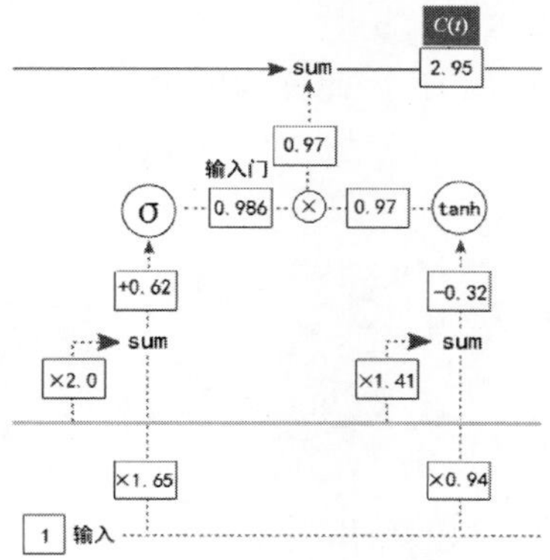

图 12-13 输入门处的计算

当输入值为 1 时计算值为 0.97,如果输入为－10,则计算值为－1。

接下来通过一个 Sigmoid 函数决定 $g(t)$的多大比例被加入长期记忆中,此处称为输入

门,其间的计算过程如下:

```
i(t)=Sigmoid(1*2.0+1*1.65+0.62)
    =Sigmoid(4.27)
    =0.986
C(t)=f(t)*C(t-1)+i(t)*g(t)
    =0.997*2+0.986*0.97
    =2.95
```

3. 输出门

此处也分为两部分,如图 12-14 所示。

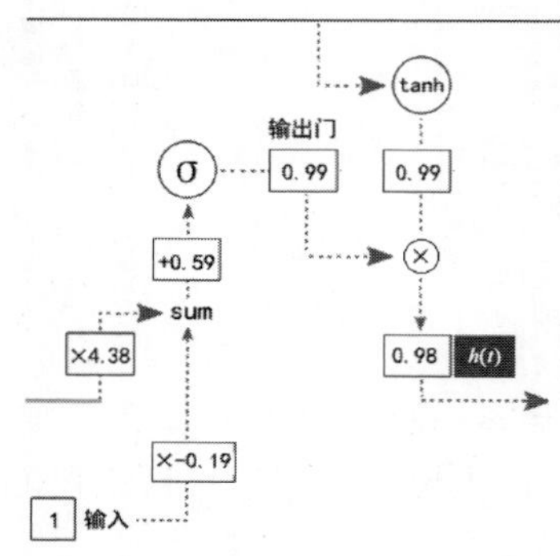

图 12-14 输出门处的计算

首先要计算一个控制输出比例的值 $O(t)$,此处同样要经过一个 Sigmoid 函数,计算过程如下:

```
O(t)=Sigmoid(1*4.38+1*(-0.19)+0.59
    =Sigmoid(4.78)
    =0.99
```

由于此处是用来控制输出比例的,因此称为输出门。

接下来,将上一步计算出的 $C(t)$经过一个 tanh 函数,其值与 $O(t)$相乘,得到此刻的短时记忆 $h(t)$,其计算过程如下:

```
h(t)=O(t)*tanh(C(t))
    =0.99*tanh(2.95)
    =0.99*0.99
    =0.98
```

此处的 $h(t)$也是这个记忆细胞的输出。

将上述步骤汇总到一张图后的整个计算过程如图 12-15 所示,理解了这个过程也就理解了 LSTM 控制信息流的机制了。

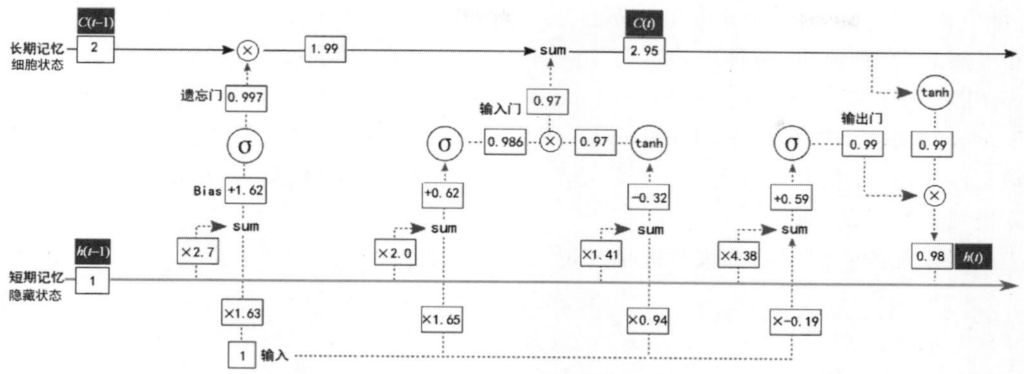

图 12-15　LSTM 整体计算过程图

12.2.3　GRU

LSTM 的结构稍显复杂，而门控循环单元(Gated Recurrent Unit，GRU)对 LSTM 适度地进行了简化。与 LSTM 不同的是，GRU 中只有两扇门：更新门(Update Gate)和重置门(Reset Gate)，其结构如图 12-16 所示。

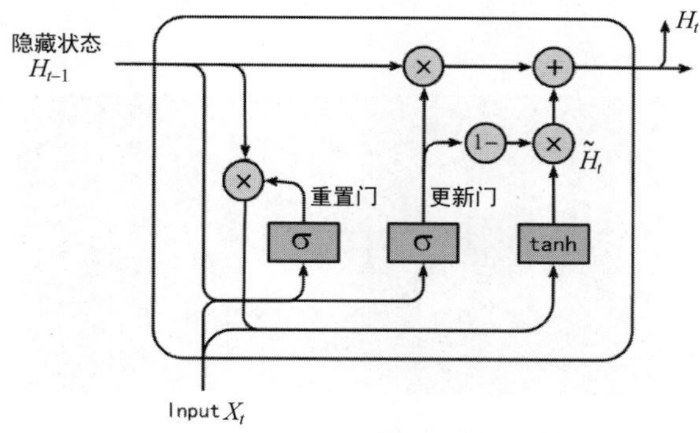

图 12-16　GRU 结构图

12.3　案例：音乐风格分类

对循环神经网络的原理有所了解后，下面来看一个用 LSTM 对音乐风格进行分类的例子。

12.3.1　数据集介绍

本案例用到的数据集是 GTZAN。GTZAN 数据集是音乐风格识别研究中最常用的公共数据集，被称为音乐界的 MNIST(一个非常流行的手写数字图像集，被广泛地应用于机器学习的训练和测试中)。该数据集取自一个开源音频处理软件框架 Marsyas，一共有 1000 个音轨,每个音轨长 30s。它的音乐包括布鲁斯、古典、乡村、迪斯科、嘻哈、爵士、金属、流行、雷盖和摇滚共 10 种风格,每种风格都有 100 首曲目,所有曲目均为 WAV 格式。

GTZAN 数据集被包括在 Torchaudio 的数据集中。Torchaudio 和 Torchvision 是 PyTorch 的两个官方扩展库,Torchaudio 提供了一系列音频数据处理工具,如读取和加载音频文件、音频变换和增强等,它还集成了一些常见的音频数据集;Torchvision 则提供了计算机视觉相关的功能。

PyTorch 的官方网站有该数据集的定义,具体如下:

```
CLASS torchaudio.datasets.GTZAN(
            root: Union[str, Path],
            url: str = 'http://opihi.cs.uvic.ca/sound/genres.tar.gz',
            folder_in_archive: str = 'genres',
            download: bool = False,
             subset: Optional[str] = None)
```

网址为 https://pytorch.org/audio/stable/generated/torchaudio.datasets.GTZAN.html,其中有使用该数据集的注意事项。

下载并解压该数据集后可以发现其有 10 个子目录,对应 blues、classical 等 10 种音乐风格。为了便于处理,可将它们放在一个总目录下,例如笔者将其保存在 E:\Download\Genres 目录下,如图 12-17 所示。

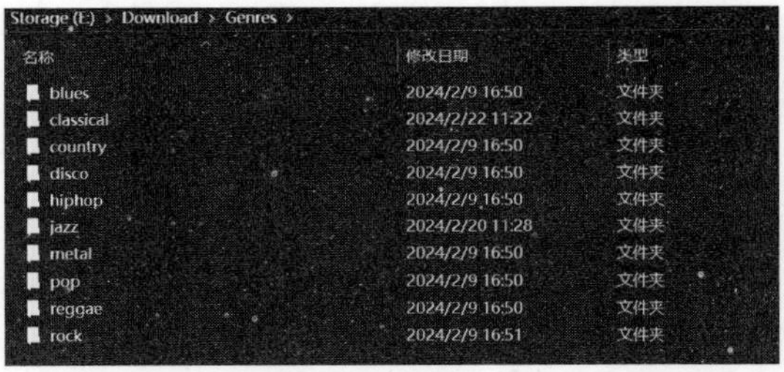

图 12-17　GTZAN 数据集的子目录

该数据集中的音乐是已经分类过的,因此文件夹名就是音乐的标签。每个文件夹下有 100 个文件,文件名格式包括音乐风格、序号等信息,如图 12-18 所示。例如,blues 文件夹下的第 1 个文件名为 blues.00000.wav,其中 blues 为音乐风格分类,00000 为序号,每个文件夹下的序号为 00000～00099。特征提取阶段将利用上述特点对音频文件进行批量处理。

12.3.2　特征提取

为了对音乐风格进行分类,需要提取音频的一些特征,在本案例中提取了 MFCC、频谱质心等特征。Torchaudio 中提供了相应的处理功能,不过为了保持本书的一贯性仍然使用了 Librosa 进行处理。所有音频统一取前 128 帧的特征并组合成一个 33 维的特征向量,最后将提取的特征和标签数据保存为 npy 文件。特征提取阶段的代码如下:

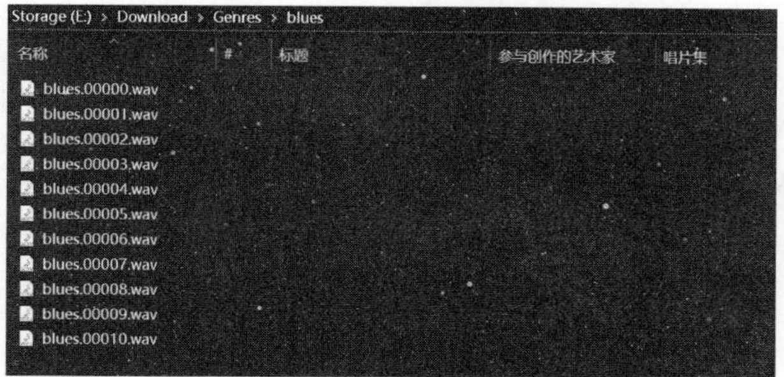

图 12-18 文件命名规则

```
#第 12 章/prepare_data.


import librosa
import re
import numpy as np

root_dir = 'E:/Download/Genres/'      #GTZAN 数据集根目录
feature_file = 'features.npy'         #特征数据文件
label_file = 'labels.npy'             #标签数据文件

#数据集中所有音乐风格分类
genre_list = ['blues',                #布鲁斯
              'classical',            #古典音乐
              'country',              #乡村音乐
              'disco',                #迪斯科
              'hiphop',               #嘻哈
              'jazz',                 #爵士乐
              'metal',                #金属乐
              'pop',                  #流行音乐
              'reggae',               #雷盖乐
              'rock']                 #摇滚乐

#训练用音频文件清单
def make_list(start_num, end_num):
    #start_num: 起始编号; end_num: 截止编号
    filelist = []
    for i in range(len(genre_list)):
        genre = genre_list[i]
        dir = root_dir + genre + '/'
        for id in range(start_num, end_num):
            name = dir + genre + '.' + f'{id:05d}'+'.wav'
            filelist.append(name)
    return filelist

#生成独热编码
def onehot(target):
```

```
    code = np.zeros((target.shape[0], len(genre_list)))
    for i, str in enumerate(target):
        index = genre_list.index(str)
        code[i, index] = 1
    return code

#提取音频特征
def get_features(file_list):
    hop_length = 512
    total = len(file_list) #文件数量
    data = np.zeros((total, 128, 33), dtype=np.float64)
    target = []

    for i, file in enumerate(file_list):

        #加载文件并提取 MFCC、频谱质心等特征
        y, sr = librosa.load(file, sr=22050)
        mfcc = librosa.feature.mfcc(
            y=y, sr=sr, hop_length=hop_length, n_mfcc=13
        )
        centroid = librosa.feature.spectral_centroid(
            y=y, sr=sr, hop_length=hop_length
        )
        chroma = librosa.feature.chroma_stft(
            y=y, sr=sr, hop_length=hop_length
        )
        contrast = librosa.feature.spectral_contrast(
            y=y, sr=sr, hop_length=hop_length
        )

        data[i, :, 0:13] = mfcc.T[0:128, :]
        data[i, :, 13:14] = centroid.T[0:128, :]
        data[i, :, 14:26] = chroma.T[0:128, :]
        data[i, :, 26:33] = contrast.T[0:128, :]

        #提取音乐风格名称
        genre = re.split("[ /]", file)[3]
        target.append(genre)

        #输出处理结果
        print('Feature extraction for No. %i of %i files finished.'
              % (i + 1, total))
    return data, np.expand_dims(np.asarray(target), axis=1)

if __name__ == "__main__":

    #生成音频文件清单(每种风格前 70 个)
    filelist = make_list(0, 70)
    print('Total files: ', len(filelist))
```

```
#提取音频特征并保存为 npy 文件
features, target = get_features(filelist)
labels = onehot(target)
with open(feature_file, "wb") as f:
    np.save(f, features)
with open(label_file, "wb") as f:
    np.save(f, labels)

print('Feature extraction finished!')
```

上述代码运行后将生成 features. npy 和 labels. npy 两个数据文件供调用。由于每种音乐风格仅提取了前 70 个文件的特征，因此特征数据的维度为(700,128,33)。

12.3.3　模型及训练

接下来进入模型设计阶段。本案例采用 LSTM 模型，因而结构比较简单。训练的代码也并不复杂，将每批样本数设为 35 个，这样的批次共 20 批(700/35＝20)，考虑到处理速度，优先使用 GPU 进行训练。有关模型和训练过程的代码如下：

```
#第 12 章/train.py

import os
import sys
import numpy as np
import torch
import torch.nn as nn
import torch.nn.functional as F
import torch.optim as optim

#LSTM 模型定义
class LSTM(nn.Module):
    #模型初始化函数
    def __init__(self, input_size, hidden_size, output_size, num_layers):
        super(LSTM, self).__init__()
        self.input_size = input_size
        self.hidden_size = hidden_size
        self.num_layers = num_layers

        self.lstm = nn.LSTM(self.input_size, self.hidden_size,
                            self.num_layers)                  #LSTM 层
        self.fc = nn.Linear(self.hidden_size, output_size)    #全连接层

    #前向计算函数
    def forward(self, input, hidden=None):
        out, hidden = self.lstm(input, hidden)
        logits = self.fc(out[-1])
        predict = F.log_softmax(logits, dim=1)
```

```
        return predict, hidden

    #计算准确率的函数
    def cal_accuracy(self, predictions, labels, batch_size):
        #获取最大值的索引值
        predict = torch.max(predictions.data, 1)[1]
        #预测准确次数
        correct_num = predict.eq(labels.data).sum()
        #计算准确率并返回
        accuracy = correct_num / batch_size

        return accuracy.item()

#训练函数
def train(features, labels, model, criterion, optimizer, epochs,
          num_batches, batch_size, byCuda):

    #使用 GPU 时的转换
    if byCuda:
        model = model.cuda()
        criterion = criterion.cuda()

    #训练循环
    for epoch in range(epochs):

        #初始化
        losses = 0.0
        accuracy = 0.0
        hidden_state = None

        #处理一个批次
        for i in range(num_batches):

            #提取一批次数据
            feature = features[i *batch_size: (i + 1) *batch_size, ]
            label = labels[i *batch_size: (i + 1) *batch_size, ]

            #根据模型和损失函数要求对数据进行调整
            feature = feature.permute(1, 0, 2)          #转置函数
            label = torch.max(label, 1)[1]              #NLLLoss 函数要求格式

            #将张量转移到 GPU 上
            if by_cuda:
                feature = feature.cuda()
                label = label.cuda()

            #梯度清零
            model.zero_grad()
```

```
        #前向传播
        pred, _ = model(feature, hidden_state)

        #计算损失函数值
        loss = criterion(pred, label)

        #反向传播
        loss.backward()

        #对网络进行优化
        optimizer.step()

        #累计损失函数值并计算准确率
        losses += loss.item()
        accuracy += model.cal_accuracy(pred, label, batch_size)

    #输出此轮训练结果
    print('Epoch: %d | NLLoss: %.4f | Accuracy rate: %.2f'
        % (epoch+1, losses / num_batches, 100.0 *accuracy / num_batches))


if __name__ == "__main__":

    feature_file = 'features.npy'            #特征数据文件
    label_file = 'labels.npy'                #标签数据文件

    #检查是否存在 npy 文件
    if (os.path.isfile(feature_file) and os.path.isfile(label_file)):
        print('Loading npy files')
        feature_data = np.load(feature_file)
        label_data = np.load(label_file)
    else:
        print('Preprocessed files does not exist, please check!')
        sys.exit()

    #转换成张量并输出 shape
    features = torch.from_numpy(feature_data).type(torch.Tensor)
    labels = torch.from_numpy(label_data).type(torch.LongTensor)
    print('Features shape: ' + str(feature_data.shape))
    print('Labels shape: ' + str(label_data.shape))

    epochs = 200              #训练轮数
    batch_size = 35           #每批样本数
    num_batches = int(features.shape[0] / batch_size) #700÷35=20 批

    #构建 LSTM 模型并输出模型参数
    print('Building LSTM model ...')
    model = LSTM(33, 128, 10, 2)
    criterion = nn.NLLLoss()
```

```
    optimizer = optim.Adam(model.parameters(), lr=0.001)
    print(model.parameters)

    #检查是否有 CUDA
    by_cuda = torch.cuda.is_available()
    if by_cuda:
        print('Training on GPU ...')
    else:
        print('Training on CPU ...')

    #训练过程
    train(features, labels, model, criterion,
          optimizer, epochs, num_batches, batch_size, by_cuda)
```

上述代码先检查是否有处理好的特征数据和标签数据文件,确认无误后开始构建模型,其间将输出如图 12-19 所示的信息。

```
Loading npy files
Features shape: (700, 128, 33)
Labels shape: (700, 10)
Building LSTM model ...
<bound method Module.parameters of LSTM(
  (lstm): LSTM(33, 128, num_layers=2)
  (fc): Linear(in_features=128, out_features=10, bias=True)
)>
```

图 12-19 train.py 输出信息

接下来将进入训练阶段,共 200 轮,训练时将输出如图 12-20 所示(仅含最后 15 轮)的训练信息。经过 200 轮训练后,准确率已经接近 90%,说明训练效果还是不错的。

```
Epoch:  186 | NLLoss: 0.9574 | Accuracy rate: 64.43
Epoch:  187 | NLLoss: 0.7403 | Accuracy rate: 74.29
Epoch:  188 | NLLoss: 0.8686 | Accuracy rate: 67.71
Epoch:  189 | NLLoss: 0.6777 | Accuracy rate: 76.29
Epoch:  190 | NLLoss: 0.5057 | Accuracy rate: 84.57
Epoch:  191 | NLLoss: 0.4560 | Accuracy rate: 87.29
Epoch:  192 | NLLoss: 0.4046 | Accuracy rate: 88.29
Epoch:  193 | NLLoss: 0.4021 | Accuracy rate: 87.14
Epoch:  194 | NLLoss: 0.3853 | Accuracy rate: 88.14
Epoch:  195 | NLLoss: 0.4458 | Accuracy rate: 85.29
Epoch:  196 | NLLoss: 0.5194 | Accuracy rate: 82.71
Epoch:  197 | NLLoss: 0.5313 | Accuracy rate: 82.86
Epoch:  198 | NLLoss: 0.4832 | Accuracy rate: 84.29
Epoch:  199 | NLLoss: 0.3823 | Accuracy rate: 89.43
Epoch:  200 | NLLoss: 0.3557 | Accuracy rate: 89.14
```

图 12-20 训练结果输出

第 13 章 深度学习与语音识别

在对神经网络的原理有了一定程度的了解后，让我们回过头来再回顾一下语音识别的过程。语音识别首先要提取语音特征，然后运用声学模型实现从特征到文字的转变，然而，从语音特征到文字的过程仍然是漫长的。如果把语音特征提取看作语音识别的第 1 步，则后面还有两大步：①将语音特征转换成音素序列；②从音素序列转换成连续的文字。

所谓的音素序列可以简单地理解为带声调的拼音，例如 yu3 yin1 shi2 bie2 ji4 shu4 shi2 xian4 le tu1 po4，其中的数字代表拼音的四声，如 1 代表阴平，2 代表阳平等。音素序列到文字的过程就是最后的识别，生成的是文字，例如上面的音序序列将识别成“语音识别技术实现了突破”。这一步看似简单，但实则有着相当的技术含量。首先，汉语中有着大量的同音词，即使是人类在听到一个词的时候有时也无法马上做出判断，往往需要根据上下文甚至根据专业知识做出判断；其次是汉语的词汇量非常大，当今社会又是个飞速发展的时代，每天都会有不少新词汇出现。例如“元宇宙”，如果识别系统中没有这个词，则很可能被识别成“原宇宙”或“圆宇宙”甚至“源于昼”。还有一个不容忽视的问题是方言和口音的问题。我国有着大量的方言，多数人在讲话时或多或少会带有一点口音，这对语音识别系统也是一个不小的挑战。

总而言之，从音素序列到文字的过程对机器而言就像是翻译的过程，而要圆满地完成这个任务，则需要借助一些最新的深度学习模型，例如谷歌的 Transformer 模型，本章将对这一方面进行简要介绍。不过，Transformer 模型并不是凭空出现的，在它的发展道路上还有 Word2Vec、BI LSTM、ELMo 这些“老前辈”的身影，让我们先从 Word2Vec 谈起。

13.1 Word2Vec

13.1.1 词向量

前文曾经提到过独热编码。独热编码不仅能对特征进行编码，也能对词语进行编码，如图 13-1 所示。

在自然语言处理中都是以 Token 为基本单位的。Token 表达的是一个独立的含义，在英语中接近单词的概念，例如 mouse 和 cat 都是一个 Token，但也有可能是子词，例如

文本	老鼠怕猫那是谣言					
Token	老鼠	怕	猫	那	是	谣言
索引化	0	1	2	3	4	5
独热编码	1	0	0	0	0	0
	0	1	0	0	0	0
	0	0	1	0	0	0
	0	0	0	1	0	0
	0	0	0	0	1	0
	0	0	0	0	0	1
向量表示	0.1	0.8	0.1	0.3	0.6	0.2
	0.9	0.2	0.8	0.7	0.2	0.5
	0.3	0.7	0.3	0.9	0.5	0.6

图 13-1　独热编码

Transformer 中的 er。在汉语中 Token 可能是一个字也可能是一个词,例如"老鼠"表达的就是英语中的 mouse 的概念,而不是"年老的鼠"这个意思,因此老鼠就是一个 Token。

现在回到独热编码上来。独热编码虽然具有简单直观、易于扩展等优点,但也有着以下缺点。

(1) 维度灾难:独热编码是稀疏的硬编码,如果语料库里有数十万个甚至上百万个不同的词,则独热编码的量级将是灾难性的。

(2) 相互独立:独热编码并不考虑词与词之间的顺序,而且词与词之间是相互独立的,无法计算相互之间的距离。

为了解决独热编码的问题,有人提出了词向量的概念。"词向量",顾名思义就是将词向量化,如图 13-2 所示。

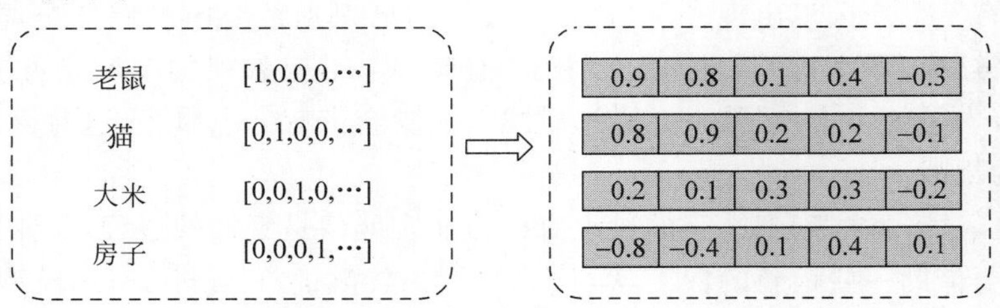

图 13-2　独热编码到词向量

词向量不仅将独热编码的高维稀疏向量转换成了低维连续的向量,还能体现词与词之间的关系,如图 13-3 所示。图中左边是一个词向量表,右边是对其进行 PCA 降维后在二维坐标中的图形化结果。不难发现,语义相近的词在二维平面中的距离也更近,例如老鼠与猫都是小动物,较为接近,大米则是食物,虽然不是动物,但仍然与老鼠和猫同属生物的范畴,而房子并不属于生物,因而离大米比较远,离老鼠和猫则更远。

13.1.2　Word2Vec

词向量的技术早就存在,但是真正让该技术流行起来的还属谷歌的 Word2Vec。Word2Vec 是用来产生词向量的一组模型,包括 CBOW 模型和 Skip-Gram 模型。

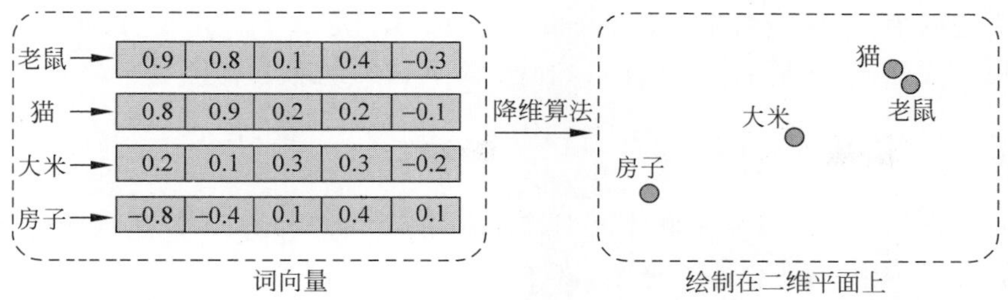

图 13-3 降维后的词向量图

连续词袋模型(Continuous Bag-of-Word Model,CBOW)用周围的词向量来预测中心词,跳字模型(Skip-Gram)则用当前单词预测上下文,如图 13-4 所示。

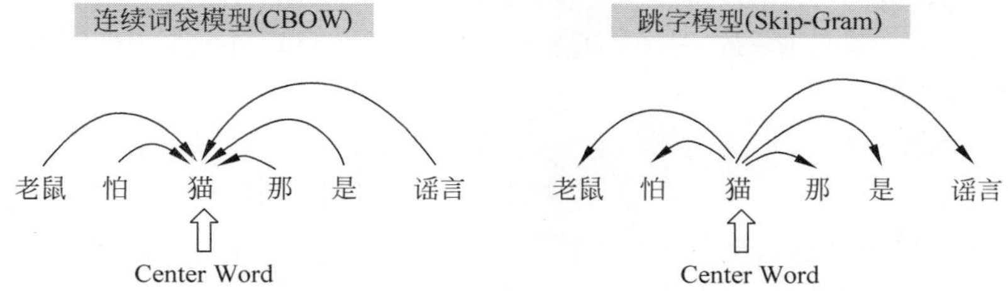

图 13-4 CBOW 和 Skip-Gram

CBOW 模型可以看成一个多分类的问题,一个简单的解决办法就是用 Softmax 来计算每个词的归一化概率,但是由于涉及的词汇量过于庞大,Softmax 的计算显然将使系统不堪重负。为此,Word2Vec 引入了 Hierarchical Softmax。

13.1.3 Hierarchical Softmax

Hierarchical Softmax 是 Yoshua Bengio 于 2005 年引入语言模型中的。它的基本思想是将复杂的归一化概率分解为一系列条件概率乘积的形式,其中,每层条件概率对应一个二分类问题,可以通过一个简单的逻辑回归函数去拟合。

Hierarchical Softmax 通过构造一棵二叉树,将目标概率的计算复杂度从最初的 V 降低到了 $\log V$ 的量级。在实际应用中,Hierarchical Softmax 采用基于霍夫曼编码的二叉树,如图 13-5 所示。

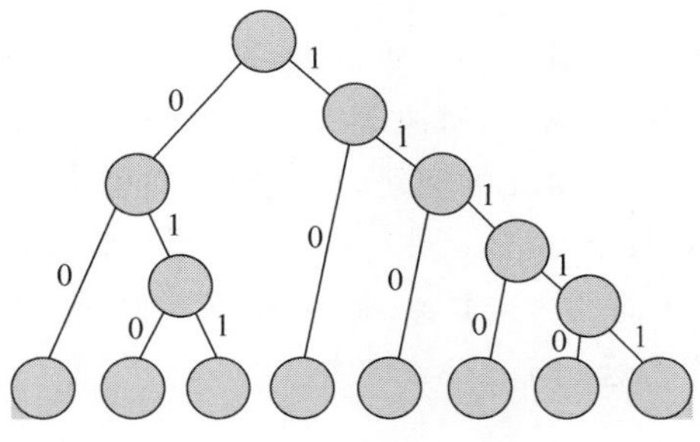

图 13-5 霍夫曼二叉树

在霍夫曼树中,隐藏层到输出层的 Softmax 映射不是一下子完成的,而是沿着霍夫曼树一步步地完成的,这就是 Hierarchical Softmax 名称的由来。

13.1.4 负采样

训练神经网络的过程就是不断输入训练样本并调整神经元权重以达到提高预测准确性的过程。在此过程中,每训练一个样本,该样本的权重就要调整一次,而词汇表的大小决定了神经网络权重参数的规模,这些权重参数经历数以亿次的调整将使训练过程变得非常缓慢,而负采样的采用可以解决这个问题,它通过每次让一个训练样本仅仅更新一小部分的权重参数大大减少了计算量。

负采样是指对负面样本的采样。例如在 Skip-Gram 中以中心词(序号为 n)预测上下文时,window_size=2,那么 $n-2\sim n+2$ 范围内的词(中心词除外)都是正面样本,而正面样本之外的词则是负面样本。

至于负面样本的数量以多少为宜,论文 *Distributed Representations of Words and Phrases and their Compositionality* 的作者提出:"对于小规模数据集,选择 5~20 个比较好,对于大规模数据集可以仅选择 2~5 个。"作为参考,广受欢迎的自然语言处理库 Gensim 中将默认的负面样本数设为 5,可见 5 是一个较为合适的数值。

Word2Vec 具有速度快,通用性强的优点,但是也有一个重大缺点:词和向量之间是一对一的关系,无法解决一词多义的问题。例如,英文中的 bank 一词,既可以表示银行,也可以表示河岸,对于这种情况,Word2Vec 是无能为力的。

13.2 ELMo

2018 年,Matthew E. Peters 等在论文 *Deep Contextualized Word Representations* 中提出了 ELMo(Embedding from Language Model)预训练模型,用于解决一词多义的问题,该论文获得了 2018 年 NAACL 最佳论文奖。

ELMo 是一个双层双向的 LSTM,前向的 LSTM 负责从前往后提取信息,后向的 LSTM 负责从后往前提取信息;第 1 层 LSTM 表示更多的句法特征,第 2 层 LSTM 表示更多的语义特征,如图 13-6 所示。

ELMo 可以通过不同的语句对同一个单词训练得到不同的词向量,从而有效地区分出同一个单词在不同语境中的不同含义,解决了 Word2Vec 无法解决的一词多义的问题。

ELMo 模型虽然解决了一词多义的问题,但是也有它的缺点,主要有两个缺点:

(1) 由于 ELMo 需要对每个 Token 进行编码,因而计算量较大。

(2) ELMo 使用了双向 LSTM 来提取特征,而不是 Transformer,研究证明 Transformer 的特征提取能力远超 LSTM。

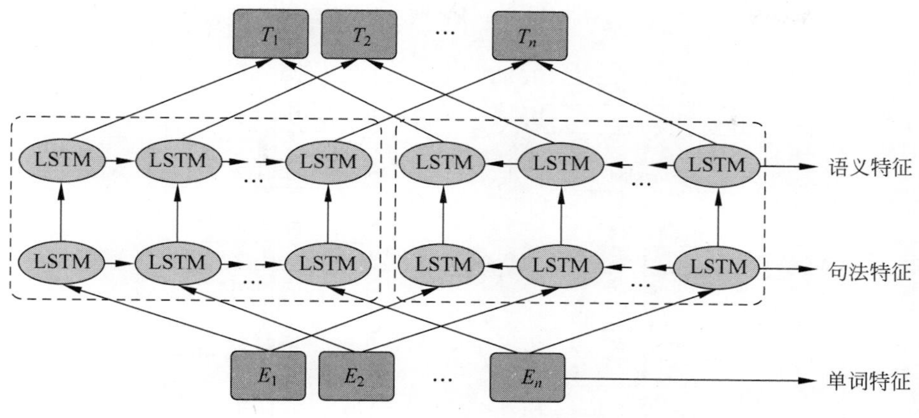

图 13-6 ELMo 原理图

13.3 Transformer

2017 年 6 月，谷歌在 Arxiv 上发表了一篇名为 *Attention is All You Need* 的论文，该论文被评为 2017 年 NLP（自然语言处理）领域年度最佳论文。同年，谷歌推出了基于注意力的全新架构：Transformer。还是 2017 年，Transformer 在机器翻译任务中夺得冠军。

那么，Transformer 究竟有何过人之处呢？在 Transformer 之前，虽然 LSTM 在机器翻译领域的表现尚可，但是当句子较长时其内部联系减弱，翻译效果会变差，而 Transformer 构建了以 Token 为节点的有向图，让一个句子中的任意两个 Token 之间都产生联系。另外，Transformer 中用注意力机制代替 RNN（LSTM 也是一种 RNN）复杂的网络结构，从而有效地克服了长序列建模的问题。此外，Transformer 能够用分布式 GPU 进行并行训练，提升了模型的训练效率。

13.3.1 Transformer 的构成

Transformer 的用处已经不限于语言翻译领域了，不过为了把 Transformer 具体化，此处把它比作一个黑盒子（翻译机）。

如果把这个黑盒子拆开，则可以发现 Transformer 是由多个 Encoder 和 Decoder 组成的，如图 13-7 所示。这些 Encoder/Decoder 的结构相同，但参数并不相同。

13.3.2 位置编码

传统的 Encoder 和 Decoder 一般采用 CNN 或者 RNN。以 RNN 为例，Token 是按照顺序逐个输入的，因此 RNN 天生就适合对时间序列进行建模。与之不同的是，Transformer 对所有 Token 同时进行处理，一方面这样能大大提高处理速度，但另一方面 Token 中并不携带位置信息。对此，Transformer 的解决方法是位置编码（Position

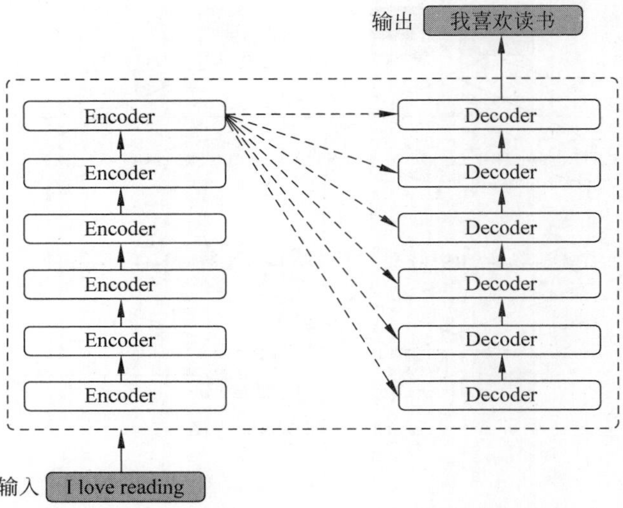

图 13-7　Transformer 的构成

Ecoding）。位置编码的计算如图 13-8 所示。

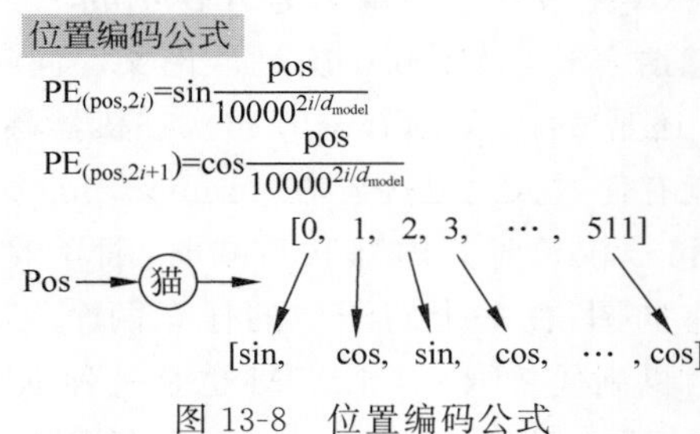

图 13-8　位置编码公式

其中，pos 表示词在句子中的位置，$2i$ 和 $2i+1$ 表示每个单词的偶数位和奇数位的维度。

13.3.3　注意力机制

什么是注意力呢？当我们观察事物时，之所以能够快速判断一种事物，是因为大脑能够很快把注意力放在事物最具有辨识度的部分，从而做出判断，注意力机制正是基于这种机制产生的。

注意力机制是一种模仿人类选择性注意力的机制的计算方法，它允许神经网络在处理输入数据时，自动地关注于相关的重要信息，从而提高模型的性能和泛化能力。注意力机制在网络中的结构如图 13-9 所示。

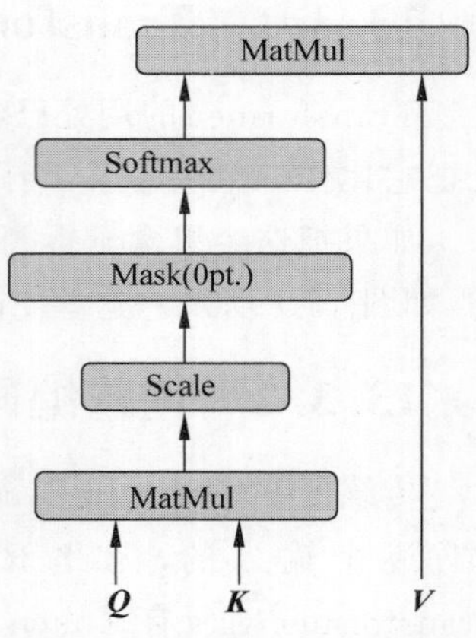

图 13-9　注意力机制结构图

注意力机制中有 3 个重要的输入矩阵：查询矩阵 $\boldsymbol{Q}$

(query)、键矩阵 $\boldsymbol{K}$(key)和值矩阵 $\boldsymbol{V}$(value)。这 3 个矩阵究竟代表什么呢？用一个比喻来说明。假设现在要将一段文字概括成摘要，那么 query 就是这段需要被概括的文本，key 可以看成给出的提示，value 则是大脑中对提示的延伸(或者说是根据提示想到的答案)。

这里有一种特殊情况，就是 query 与 key 和 value 相同，这种情况称为自注意力机制。注意力机制中的 query 一般来自目标语句，而在自注意力机制中，query 并非来自目标语句，而是来自原语句。

用 $\boldsymbol{Q}$、$\boldsymbol{K}$、$\boldsymbol{V}$ 计算自注意力值的过程如下：

(1) 对 $\boldsymbol{Q}$ 和每个 $\boldsymbol{K}$ 进行点积运算，计算得分 score。

(2) 上面计算得到的 score 可能较大，为了不影响梯度计算时的稳定性，需要进行缩放(图 13-9 中的 Scale 过程)，将 score 除以 $\sqrt{d_k}$。此例中 $\boldsymbol{Q}$、$\boldsymbol{K}$、$\boldsymbol{V}$ 的维度较小，一般使 $d_q = d_k = d_v = d_{\text{model}}/h$，其中 d_{model} 为嵌入向量的维度，h 为 head 数，将在 13.3.4 节介绍，假设 d_{model} 为 512，$h=8$，则有 $d_k=64$，$\sqrt{d_k}=8$。

(3) 经过 Softmax 函数进行归一化得到权重值，相加总和为 1。

上述计算过程如图 13-10 所示。

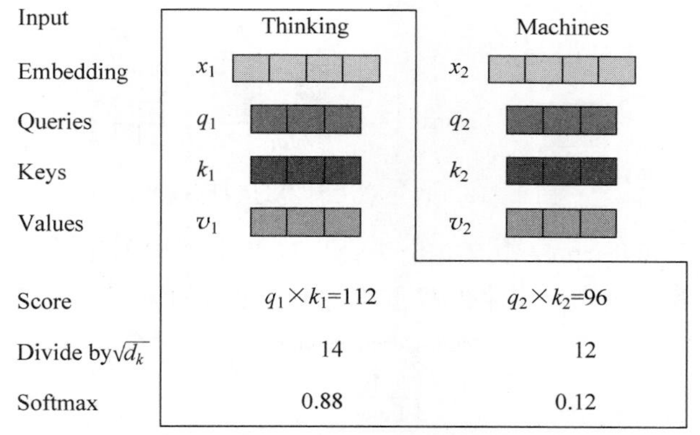

图 13-10　自注意力计算过程(1)

(4) 将上述权重值和相应的 value 值加权求和，得到注意力值 z，如图 13-11 所示。

上述计算过程可概括成如图 13-12 所示的原理图。

13.3.4 多头注意力

在自注意力机制中，一个 Token 有一组 $\boldsymbol{Q}$、$\boldsymbol{K}$、$\boldsymbol{V}$，最后可以得到一组当前词的特征表达，而多头注意力机制能够让注意力机制优化每个词汇的不同特征部分，从而均衡同一种注意力可能产生的偏差。假设嵌入向量的维度为 512，那么从前 256 个维度和后 256 个维度提取的特征显然是不同的，例如可以有 3 个头分别关注词汇、语法和上下文，这样最后的结果就更完整更多元，模型效果也更佳。

多头注意力(Multi-Head Attention)机制的结构如图 13-13 所示。在 Transformer 中，一个 Token 先分裂成若干个头，每个头对应一组 $\boldsymbol{Q}$、$\boldsymbol{K}$、$\boldsymbol{V}$，这样就有多套 QKV 参数，最终生

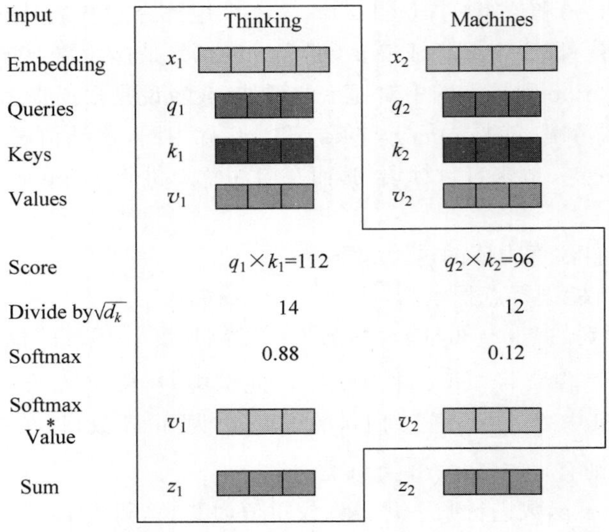

图 13-11 自注意力计算过程(2)

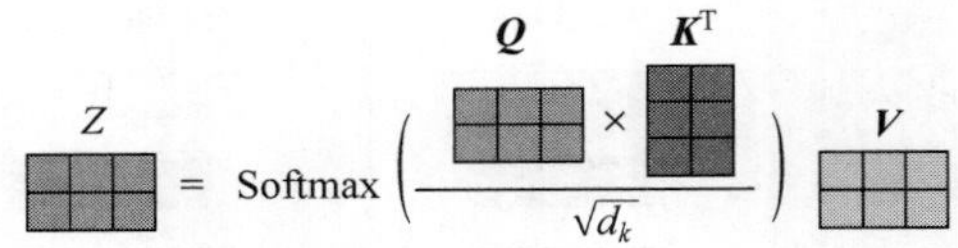

图 13-12 自注意力计算过程原理图

成多个矩阵。例如 Transformer 中有 8 个头会生成 8 个不同的矩阵,最后需要将这 8 个矩阵拼接成一个,然后和一个训练出来的权重矩阵 $\boldsymbol{W}_0$ 进行相乘。

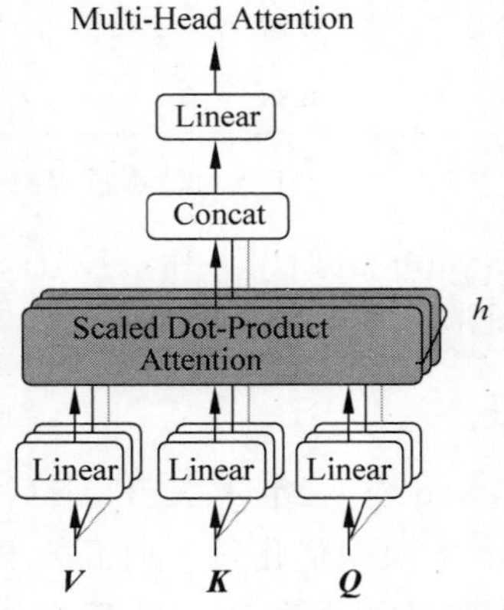

图 13-13 多头注意力机制

13.3.5 残差连接和层归一化

Transformer 中的 Encoder 和 Decoder 各有 6 层,较多的层数提高了网络的表达能力,但也会出现收敛缓慢、梯度消失等问题。为了解决这个问题，Transformer 引入了残差链接和层归一化，如图 13-14 所示。

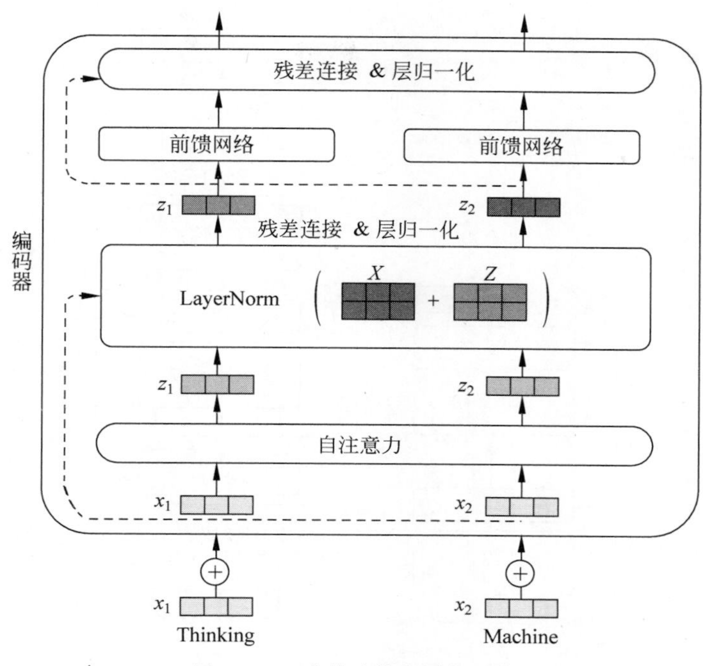

图 13-14 残差连接和层归一化

残差连接，简单地讲，就是将自注意力层的输出与输入相加。层归一化则通过两个可学习的参数对输入进行规范，让输入分布更加稳定。在自然语言处理时，序列的长度通常是变化的，层归一化通过对单个样本中的所有特征进行归一化，能够达到更好的处理可变长度的效果。

13.3.6 Transformer 整体架构

在了解了 Transformer 模型的众多特点之后，让我们从总体上来观察一下 Transformer 的整体架构，如图 13-15 所示。

Transformer 模型由如下 4 部分组成。

(1) 输入部分。

(2) 编码器(Encoder)部分。

(3) 解码器(Decoder)部分。

(4) 输出部分。

输入部分包括源文本和目标文本的词嵌入层机器位置编码器，输出部分则由全连接层和 Softmax 处理部分构成。图的中间部分两个虚线方框内的部分就是编码器(左)和解码器(右)，两者旁边都有 $N\times$ 标志，表示编码器和解码器都由多层堆叠而成，它们的内部组成部分已经在前面几节进行了介绍。

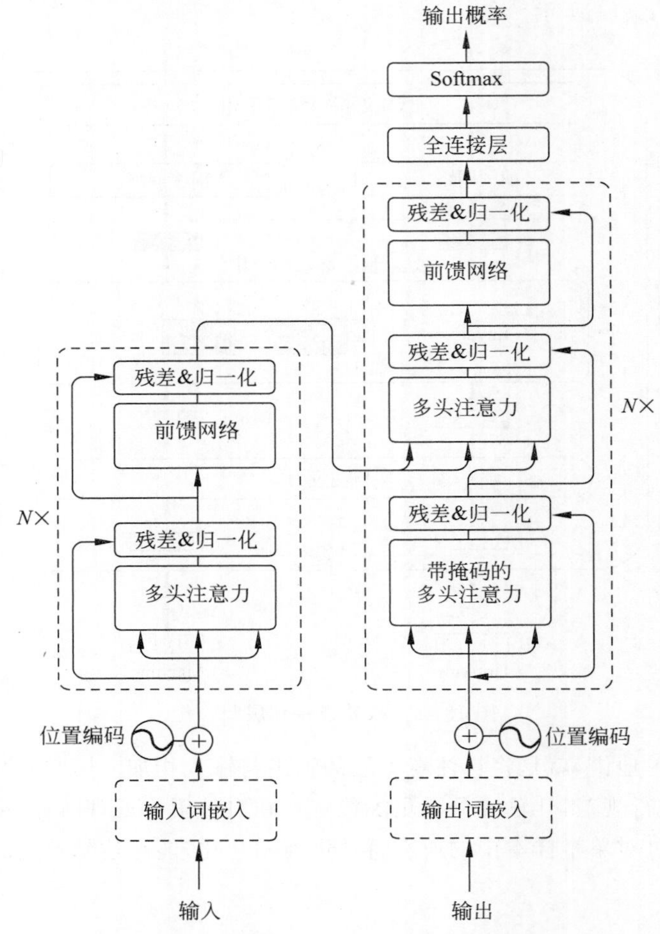

图 13-15　Transformer 整体架构图

Transformer 模型的独特结构使它比传统的卷积神经网络和循环神经网络更加高效，也使其在自然语言处理领域取得了巨大成功。在 Transformer 之后，又相继出现了 GPT 和 BERT 等后起之秀，但那是因为它们都站在 Transformer 这个巨人的肩膀上。

作为一种基于自注意力机制的神经网络模型，Transformer 在处理序列数据方面展现出了卓越的性能。它的应用并不限于自然语言处理，还涉及语音识别、计算机视觉、强化学习等多个领域。通过不断地进行研究和优化，相信未来 Transformer 模型必将在更多的领域放射出璀璨的光芒。

图书推荐

书　名	作　者
HuggingFace 自然语言处理详解——基于 BERT 中文模型的任务实战	李福林
动手学推荐系统——基于 PyTorch 的算法实现(微课视频版)	於方仁
轻松学数字图像处理——基于 Python 语言和 NumPy 库(微课视频版)	侯伟、马燕芹
自然语言处理——基于深度学习的理论和实践(微课视频版)	杨华 等
Diffusion AI 绘图模型构造与训练实战	李福林
全解深度学习——九大核心算法	于浩文
图像识别——深度学习模型理论与实战	于浩文
深度学习——从零基础快速入门到项目实践	文青山
AI 驱动下的量化策略构建(微课视频版)	江建武、季枫、梁举
LangChain 与新时代生产力——AI 应用开发之路	陆梦阳、朱剑、孙罗庚等
自然语言处理——原理、方法与应用	王志立、雷鹏斌、吴宇凡
人工智能算法——原理、技巧及应用	韩龙、张娜、汝洪芳
ChatGPT 应用解析	崔世杰
跟我一起学机器学习	王成、黄晓辉
深度强化学习理论与实践	龙强、章胜
Java＋OpenCV 高效入门	姚利民
Java＋OpenCV 案例佳作选	姚利民
计算机视觉——基于 OpenCV 与 TensorFlow 的深度学习方法	余海林、翟中华
量子人工智能	金贤敏、胡俊杰
Flink 原理深入与编程实战——Scala＋Java(微课视频版)	辛立伟
Spark 原理深入与编程实战(微课视频版)	辛立伟、张帆、张会娟
PySpark 原理深入与编程实战(微课视频版)	辛立伟、辛雨桐
ChatGPT 实践——智能聊天助手的探索与应用	戈帅
Python 人工智能——原理、实践及应用	杨博雄等
Python 深度学习	王志立
AI 芯片开发核心技术详解	吴建明、吴一昊
编程改变生活——用 Python 提升你的能力(基础篇·微课视频版)	邢世通
编程改变生活——用 Python 提升你的能力(进阶篇·微课视频版)	邢世通
编程改变生活——用 PySide6/PyQt6 创建 GUI 程序(基础篇·微课视频版)	邢世通
编程改变生活——用 PySide6/PyQt6 创建 GUI 程序(进阶篇·微课视频版)	邢世通
Python 语言实训教程(微课视频版)	董运成等
Python 量化交易实战——使用 vn.py 构建交易系统	欧阳鹏程
Python 从入门到全栈开发	钱超
Python 全栈开发——基础入门	夏正东
Python 全栈开发——高阶编程	夏正东
Python 全栈开发——数据分析	夏正东
Python 编程与科学计算(微课视频版)	李志远、黄化人、姚明菊等
Python 游戏编程项目开发实战	李志远
Python 概率统计	李爽
Python 区块链量化交易	陈林仙
Python 玩转数学问题——轻松学习 NumPy、SciPy 和 Matplotlib	张骞

图书推荐

书　　名	作　　者
仓颉语言实战(微课视频版)	张磊
仓颉语言核心编程——入门、进阶与实战	徐礼文
仓颉语言程序设计	董昱
仓颉程序设计语言	刘安战
仓颉语言元编程	张磊
仓颉语言极速入门——UI 全场景实战	张云波
HarmonyOS 移动应用开发(ArkTS 版)	刘安战、余雨萍、陈争艳等
openEuler 操作系统管理入门	陈争艳、刘安战、贾玉祥等
AR Foundation 增强现实开发实战(ARKit 版)	汪祥春
AR Foundation 增强现实开发实战(ARCore 版)	汪祥春
后台管理系统实践——Vue.js+Express.js(微课视频版)	王鸿盛
HoloLens 2 开发入门精要——基于 Unity 和 MRTK	汪祥春
Octave AR 应用实战	于红博
Octave GUI 开发实战	于红博
公有云安全实践(AWS 版・微课视频版)	陈涛、陈庭暄
虚拟化 KVM 极速入门	陈涛
虚拟化 KVM 进阶实践	陈涛
Kubernetes API Server 源码分析与扩展开发(微课视频版)	张海龙
编译器之旅——打造自己的编程语言(微课视频版)	于东亮
JavaScript 修炼之路	张云鹏、戚爱斌
深度探索 Vue.js——原理剖析与实战应用	张云鹏
前端三剑客——HTML5+CSS3+JavaScript 从入门到实战	贾志杰
剑指大前端全栈工程师	贾志杰、史广、赵东彦
从数据科学看懂数字化转型——数据如何改变世界	刘通
5G 核心网原理与实践	易飞、何宇、刘子琦
恶意代码逆向分析基础详解	刘晓阳
深度探索 Go 语言——对象模型与 runtime 的原理、特性及应用	封幼林
深入理解 Go 语言	刘丹冰
Vue+Spring Boot 前后端分离开发实战(第 2 版・微课视频版)	贾志杰
Spring Boot 3.0 开发实战	李西明、陈立为
Spring Boot+Vue.js+uni-app 全栈开发	夏运虎、姚晓峰
Dart 语言实战——基于 Flutter 框架的程序开发(第 2 版)	亢少军
Dart 语言实战——基于 Angular 框架的 Web 开发	刘仕文
Power Query M 函数应用技巧与实战	邹慧
Pandas 通关实战	黄福星
深入浅出 Power Query M 语言	黄福星
深入浅出 DAX——Excel Power Pivot 和 Power BI 高效数据分析	黄福星
从 Excel 到 Python 数据分析：Pandas、xlwings、openpyxl、Matplotlib 的交互与应用	黄福星
云原生开发实践	高尚衡
云计算管理配置与实战	杨昌家
移动 GIS 开发与应用——基于 ArcGIS Maps SDK for Kotlin	董昱